面向新工科的高等学校应用型人才培养规划教材

Web 设计与应用

（慕课版）

潘晟旻　杨宏伟　李　亚◎主　编

方娇莉　张晓丽　姜　迪◎副主编

U0316886

中国铁道出版社有限公司

CHINA RAILWAY PUBLISHING HOUSE CO., LTD.

内 容 简 介

本书从 Web 的基本原理入手,注重理论与实践相结合,适应新工科背景下人才培养的需求,以赋能教育为导向,以金课建设为目标,并与在线运行的 MOOC 资源相匹配,适合线上线下混合式教学使用。本书共计 10 章,包括 Web 技术概述、HTML、HTML5、CSS、CSS3、JavaScript、BOM 与 DOM、Bootstrap、Spring MVC、Web 开发综合案例。本书通过大量案例对 Web 开发与应用中的设计方法和实战技巧进行了着重讲解,使学习者从互联网的信息使用者成为建设者。

本书配有 MOOC 课程、源代码、教学课件等资源,读者可登录中国铁道出版社有限公司官方网站(http://www.tdpress.com/51eds/)下载。

本书可作为高等院校计算机基础课程教材及相关专业 Web 设计类课程的参考用书。

图书在版编目(CIP)数据

Web 设计与应用:慕课版/潘晟旻,杨宏伟,李亚主编.—北京:
中国铁道出版社有限公司,2020.11
面向新工科的高等学校应用型人才培养规划教材
ISBN 978-7-113-27374-3

Ⅰ.①W… Ⅱ.①潘… ②杨… ③李… Ⅲ.①网页制作工具-程序设计-高等学校-教材 Ⅳ.①TP393.092

中国版本图书馆 CIP 数据核字(2020)第 206773 号

书　　　名:**Web 设计与应用**(慕课版)
作　　　者:潘晟旻　杨宏伟　李　亚

策　　　划:祝和谊　　　　　　　　编辑部电话:(010)63549508
责任编辑:贾　星
封面设计:刘　颖
责任校对:张玉华
责任印制:樊启鹏

出版发行:中国铁道出版社有限公司(100054,北京市西城区右安门西街 8 号)
网　　址:http://www.tdpress.com/51eds/
印　　刷:三河市航远印刷有限公司
版　　次:2020 年 11 月第 1 版　2020 年 11 月第 1 次印刷
开　　本:787 mm×1 092 mm 1/16　印张:21　字数:494 千
书　　号:ISBN 978-7-113-27374-3
定　　价:54.50 元

前 言

1991 年 8 月 6 日,蒂姆·伯纳斯·李(Tim Berners Lee)在 alt. hypertext 新闻组贴出了一份关于 World Wide Web 的简单摘要,那是 Web 页面在 Internet 上的首次登场。可能连蒂姆·伯纳斯·李都未曾想到,这简单的举动竟标志着人类社会迈入了一个崭新的时代——网络文明时代,就如同阿姆斯特朗在月球上的那一小步,这一时刻被全人类所铭记。之后的几十年间,Web 以远超人们认知的速度飞速发展,它来到了世界每一个角落,犹如空气般无处不在。时至今日,Web 已拥有 43 亿用户,是全球最大的动态交互、跨平台分布式图形信息系统。而构筑起这庞大 Web 世界的三块基石正是 HTML、CSS 和 JavaScript。在这五彩缤纷的 Web 世界中,我们不仅要做信息的接收者、阅读者,更要成为它的建设者和引领者。

本书以普通高等院校学生和 Web 程序设计初学者为对象,系统地讲解 HTML、CSS、JavaScript、Bootstrap 前端开发框架和 Spring MVC 动态网站开发技术的基础理论和实际应用技术,通过大量案例对 Web 开发与应用中的设计方法和实战技巧进行着重讲解。本书可作为高等院校计算机基础课程教材及相关专业 Web 设计类课程的参考用书。

本书具有如下特点。

(1)配套 MOOC 课程,便于翻转教学的开展。本书配套慕课课程"Web 设计与应用",设计理念新颖、特色鲜明,已上线学堂在线、智慧树等主流慕课平台,为教师开展基于 MOOC/SPOC 的混合式翻转教学和实施过程化考核提供了基础。

(2)配套教学资源丰富。全书提供了与慕课课程和教材相配套的电子课件、案例源码等教学资源。书中的重点例题、难点知识、综合案例均配有二维码,读者可通过扫码观看视频的方式反复巩固学习,或使用二维码下载相关资源。

(3)注重理论与实践相结合。每章后均配有实验、习题与思考,便于读者及时检测学习效果,完成知识的内化吸收,提升综合实践能力。

本书共分为 10 章,第 1 章对 Web 及 Web 开发运行环境进行概述;第 2、3 章讲解 HTML 及 HTML5;第 4、5 章对 CSS 及 CSS3 进行介绍;第 6、7 章对 JavaScript、BOM 模型及 DOM 树的操作方法进行讲解;第 8 章介绍使用 Bootstrap 实现响应式布局设计及其主要控件的使用方法;第 9 章讲解使用 Spring MVC 进行动态网站开发的相关方法;第 10 章以个人简历网站开发为例,展现一个 Web 产品从分析、设计到实现的完整开发流程。

本书由昆明理工大学潘晟旻、云南省电化教育馆杨宏伟、昆明理工大学李亚任主编,昆明理工大学方娇莉、张晓丽、姜迪任副主编,昆明理工大学刘领兵、陈榕、郝熙、郭玲参与编写,得到了全国高等院校计算机基础教育研究会、中国铁道出版社有限公司的立项资助,得到了云南省电化教育馆、昆明理工大学计算中心和信息工程与自动化学院、云南省教学名师方娇莉教授团队和王海瑞教授团队的广大同仁的大力支持,在此一并表示感谢!

　　本书是编者根据多年的高等院校 Web 设计课程开设经验,并在 MOOC 建设和多版内部交流讲义的基础上编写而成的。,但由于编者水平有限,而 Web 技术发展日新月异,因此书中难免存在疏漏和不妥之处,恳请广大读者和同行给予批评指正。

编　者

2020 年 3 月

目　录

第1章

登高博望——Web 技术概述

Web 织就一张浸润人类智慧的信息巨网。它像一部宝典，汇聚了从刀耕火种到畅游宇宙，人类几千年来几乎所有的文明成果；它像一座花园，生长着不同语言、不同地域的缤纷花朵。Web，互联网世界的第一服务，将在本章的学习中揭开它美丽而神秘的面纱。

本章学习目标

➤ 了解 Web 的发展历史；

➤ 了解 Web 的相关基本概念；

➤ 熟悉 Web 的应用开发架构和浏览器/服务器工作原理；

➤ 掌握一种 Web 工作和开发环境搭建的方法与步骤。

1.1　遇见未来——走进 Web 世界

1969 年，互联网的前身——ARPAnet 横空出世，标志着人类迈入了网络文明时代。但是网络诞生之初，存储于计算机底层的文字、图片、声音等是以彼此孤立、无法沟通的代码体系存在的，只有专业人士才能通过复杂的代码，前往特定的地方捕捉到特定的信息。在网络诞生的前 20 年，信息犹如深藏在地下的石油，一直没有得以开采、喷涌。直至 1989 年，蒂姆·伯纳斯·李（见图 1−1）为世界打开了信息的宝藏——Web。

图 1−1　Web 之父——蒂姆·伯纳斯·李

蒂姆·伯纳斯·李命名的 World Wide Web 就是人们所共知的 WWW，亦即 Web，中文译为万维网。1991 年，Web 首次在互联网上问市，立即引起了极大的轰动，从此人们可以登录网页，互联网信息扑面而来。Web 开启了信息时代的新纪元，从此互联网迎来了全民普及的时代。

Web 通过超文本标记语言（Hypertext Markup Language，HTML）将文字、声音、图片、动画、影像等信息结合起来，并且可以通过超文本传输协议（Hyper Text Transfer Protocol，HTTP）实现在联网计算机之间交换信息。Web 立即成为互联网

视频●

MOOC讲解
——什么是
Web

上最为迷人、应用最广的服务。在 Web 世界中,每个信息资源都有统一且唯一的地址,该地址被称为 URL(Uniform Resource Locator,统一资源定位符)。通过 URL,Web 的信息节点之间形成可相互访问的超链接,形成了一个巨大的网状信息结构。在上述描述中,可以看出 Web 的 4 个主要特点如下。

(1)Web 页面具有丰富的多媒体表现形式。

(2)Web 具备超链接和快速导航能力。

(3)Web 平台具有分布自治特性。

(4)Web 具有动态交互特性。

Web 已经成为互联网上最为广泛的应用。通过超文本技术,Web 将遍布全球的各种信息资源链接起来供用户访问。Web 可链接的资源可以是文本、多媒体,甚至可以是应用程序。随着技术的发展,Web 已经超越了信息发布及访问的范畴,逐步成为标准化的应用程序发布及运行的平台。Web 服务已经同网络资源一样,成为人们生活所"沉浸"的资源环境,日常生活中的"上网"大多数情况就是进行 Web 访问。观看赛事直播、网络购物、网络搜索……其本质都属于 Web 访问。

1.2 提纲挈领——Web 架构

"不识庐山真面目,只缘身在此山中",全球 76.7 亿人中 43.8 亿人已成为网络用户,他们每天都制造、接收着来自 Web 世界的信息,但对 Web 的组成及架构却颇感茫然。了解 Web 架构,将有助于用户深入理解在浏览器地址栏输入一个网址并按 Enter 键之后都发生了什么,进而在理解 Web 工作机理的基础上进行 Web 的开发与应用。

1.2.1 Web 基本架构

随着 Web 站点和 Web 服务不断向大型化、专业化推进,以及 Web 开发技术日新月异地成熟和进步,Web 应用架构也在不断演进,以适应业务需求。犹如"冯·诺依曼体系"之于计算机硬件的发展,Web 基本架构在新技术风起云涌的发展背后,其支撑作用却始终是稳定的。在 Web 应用程序开发中,有两种基本架构可以选择:一是 C/S 架构,即客户端和服务器(Client/Server) 架构;二是 B/S 架构,即浏览器和服务器(Browser/Server) 架构。

C/S 架构通常采取两层结构,服务器负责数据的管理,客户端负责完成与用户的交互任务。C/S 架构在局域网环境部署较多。它的应用有一个特点,就是如果用户要使用,就需要下载一个客户端,安装后方可使用,比如 QQ、微信等。

B/S 架构是随着 Web 服务而兴起的一种网络架构,也可以认为是对 C/S 架构进行改进而形成的架构。B/S 架构下的软件应用业务逻辑完全在服务器端实现,客户端只需要浏览器即可进行业务处理,是典型的面向广域网的瘦客户端架构。随着 WWW 服务的普及和浏览器技术的日益成熟,现在各种类型的 Web 站点主要是在 B/S 架构下设计并运行的。

虽然 Web 逻辑在两种基本架构下均可实现,但在不同的业务领域,两种基本架构各自发挥着自身的优势。在响应速度、用户界面、数据安全等方面,C/S 架构强于 B/S 架构;在业务扩展和适用 WWW 服务方面,B/S 架构明显胜过 C/S 架构。在大系统和复杂应用环境下,也可以选择 C/S 与 B/S 混合模式,以保证数据的敏感性、安全性、可用性。混合模式能够更好地实现对客户端程序的保护,提高资源数据的交互性能,实现系统维护的低成本、维护方式的简便性、布局的合理性,以及网络数据的高效率应用的目的。

综合上述特点,C/S 架构和 B/S 架构的差异如表 1-1 所示。

表 1-1　C/S 架构和 B/S 架构的差异

维度 ＼ 架构	C/S	B/S
适用环境	专用网络/局域网	广域网
安全要求	面向相对固定的用户群,信息安全的控制能力相对较强	面向开放的用户群,信息安全的控制能力相对较弱
程序架构	注重流程的科学合理化,无须过多考虑系统运行速度	对安全以及访问速度都要进行考虑
系统的可重用性	差	好
系统的维护难度	系统升级及迁移较为困难	方便升级及迁移
系统问题	集中	分散
用户接口	与操作系统关系密切	跨平台,与浏览器具有一定相关性
信息流	交互性低	交互密集

1.2.2　三层及多层架构

在 B/S 架构成为 Web 开发的主流架构基础上,从 Web 业务应用逻辑划分的角度,形成了三层架构(3-tier architecture)的概念。通常意义上的三层架构就是将整个业务应用划分为:界面层(User Interface Layer,UIL 也称表示层、业务逻辑层(Business Logic Layer,BLL)又称逻辑层)、数据访问层(Data Access Layer,DAL 也称数据层。区分层次是为了实现“高内聚低耦合”的思想。

在三层架构中,用户使用通用的 Web 浏览器,通过接入网络(如互联网)连接到 Web 服务器上。用户发出请求,服务器根据请求的 URL 的地址链接,找到或者形成用于响应用户请求的网页文件,如果需要操作或查询数据,则由 Web 服务器负责连接数据访问层的数据库服务器,并将最终结果发送给用户。表示层与业务逻辑层之间对话的“官方语言”是 HTTP。网页文件是用文本描述的,即 HTML/XML 格式。客户端浏览器内置的解释器,负责把这些文本描述的页面恢复成图文并茂、有声有影的可视页面。三层架构工作原理如图 1-2 所示。

三层架构的每层负责一部分相对比较单一的职责,然后通过上层对下层的依赖和调用组成一个完整的系统。每层的作用如表 1-2 所示。

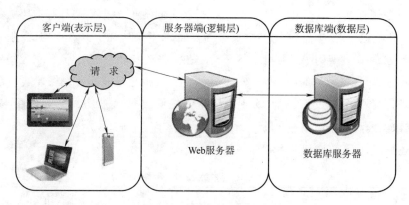

图 1-2   三层架构工作原理

表 1-2   三层架构各层的作用

Web 架构的层次	该层次的作用
表示层	负责具体业务和视图展示,如网站首页以及搜索输入和结果展示
逻辑层	处于数据层与表示层中间,起到了数据交换中承上启下的作用。该层是系统架构的核心价值部分。它的关注点主要集中在业务规则的制定、业务流程的实现等与业务需求有关的系统设计,它与系统所对应的业务逻辑有关
数据层	提供数据存储访问服务,如数据库、缓存、文件、搜索引擎等

随着 Web 业务的多样化,在一些大型系统的开发中还可以划分成多层的架构。多层架构具体分为几层,是根据软件的规模和业务的需求而确定的。多层架构与开发语言与具体的技术没有直接的关联,当前主流的 Web 开发技术都可以实现多层架构的 Web 程序。无论拥有几层架构,其分层的目的都是为了实现高内聚低耦合,增强软件的灵活性、可扩展性和可移植性。

1.3   规矩方圆——Web 标准

Web 发展到今天,已成为一个庞杂的信息生态系统。汇入网络世界的海量信息通过这个系统,以浏览器传递给遍及世界每个角落的用户。Web 在发展初期,没有如何创建内容的正式规则,也没有浏览器如何向请求服务的用户提供信息的统一规范。在 Web 技术推陈出新的同时,浏览器家族也发展得日益庞大,技术的竞争、版本的更迭、客户端硬件环境的多样化,使得每一版本的浏览器不可能兼容所有的 Web 技术,也不可能以统一的方式呈现信息。这些没有标准的"自由",成为了 Web 在网络世界畅行无阻的最大障碍。

1.3.1   Web 标准概述

在 Web 标准出现之前,想让网站在几个浏览器中同时使用,就要做几个不同的版本,开发成本至少增加了 25%,所以一些开发者只能限定他们的网站只适应于某些特定版本的浏览器,使网站随时面临着过时的命运。如图 1-3 所示的浏览器无法兼容的应用,直到现在,某些特定的应用领域还存在着限制浏览器运行的困扰。

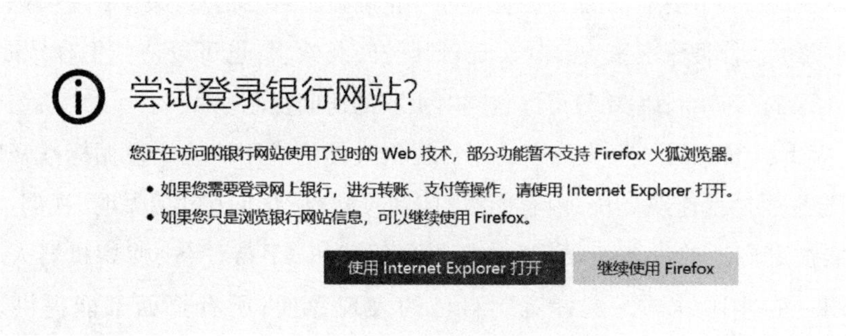

图 1-3　浏览器兼容性问题

建立一种普遍认同的标准来结束 Web 开发中的无序和混乱渐渐成为了业界的共识。1994年,蒂姆·伯纳斯·李在麻省理工学院创立了 W3C(万维网联盟)。W3C 的目标是:规范用于创建 Web 站点和 Web 页的协议和技术,以使 Web 站点和 Web 页面的内容能为全球尽可能多的人访问。微软、Mozilla 基金会以及许多其他的公司与组织都是 W3C 的成员,它们共同协商确定 Web 标准的未来发展。1998 年 W3C 发布了 XML1.0 标准,成为 Web 标准建立的标志。Web标准发展到现在,已经形成了一系列影响深远的技术规范,这些标准规范大部分是由 W3C负责制订并发布的,如 HTML、CSS、XML、DOM 标准等。也有一些标准是由其他标准组织制定的,如 ECMA(European Computer Manufacturers Association,欧洲计算机制造商协会)的 ECMA Script 标准等。

1.3.2　Web 标准构成及特征

目前 Web 设计正朝着结构化和功能化方向发展,Web 标准也逐渐演变为由三大部分组成的标准集,即结构(Structure)、表现(Presentation)和行为(Behavior)。

(1)结构。结构标准用来对网页中所用的信息进行整理与分类。用于结构化设计的 Web 标准技术主要有 HTML、XML 和 XHTML 标准。

(2)表现。表现标准用于对已经被结构化的信息进行显示控制,包含版式、颜色、大小等样式控制。目前的表现标准主要是 CSS 技术标准。使用 CSS 布局与 XHTML 所描述的信息结构相结合,能够帮助 Web 设计实现内容和表现的分离,使站点的构建及维护更加容易。如果将结构比喻为人的身体,那么表现就相当于人的衣服。

(3)行为。行为标准,用于整个网页文档内部的模型及交互行为的定义。行为的标准主要有 DOM 和 ECMA Script 等。通过行为,可对网页中信息的结构和显示进行逻辑控制。

Web 标准虽然不具有强制性,属于推荐标准(Recommendation),但仍受到了浏览器厂商和开发者的高度重视和积极支持。遵循 Web 标准进行浏览器和 Web 网站开发,有如下几点明显的优势。

(1)按照 Web 标准制作网页,可以使开发团队成员之间更容易了解彼此的编码,从而降低开发的难度,提高网站后期的可维护性,有效地降低网站开发建设及后期维护的成本。

（2）遵循 Web 标准，将保证大部分浏览器能够正确显示网站信息，减少重复编码。同时，遵循标准的 Web 页面可以使搜索引擎更容易实现对其访问及索引；也可以使其更容易被转换为其他格式；更易于实现 JavaScript、DOM 等程序代码对页面的访问控制。

（3）遵循 Web 标准的网页将为更多的用户提供最佳的应用体验。遵循标准开发的 Web 站点，文件下载与页面显示速度更快；内容能被更多的用户所访问（包括失明、视弱、色盲等残障人士）；内容能被更广泛的设备所访问（包括屏幕阅读机、手持设备、搜索机器人、打印机、智能家电等）；用户能够通过样式选择定制自己的表现界面；所有页面都能提供适于打印的版本。

1.3.3 Web 标准的验证

Web 标准中的大部分规范都是由 W3C 发布的，因此站点的 Web 标准验证通常是通过 W3C 提供的标准化程序完成的。其在线测试地址可以通过 W3C 的官方网站 http://www.w3.org 查询。W3C 目前提供了 HTML、XHTML、CSS、RDF、P3P、XML 等多种校验工具。网站通过 W3C 标准验证后，可在网站上显示标准化标记。例如，HTML 标准化的各类标记，如图 1-4 所示。

Document type	"Gold"	Blue
HTML 2.0	W3C HTML 2.0 ✔	W3C HTML 2.0 ✔
HTML 3.2	W3C HTML 3.2 ✔	W3C HTML 3.2 ✔
HTML 4.0	W3C HTML 4.0 ✔	W3C HTML 4.0 ✔
HTML 4.01	W3C HTML 4.01 ✔	W3C HTML 4.01 ✔

图 1-4 HTML 标准化标记

【例 1.1】利用 W3C 提供的 Web 标准测试工具，测试某网站或者本地网页是否符合 Web 的 CSS 标准。

为了便于验证网页是否符合 CSS 标准，可以使用 W3C 提供的在线验证器。该验证器可以读取网站或者网页中的样式表，并验证样式表是否符合 CSS 标准，如果不符合的话，它会列出错误并给出警告信息。本例选择 W3C 提供的简体中文在线 CSS 标准验证器，URL 为：https://jigsaw.w3.org/css-validator。工作界面如图 1-5 所示。

可以选择"通过指定 URI"选项卡，在页面"URI 地址"文本框中输入要验证的站点的地址，也可以选择"通过文件上传"选项卡，上传本地页面文件进行验证。本例选择"通过文件上传"的方式，验证本地存储的单一页面文件，单击 Check 按钮。如果有错误，验证器将给出错误信息，以便开发者进行改正；若通过验证，将在验证器页面呈现 CSS 标准徽标。通过检验的页面显示如图 1-6 所示。

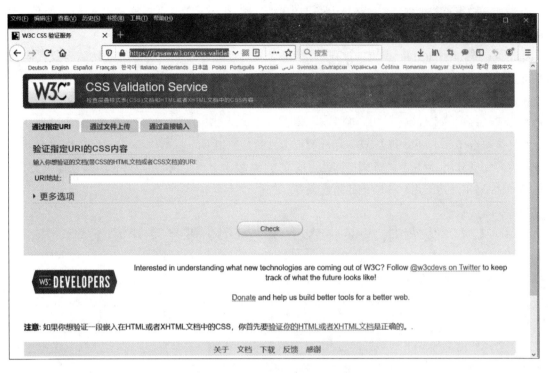

图 1 - 5　CSS 标准在线验证器

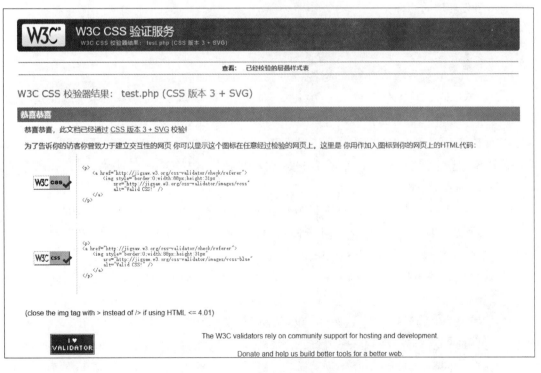

图 1 - 6　CSS 标准通过验证的结果显示

验证器给出了验证通过徽标嵌入到页面中的 HTML 代码以及页面或网站再次接受验证的动态链接,以利于网站的推广和标准化开发。

在 Web 标准不断更新、发展的过程中,将现有网站转向符合 Web 标准的网站结构及代码改良的设计,即网站重构,成为一项延长网站生命周期的重要工作。在进行 Web 标准检测以及站点重构时,要避免一个认识的误区:"以通过验证作为 Web 设计的最终目的"。事实上,由于 Web 设计往往需要多种技术的综合应用,并且 Web 标准本身也在不断丰富、发展和更新,因此很少有站点会完全符合 Web 标准。符合 Web 标准的根本目的是使用 Web 标准中的规范技术,实现网页表现与内容完全分离,用规范的方式控制站点的交互,从根本上优化网站的架构,使站点在语义化、可访问性、易用性乃至用户体验上的趋近完善。

1.4　安营扎寨——Web 开发环境部署及开发工具

Web 应用程序是在 B/S 架构下工作的,它必须部署在安装及运行 Web 服务器软件的计算机中。目前常用的 Web 服务器软件有 Apache HTTP Server、Microsoft Internet Information Server(IIS)、Tomcat Server、Web Sphere Application Server、Netscape Enterprise Server、BEA WebLogic Server 等。

在选择使用哪种 Web 服务器时,主要考虑的因素有:性能、安全性、集成应用程序、虚拟主机支持度、日志与统计功能等。其中工作在 Windows 平台下的微软公司的 IIS 与可以在 Windows、UNIX、Linux 下使用的免费的 Apache 是两种流行的 Web 服务器。下面分别以 IIS 和 Apache 为例,介绍 Web 开发环境的部署。

1.4.1　IIS 的安装与部署

IIS 是微软公司提供的基于 Windows 的互联网基本服务,最初是 Windows NT 版本的可选包,随后内置在 Windows 2000 直至 Windows 10 Professional 和 Windows Server 系列版本中。IIS 是一种 Web 服务组件,其中包括 Web 服务器、FTP 服务器、NNTP 服务器和 SMTP 服务器,分别用于网页浏览、文件传输、新闻服务和邮件发送等。对于 Windows 用户来说,IIS 就是深埋在操作系统中的 Web 服务器。它能够利用宿主操作系统本身的安全特性,轻松实现一个强大、灵活而安全的 Internet 或 Intranet 站点的部署和管理。

早期的 Windows 版本,IIS 需要单独安装,但在 Windows 7 以及 Windows Server 2003 以上的版本中,IIS 已经完全集成在操作系统中,不过默认的状态是关闭的,用户在部署前只需开启 IIS 服务即可。下面以 Windows 10 Professional 操作系统为例,介绍 IIS 服务的开启过程。

(1)在操作系统中打开"控制面板",选择其中的"程序"选项,进入设置窗口,如图 1 - 7 所示。

(2)在"程序和功能"选项中,选择"启动或关闭 Windows 功能",此时系统会打开"Windows 功能"窗口,供用户选择打开或关闭某些功能,如 IIS、Telnet Client、TFPT Client 等,如图 1 - 8 所示。

(3)选中"Internet Information Services"选项,然后单击"确定"按钮,即可完成 IIS 的启动。对于管理员组的高级用户,还可以根据具体的应用需求选择更加细致的功能选项。

图 1-7　控制面板"程序"设置窗口

（4）系统提示安装成功后，单击"开始"菜单，在"Windows 管理工具"中找到"计算机管理"选项，如图 1-9 所示。或者通过运行"compmgmt. msc"命令，也可通过右击"计算机"，选择"管理"选 项，均可打开"计算机管理"窗口，从而找到并打开 Internet 信息服务（IIS）管理器。

图 1-8　Windows 功能列表　　　　图 1-9　"开始"菜单中的"计算机管理"项

（5）进入 IIS 管理器后，用户可以启动或者停止 IIS 的服务，也可以添加不同的用户并为他们分配不同的权限，还可以完成其他的设置工作。打开 IIS 服务的默认站点 Default Web Site，单击右侧的"基本设置"链接，可以对站点的物理路径、默认文档等进行设置，如图 1-10 所示。

（6）完成上述 IIS 的安装与配置以后，就可以在用户的本地计算机或者网内的任何一台计算机上通过浏览器测试 IIS 了。若在本机测试，则只需在浏览器地址栏输入 http://localhost，或者在同网的其他计算机中输入 http:// + 装有 IIS 的计算机 IP，就可访问默认站点的默认首页了。测试界面如图 1-11 所示。

若要在 IIS 环境下运行某个特定的 Web 站点或网页，只需将该站点文件夹或者网页文件复制到图 1-10 所示的网站的物理路径（即 Web 站点主目录所在的文件夹），在浏览器地址栏 localhost 或者 IP 地址后添加"/"并输入该 Web 站点（含站点内部路径）或者网页的文件名称即可，例如 http://localhost/mysite/test. html。

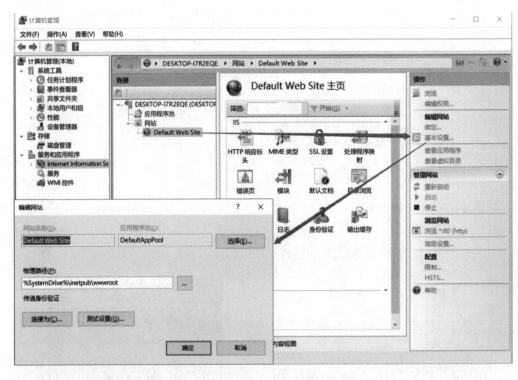

图 1 - 10　IIS 管理器及站点基本设置

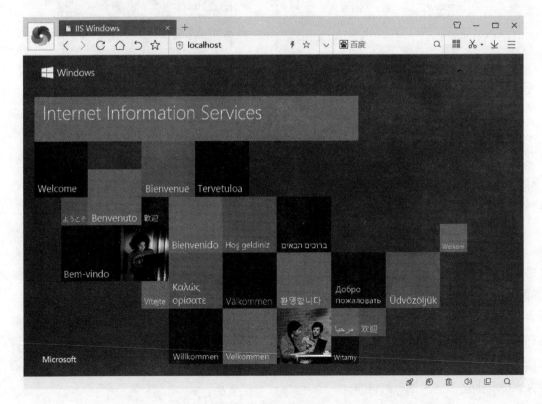

图 1 - 11　IIS 测试页面

1.4.2 Apache 的安装与部署

Apache 是世界上使用率排名第一的 Web 服务器软件。它可以运行在几乎所有广泛使用的计算机平台上。Apache 是典型的自由软件，具有系统稳定、扩展模块丰富、各种特性支持完整、跨平台等多种优秀的特性。Apache 与 Linux 操作系统、MySQL 数据库、PHP 程序模块相组合，形成了一个非常优秀的 Web 开发平台——LAMP。它们是一个完全开源的、免费的自由软件的组合，也是目前最受欢迎的 Web 应用开发平台之一。LAMP 平台具有简易、低成本、高安全、执行灵活等特点，在 Web 开发领域拥有极其广泛的市场。目前从网站的流量上来说，70% 以上的访问流量是由 LAMP 来提供的，LAMP 构成了最强大的网站解决方案。

为了避免初学者在部署 Apache Web 服务环境过程中，对开源软件中的配置文件、相关操作系统、数据库开源环境的陌生带来的困难，出现了几款集成软件包，它们将几种软件集成在一起统一安装，很好地解决了软件之间的协调问题，简化了环境部署的过程。其中 WAMPServer、AppSever、XAMPP 就是几款具有代表性的软件包。下面以 WAMPServer 为例，了解利用软件包快速部署 Apache Web 服务环境的过程。

WAMP 是指在 Windows 服务器上使用 Apache、MySQL 和 PHP 的集成安装环境，可以快速安装配置 Web 服务器。WAMPServer 软件包中集成了 Apache、MySQL、PHP，以及以网页形式实施数据库管理的工具——PHPMyadmin，安装过程省去了许多修改配置文件的麻烦。

具体的安装部署过程如下。

（1）访问 WAMPServer 官方站点，可下载 WAMPServer 的最新安装包。以版本 WAMPServer 3.1.4 为例，该版本集成了 Apache 2.4.35、PHP 5.6.38、MySQL 5.7.23、phpMyadmin 4.8.3 等软件套件。

（2）运行安装包，期间提示选择的安装目录，例如 c:\wamp，将作为 Apache 默认的根目录。

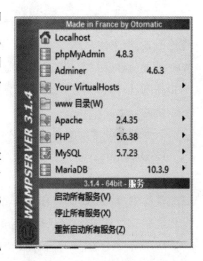

图 1-12 WAMPServer 控制台界面

（3）安装完毕之后，单击任务栏上新增的 WAMP 的小图标，则可打开 WAMPServer 的控制台界面，如图 1-12 所示。

（4）在浏览器里输入 http://localhost 或 http://127.0.0.1，按 Enter 键测试是否安装成功。显示如图 1-13 所示画面，则表示 Apache 平台下的 Web 服务正常启动。

由于 Web 服务默认占用的端口号均为 80，所以若在一台服务器上部署两个以上 Web 服务，例如同时部署 IIS 和 WAMP，将会因为端口冲突而导致 Web 服务不能同时启动。遇到这种情况，可以通过终止其中一种 Web 服务器的服务，也可以通过改变其中一个 Web 服务占用的端口号来解决问题。

图 1 – 13   WAMPServer 支持的 Web 服务首页

1.4.3　常用开发工具

支持 Web 系统的前端页面、样式表、脚本以及逻辑层、数据层的代码,其本质都是文本文件。理论上,所有支持文本编辑的工具软件都能作为 Web 的开发工具。而在实际开发过程中,因为 Web 开发所涉及技术的庞杂性和新技术的不断涌现,支持 Web 开发的工具软件也不断推陈出新。为提高 Web 学习、开发的效率,选择一种或几种对特定的 Web 环境及技术适应性好的工具是十分必要的。

下面就几种常用的 Web 开发工具进行简要介绍。

1. Dreamweaver

Dreamweaver(简称 DW),是一款集网页制作和网站管理功能于一身的网页编辑设计软件。该软件提供对 HTML、CSS、JavaScript 等技术内容的良好支持,使用所见即所得的接口,通过简化的智能编码引擎,能够轻松地创建、编码和管理动态网站。

Dreamweaver 在 1997 年由 Macromedia 公司创建并发布了 1.0 版本,2005 年被 Adobe 公司收购,成为 Adobe 产品套件的一员。DW 在 Adobe 产品时代先后经历了 Creative Suite(CS)和 Creative Cloud(CC)两个主要的版本发展阶段,不断地融入对 Web 开发主流技术和新技术的支持。例如,DW CS5 以后新增了对 CSS3/HTML5 的支持并实现了 JQuery 集成;DW CC 2020 提供了直观视觉化的 CSS 编辑工具,实现了对 PHP7 更加完善的支持。图 1 – 14 展示了 DW CS6 新建文档模板中加入的针对手机端的集成 jQuery 交互和 HTML5 编码的快速启动页模板。

该模板几乎没有进行任何修改,快速生成的移动页面效果及对应的代码如图 1 – 15 所示。利用 DW,可以帮助开发者事半功倍地完成 Web 设计的快速开发及站点的本地及远程管理、发布。

Dreamweaver 中文也称为“织梦者”,在 Web 开发领域拥有很高的知名度和众多的用户。DW 还支持服务器技术,如 ASP. net、CFML、JSP、PHP 等,开发动态网站的业务逻辑层,并通过数据库接口,支持具有动态数据库支持的 Web 开发。

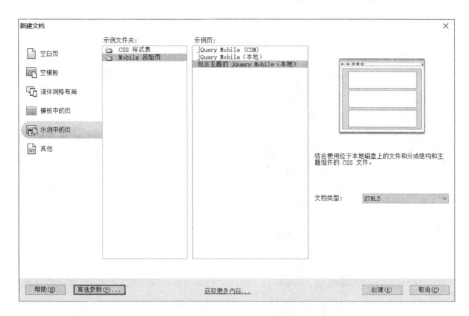

图 1 - 14　DW CS6 的 Mobile 起始页模板

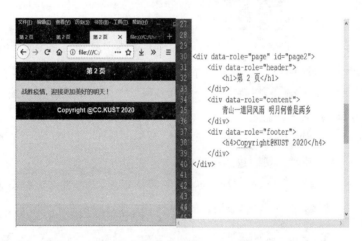

图 1 - 15　利用 DW CS6 模板快速生成的页面效果及代码

2. Sublime Text

作为 Web 技术的初学者,在逐步学习各种语法规则的阶段,应该避免使用专业设计工具,而更适合通过文本编辑的方式进行学习,因而以 Sublime Text(简称 ST)为代表的工具软件,对于 Web 设计的初学者以及 Web 开发阶段的代码维护者而言,不失为一款得心应手的工具软件。ST 是一个文本编辑器,同时也是一个先进的代码编辑器。它具有代码高亮、语法提示、拼写检查、书签、代码补全、编译及错误跳转等特点,方便了编程者在诸多编程领域的编码和调试工作,在程序员中被广泛使用。ST 还能够实现自定义键绑定,菜单和工具栏,并通过内置模块和引用插件支持多语言环境的代码语法,并支持 Windows、Linux、Mac OS X 等操作系统,为 Web 开发及其他领域的软件开发及学习提供了便捷、轻量和友好的环境。与 DW 等专业软件相比,ST 界面简洁,图 1 - 16 展示了 ST3 的工作界面。

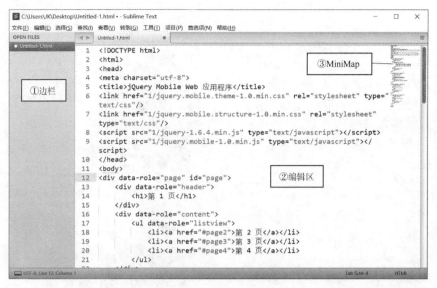

图 1 – 16   ST3 工作界面

在图 1 – 16 中,工作区从左至右分别是边栏、编辑区、MiniMap。边栏可以清晰地呈现多文档的层次,可以便捷地通过文档左侧的圆点标识实现对文档的切换、关闭及保存;编辑区是编码的主要工作区,支持代码自动缩进,代码折叠功能,ST3 支持多种风格的编辑区代码呈现形式;MiniMap 提供了代码的缩略图,在 MiniMap 中,可以实现对跨页的长代码的快速定位。

ST 拥有多种深受用户欢迎的特性,下面介绍几种可以在 Web 开发中提高编码效率的特性。

（1）Goto Anything 特性

Goto Anything 特性是通过几组组合按键实现的,利用该特性,可以迅速打开文件,并立即跳转到指定的符号、行或单词位置。使用快捷键【Ctrl + P】,在弹出的应答框内可以输入部分文件名实现指定文件的立即打开;可以输入 @ 跳转到特定符号指定的位置,如某一标签指定的 ID 位置;输入# 可以在文件中搜索;输入 : 可以跳转到指定行,如图 1 – 17 所示,输入":30",则编辑区内的代码快速定位到第 30 行。

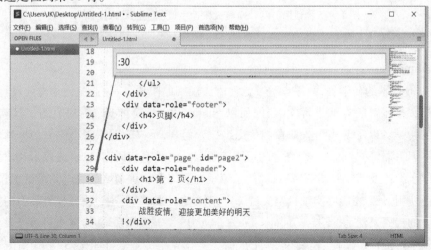

图 1 – 17   ST 的 Goto Anything 特性

（2）分割编辑特性（Split Editing）

该特性可以实现对单一文件的拆分编辑，也可以充分利用宽屏显示器实现对多个文件并排编辑。可根据需要，将编辑区拆分为多个行和列的独立区域。具体的操作步骤为：选择【查看】→【布局】菜单项，然后选择拆分编辑选项，如图 1-18 所示。

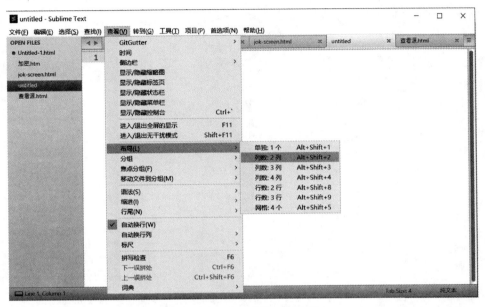

图 1-18　ST 的分割编辑特性

若选择了"网格：4 个"布局选项，则可以将当前编辑区分为 4 个区域，同时加载 4 个彼此独立的文件，如图 1-19 所示。

图 1-19　ST 的分割编辑特性效果

（3）自定义所有（Customize Anything）特性

在 ST 中，快捷键的绑定、菜单、代码片段、宏等，都可以进行自定义，另外 ST 还提供了丰富的第三方插件管理功能，通过 package Control 工具可以设置各种旨在增强 ST 自身功能及对多种语言提供语法和编译支持的插件。图 1 – 20 展示了通过"首选项""按键绑定 – 默认"菜单项显示，并可以修改、添加快捷键及对应功能的绑定。

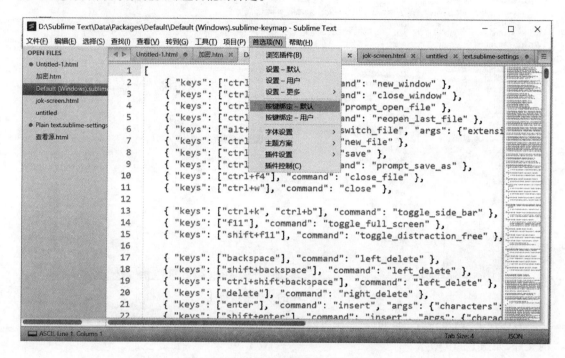

图 1 – 20　ST 的快捷键绑定自定义界面

■ **注意**：图 1 – 20 中的设置都是通过 JSON 文件（完全独立于语言的文本格式）形式实现的，故对其进行修改、移植、增删、备份是非常方便的。

3. Notepad + +

与 DW 有严格版权限定及 ST 虽需付费购买正版授权但可无限试用不同，Notepad + + 是一款遵守开源软件协议（GPL）的免费软件，其安装包大小仅仅 5MB 左右，却内置了包括 HTML 在内的多达 27 种计算机编程语言的语法支持，并且还支持自定义语言，可自动检测文件类型，根据关键字显示节点，节点可自由折叠/打开，还可显示缩进引导线，使代码显示层次分明，其工作界面和简要特征如图 1 – 21 所示。

同 ST 类似，Notepad + + 也可以为用户设置个性化的编辑器风格，也支持代码书签功能，同样支持扩展功能的第三方插件。不过该软件是基于 Windows 平台的，不支持跨平台。在 Linux 及 MAC OS 等操作系统下，同样拥有众多的开源文本编辑器以及专注某一 Web 开发领域的软件工具可以使用，本书不再一一列举。

"工欲善其事必先利其器"，Web 开发涉及的技术领域较多，在学习及开发工具的选择方面也往往是多工具配合开发,以发挥每种工具软件的特长,提高开发效率。作为初学者,可以从一种简单的开发工具入手,先掌握基本的语法要素,最后再为高效开发和部署而选择开发工具。

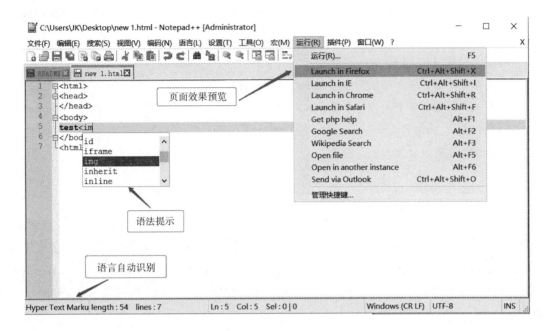

图 1-21　Notepad++ 的工作界面和简要特征

本 章 小 结

本章从 Web 技术概述、Web 基本架构、Web 标准和 Web 开发环境部署及开发工具等方面对 Web 开发进行了综述。重点讲述了以下内容。

(1)什么是 Web? HTML、HTTP、URL 构成了基本的 Web 技术要素。

(2)随着应用需求复杂度的增加,Web 应用架构经历了 C/S 架构、B/S 架构、三层架构及多层架构的发展历程,它们之间不是后者取代前者的关系,而是与不同的应用需求相适应的。

(3)Web 标准的构成及特征,如何进行 Web 标准的验证,以及进行 Web 标准验证的原则和意义。

(4)Web 应用程序在 IIS 和 Apache 环境下的服务器部署及配置,以及常见的几种 Web 开发工具。

实验 1　织梦平台下 Web 站点的创建与管理

一、实验目的

(1)掌握使用 Dreamweaver 创建和管理站点。

（2）掌握使用 Dreamweaver 创建简单的静态网页。

二、实验内容与要求

（1）创建一个站点的根目录，再根据网站主页中的导航条，在站点中分别为每个导航栏建立一个目录。

（2）在站点根目录下创建一个存放图片的目录 images。

（3）在站点的根目录下创建一个保存样式文件的目录 CSS。

（4）在站点的根目录下创建一个保存脚本文件的目录 js。

（5）创建主页，命名为 index. html，并存放在根目录下。

（6）尝试为主页设置基本的页面属性。

三、实验主要步骤

（1）创建本地站点：建立在本地计算机上的站点，往往用于小型站点、个人模式的开发建设。创建远程站点：建立在 Internet 上的站点或者另外一台计算机，或者本地计算机另外一个文件夹中的站点，往往用于站点的合作开发或者远程维护。本步骤可以通过打开 Dreamweaver CS6（以下简称为 DW），利用【站点】→【新建站点】加以实现，具体步骤见实验操作演示。图 1－22、图 1－23 简要呈现了本地站点及远程站点设置的概要信息。

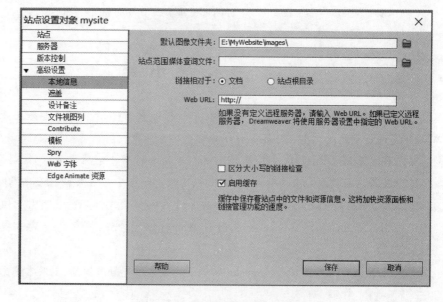

● 视频

操作演示——
DW 的建站
步骤 ●

图 1－22　本地站点信息设置界面

■ **提示**：站点的根目录是站点内所有资源的总目录，根目录也是创建站点虚拟根目录的主要物理映射。IIS、TomCAT、Apache 等动态网站开发环境都具有默认的根目录，当然也可以修改。本实验创建是静态站点的根目录，可以选择在磁盘的任意位置，例如，"d:\MyWebsite"。

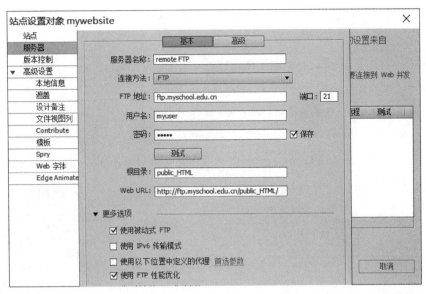

图 1-23 站点远程信息设置界面

(2)在设置好的站点中,新建一个 index. html 页面。并对页面进行页面头部信息的设置。页面头部信息设置可以通过【插入】→【文件头】命令实现,或者在标签的 < head > 区进行人工的设置。

提示:在页面的 < head > 区,可以设定页面的 title,即页面的标题、网页的关键字、网页的描述、网页的字符集等。这些设定有助于规范网页的内容定位。

(3)为网页设置统一的页面外观。可以通过在页面的设计视图中右击,选择"页面属性"命令加以完成,也可以通过页面下方的"属性面板",通过单击"页面属性"按钮加以完成。页面外观又有"外观(CSS)""外观(HTML)"等多种分类,内容十分丰富。常见的设置有对页面背景的设置、对链接状态外观的设置等,如图 1-24 所示。

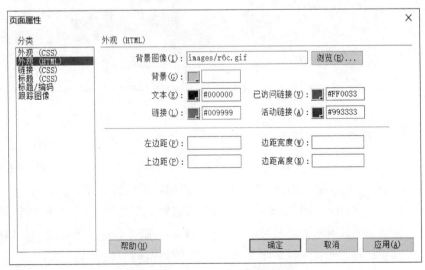

图 1-24 "页面属性"设置界面

（4）观察"文件""资源""CSS"等控制面板，为进一步深入学习 Web 开发做准备。添加资源，完善页面内容设计，实现对页面的保存及预览。

▇ **提示**：DW 在创建站点之后，便会形成站点的资源目录，方便开发者在未来的 Web 开发中有效地实现资源的管理。在后续具体的 HTML、CSS、JavaScript 等技术的学习中，为了便捷操作，关注代码本身的逻辑及性能，本书更多采用 Sublime text 等编辑工具进行实验。而作为站点总体开发与测试、发布，DW 不失为一个高效的开发环境。

设计完成之后的页面（index. html）、设计效果及网站资源目录如图 1 – 25 所示。

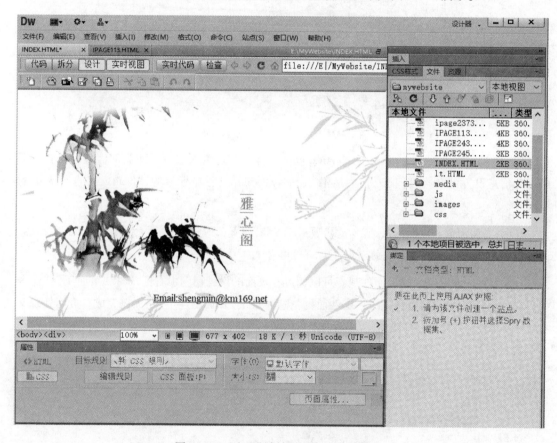

图 1 – 25   页面设计效果及资源目录预览

四、实验总结与拓展

DW 在 Web 设计中主要有两个作用：一是创建及管理站点，二是网页的编辑。在 Web 设计中，统一的页面风格、字符集、站点的技术定位应该先于页面设计进行设置。

DW 还支持 ASP. net、JSP、PHP MySQL 等主流的动态网站服务器模式，若服务器设置好了某种网站服务器，请尝试通过 DW 进行服务模式的选择并测试服务器的连通情况。以 PHP MySQL 环境为例，需先在服务器上安装 Apache 等 Web 服务器环境，建议安装 WAMP 套件。

习题与思考

1. 判断题

(1) Web 与 Internet 是完全等同的。　　　　　　　　　　　　　　　　(　　)

(2) B/S 架构中的"B"是指浏览器。　　　　　　　　　　　　　　　　(　　)

(3) 网页主要由文字、图像、超链接等组成，也可以包含视频和动画等多媒体。(　　)

(4) HTTP 是一种详细规定了 Web 服务器之间相互通信的规则。　　　　(　　)

(5) 因为静态页面访问速度快，所以互联网上大部分网站都由静态页面组成。(　　)

(6) 网页的显示效果依赖于操作系统。　　　　　　　　　　　　　　　(　　)

(7) DW 是一种 Web 开发工具，可以管理站点，也可以编辑网页。　　　(　　)

(8) Web 体系中，与用户直接接触的是逻辑层。　　　　　　　　　　　(　　)

(9) 网站可以没有数据层的支撑。　　　　　　　　　　　　　　　　　(　　)

(10) W3C 是 Web 标准的唯一制定者。　　　　　　　　　　　　　　　(　　)

2. 选择题

(1) WWW 的作用是_____。

A. 信息浏览　　　　B. 文件传输　　　　C. 收发电子邮件　　　D. 远程登录

(2) 下面协议中，用于 WWW 传输控制的是_____。

A. URL　　　　　　B. SMTP　　　　　　C. HTTP　　　　　　D. HTML

(3) Internet 源自_____网。

A. ARC NET　　　　B. CER NET　　　　C. AT&T　　　　　　D. ARPA

(4) 在目前的 Web 架构下，_____是主要的结构模式。

A. B/S　　　　　　B. C/S　　　　　　C. FTP　　　　　　　D. Remote

(5) 统一资源定位符的英文简称是_____。

A. IP　　　　　　B. DDN　　　　　　C. URL　　　　　　　D. HTTP

(6) HTML 的中文名是_____。

A. 超文本传输协议　B. WWW 语言　　　C. 超文本样式　　　D. 超文本标记语言

(7) WWW 浏览器是_____。

A. 一种操作系统　　　　　　　　　　　B. TCP/IP 体系中的协议

C. 浏览 WWW 的客户端软件　　　　　　D. 远程登录的程序

(8) 万维网的网址以 HTTP 为前导，表示遵从_____协议。

A. TCP/IP　　　　　B. HTTP　　　　　C. SMTP　　　　　　D. PPP

(9) Web 标准中的表现标准，主要是指_____。

A. CSS　　　　　　B. XML　　　　　　C. JavaScript　　　D. DHTML

(10) 下列工具软件中，_____不是常用的网页编辑工具。

A. Dreamweaver　　　　B. Sublime Text　　　　C. Notepad + +　　　　D. Photoshop

3. 思考题

(1)简述用户上网浏览网页的原理。

(2)Internet 与 Web 之间的区别与联系是什么?

(3)MS Office 也能够制作网页,尝试用 Word 或者 Excel 的另存功能制作网页,并分析这种方式制作的网页与专业工具制作的网页有什么不同。

第2章

美的解构——HTML

HTML 是一种用于创建网页的标准标记语言。它运行在浏览器上，由浏览器来解析。HTML 文档结构简单，功能强大，具有简易性、可扩展性、与平台无关的特性。本章将介绍 HTML 的基本知识，让读者了解如何使用 HTML 来建立网页。

本章学习目标

- 了解 HTML 的基本概念及文档结构；
- 了解 HTML 的文本标记；
- 了解 HTML 的图像及相关标记；
- 了解 HTML 的超链接标记；
- 掌握 HTML 的布局方法。

2.1 认识 HTML

作为 Web 技术的精华之一，HTML 是由蒂姆·伯纳斯·李在 1982 年发明的。他发明 HTML 的目的，是为了方便世界各地的物理学家们更容易地获取彼此的研究文档。但是伴随浏览器的发明，HTML 的应用远远超出了它发明之初的目的。互联网工程任务组（Internet Engineering Task Force，IETF）自 1993 年开始以工作草案的形式对 HTML 实施规范化改进。HTML 历经版本迭代，直至 1999 年 HTML4.01 发布，HTML 终于成为国际标准（ISO/IEC 15445:2000，即 ISO HTML）。目前 HTML 由 MIT 的 W3C 负责维护。

HTML 不是一种编程语言，而是一种标记语言，通过在文本文件中添加标记符（tag）来告诉浏览器如何显示信息。通常一个静态网页对应一个 HTML 文件，该文件以.htm 或者.html 为扩展名。HTML 中"超文本"的含义是相对于线性文本来说的，HTML 文件中包含了很多"超链接（hyperlink）"，即一种 URL 指针，通过 URL，不同的页面之间就可以实现一种自由的、非线性的链接。HTML 本质上是文本文件，任何可以编辑 TXT 文本的编辑工具都可以用来编辑和制作网页。下面通过一个例子来直观感受一下。打开一个文本编辑器，在里面输入下例的代码，并将文本保存为"2-1.html"。使用浏览器打开这个文件，即可看到图 2-1 所示的效果。

【例 2.1】第一个网页。

```
1. <html>
2.   <head>
3.     <title>我的第一个网页</title>
4.   </head>
5.   <body>
6.     <p align="center">只争朝夕,不负韶华</p>
7.     <hr>
8.   </body>
9. </html>
```

2.1.1　HTML 元素与标签

通过以上的例子可以看出 HTML 文档的一些基本结构特征。HTML 文档是由 HTML 元素定义的。HTML 元素指的是从开始标签(start tag)到结束标签(end tag)的所有代码。HTML 标签是由尖括号(< >)包围的关键词。大多数 HTML 元素可拥有属性,为 HTML 元素提供附加信息。HTML 元素的组成如图 2 - 2 所示。

图 2 - 1　第一个网页

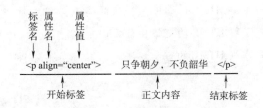

图 2 - 2　HTML 元素的组成

HTML 标签书写应该遵循以下基本原则。

(1)HTML 标签通常是成对出现的,标签对中的第一个标签是开始标签,第二个标签是结束标签,以斜线“/”开头(开始和结束标签也被称为开放标签和闭合标签),例如 <p> 和 </p>,表示段落的开始和结束。但也有少数标签不成对使用,例如,<hr>代表在页面显示一条水平分割线,无须用</hr>结束。

(2)标签可以嵌套使用,但不能交叉,即开始越早,结束越晚。例如,<head><title>我的第一个网页</head></title>,这样的写法是错误的,正确的顺序应该为:<head><title>我的第一个网页</title></head>。

(3)多数标签具有参数,称为该标签的属性。属性一般能精确地确定这种标签的显示方式。例如,<p>表示一个段落,而<p style="color:red">中加入了属性“style”,即样式,"color:red"是属性的值,即样式“颜色为红色”。属性名=“属性值”是标签内加载属性的一般语法规范,一个标签可能拥有多个属性,它们之间彼此用空格隔开。

(4)HTML 标签对大小写不敏感,<HTML>、<Html>、<html>对浏览器来说是没有区别的。但在实际的书写中最好保持一致的风格。W3C 在 HTML4 中推荐使用小写标签,在 XHTML

中也需要使用小写标签。

2.1.2　HTML 文档的结构

1. 文档类型声明 <！DOCTYPE >

Web 世界中存在许多不同的文档,只有了解文档的类型,浏览器才能正确地显示文档。HTML 也有多个不同的版本,只有完全明白页面中使用的确切 HTML 版本,浏览器才能完全正确地显示出 HTML 页面,所以在 HTML 文档的第一行通常都有一个如图 2 - 3 所示的文档类型(Doctype)声明。<！DOCTYPE >不是 HTML 标签,它仅为浏览器提供一项信息(声明),即 HTML 是用什么版本编写的,常用的 DOCTYPE 声明如表 2 - 1 所示。

表 2 - 1　常用的 DOCTYPE 声明

HTML 5	<！DOCTYPE html >
HTML 4.01	<！DOCTYPE HTML PUBLIC " -//W3C//DTD HTML 4.01 Transitional//EN" "http://www.w3.org/TR/html4/loose.dtd" >
XHTML 1.0	<！DOCTYPE html PUBLIC " -//W3C//DTD XHTML 1.0 Transitional//EN" "http://www.w3.org/TR/xhtml1/DTD/xhtml1 - transitional.dtd" >

2. 文档标签 < html >

一个完整的 HTML 文档,所有的标记都应放置在 < html >…</html >之间,用于表示文档的类型是 HTML 文件,便于浏览器识别和处理。< html >是一个根元素,在 < html >和 </html >标签内有两个重要的标签——head 和 body,分别表示文档的头部和文档的主体部分(如图 2 - 3 所示)。

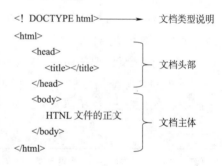

图 2 - 3　HTML 文档的结构

3. 文档头部标签 < head >

文档头部是放置在 < head >…</head >中的部分,< head >标签是一个容器标签,包含了一些不在浏览页面中显示的内容,例如,在搜索结果中出现的关键字、页面的属性、样式表规则、脚本函数等。< title >、< link >、< meta >、< script >,以及 < style >等标签都可以添加到 head 部分。

(1)< title >标签

< title >标签用来设定文档的标题,以此说明这个网页的内容。通常 < title >…</title >中间的文字会显示在浏览器的标题栏上,它相当于 Windows 窗口中的标题栏。如例 2.1 中,< title >我的第一个网页 </title >,在浏览器中显示时,标题栏就显示为"我的第一个网页"。同时,< title >标签也可提供页面被添加到收藏夹时显示的标题及显示在搜索引擎结果中的页面标题。

(2)< meta >标签

< meta >标签用于提供页面的元信息,这些信息不会直接显示在网页上,但是对于机器是可读的,通常用来定义网页的字符集、刷新频率、关键字等信息。在 HTML 中,< meta >标签没有结束标签。例如,< meta http - equiv = " Content - Type" content = "text/html; charset = "gb2312"/ >,这段代码告诉浏览器这个文档使用的字符集为 GB2312 编码格式,即简体中文。

对于 < link >、< script >，以及 < style > 等标签将在后续的章节介绍，在此不再赘述。

4. 文档主体标签 < body >

文档主体是位于 < body >…</body > 中间的部分。HTML 文档里的内容主要都放置在这个区域，如文字、图片、超链接、背景图案及对象的修饰等标签都应该写在此标签内。

2.2　HTML 的文本标记

文本是网页的内容主体，是网页中运用最广泛的媒体之一。为了使网页内容像一篇文档一样看起来紧凑、美观，就需要有格式控制。HTML 提供了一些文本和格式控制标签对文本进行编辑、排版，每个标签的效果都可以通过浏览器来查看。

2.2.1　网页文本的设计

1. HTML 字符实体

在 HTML 中，有一些字符是预留的，具有特殊的含义。例如，在 HTML 中不能使用小于号"<"和大于号">"，因为浏览器会误认为它们是标签。如果希望正确地显示预留字符，必须在 HTML 源代码中使用字符实体(character entities)。

字符实体由"&"开头，以分号";"结尾，中间是一个实体名称，或者"#"和一个实体编号。例如，显示小于号，就需要这样写："&lt(使用实体名称);"或"&#60(使用实体编号);"。要显示多个空格符，就需要使用多个字符实体" "，否则网页将过滤掉多个连续的空格符，只显示一个空格。常用的字符实体如表 2 - 2 所示。

表 2 - 2　常用的字符实体

显示结果	描述	实体名称	实体编号	显示结果	描述	实体名称	实体编号
	空格			¥	元	&yen;	&#165;
<	小于号	&lt;	&#60;	€	欧元	&euro;	&#8364;
>	大于号	&gt;	&#62;	§	小节	&sect;	&#167;
&	和号	&amp;	&#38;	©	版权	&copy;	&#169;
"	引号	&quot;	&#34;	®	注册商标	&reg;	&#174;
′	撇号	&apos;	&#39;	TM	商标	&trade;	&#8482;
¢	分	&cent;	&#162;	×	乘号	&times;	&#215;
£	镑	&pound;	&#163;	÷	除号	&divide;	&#247;

2. 标题

HTML 文档中的各级标题由 < h1 > 到 < h6 > 6 个标签进行定义，h 是 headline(标题行)的简称，其中，h1 表示 1 级标题，级别最高，文字最大，其他元素依次递减，h6 级别最小，显示时浏览器会自动地在标题的前后添加空行。这种布局原则能让页面的层级关系更清楚，让搜索引擎更好地抓取和分析出页面的主题内容，从而使用户可以通过标题来快速浏览网页，所以用标题来呈现文档结构是很重要的，而不仅仅是为了产生粗体或大号的文本。

在具体应用中，<h1>通常用来修饰网页的主标题，即网页中最上层的标题，一般是网页的标题，<h1>中部署主关键词，每个页面只使用一次<h1>；<h2>表示一个段落的标题，或者说副标题，部署长尾关键词；<h3>表示段落的小节标题，<h3>效果和<strong>标签差不多，一般是用在段落小节；而<h4>至<h6>就基本很少用到了。

默认情况下，该标签的常用属性为 align，表示段落对齐方式，可取 left、center、right 等值，默认为左对齐，但在 HTML5 中通常用样式来取代该属性。

【例 2.2】 使用标题标签，效果如图 2-4 所示。

```
1. <html>
2.   <body>
3.     <h1>这是标题一</h1>
4.     <h2>这是标题二</h2>
5.     <h3>这是标题三</h3>
6.     <h4>这是标题四</h4>
7.     <h5>这是标题五</h5>
8.     <h6>这是标题六</h6>
9.   </body>
10. </html>
```

图 2-4　使用标题标签

3. 文本格式化

为了设计一个美观大方的网页，可以对网页中的文字设定一些格式，包括字体、字号、字体风格等。

（1）文本格式化标签

HTML 提供了一些文本格式化的标签来实现字符格式化的功能，比如下标文字、着重文字、小号字等效果。常用的格式化标签如表 2-3 所示。

表 2-3　常用的格式化标签

标　签	描　述	标　签	描　述
<b>	定义粗体文本	<strong>	定义加重语气
<big>	定义大号字	<sub>	定义下标文字

续表

标　签	描　述	标　签	描　述
＜em＞	定义着重文字	＜sup＞	定义上标文字
＜i＞	定义斜体字	＜ins＞	定义插入字
＜small＞	定义小号字	＜del＞	定义删除字

【例 2.3】 使用格式化标签格式化字符，效果如图 2-5 所示。

```
1. <html>
2.   <body>
3.     <b>粗体文本。</b><br/>
4.     <big>大号字。</big><br/>
5.     <em>着重文字。</em><br/>
6.     <i>斜体字。</i><br/>
7.     <small>小号字。</small><br/>
8.     <strong>加重语气。</strong><br/>
9.     定义<sub>下标字。</sub><br/>
10.    定义<sup>上标字。</sup><br/>
11.    <ins>插入字。</ins><br/>
12.    <del>删除字。</del><br/>
13.   </body>
14. </html>
```

（2）文本样式

在 HTML 早期的标准中，使用 ＜font＞标签来指定文本的字体、字号，而在新的 HTML 标准中，都采用样式来实现这一功能，如例 2.4，指定字体为"隶书"，字体大小为 36 像素，颜色为红色。

【例 2.4】 使用样式指定字体格式，效果如图 2-6 所示。

```
1. <html>
2.   <body>
3.     <h1 style = "text - align:center">指定字体字号颜色</h1>
4.     <p style = "font - family:隶书; font - size:36px ;color:red">只争朝夕,不负韶华</p>
5.   </body>
6. </html>
```

图 2-5　使用格式化标签格式化字符

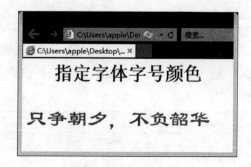

图 2-6　使用样式指定字体格式

4. 注释

在程序代码的编制过程中,通常会加入注释,以提高代码的可读性,在 HTML 代码中也可加入注释。记录在 HTML 文档中的注释,将被浏览器忽略,不会显示。可以利用注释在 HTML 中放置通知和提醒信息,加入注释对查找 HTML 代码中的错误也大有帮助。注释内容放置在"<!--"与"-->"中。例如:

<!-- 这些文字不显示 -->

2.2.2 段落与列表

1. 段落

段落是文章中最基本的单位,一篇文档通常由多个段落组成,在使用文字处理软件编辑文档时,只要输入一个换行符就可以实现分段效果,但网页文档在显示时,浏览器会移除源代码中多余的空格和空行,所有连续的空格或空行(换行)都会被算作一个空格,另外,网页在浏览器中显示效果也会随屏幕的大小以及对窗口的调整而不同,所以无法通过在 HTML 代码中添加额外的空格或换行符来改变输出的效果,如例 2.5 中的代码,在浏览器中的显示如图 2-7 所示。

【例 2.5】无段落标签排版。

```
1. <html>
2.   <body>
3.       离离原上草,
4.           一岁一枯荣。
5.       野火烧不尽,
6.           春风吹又生。
7.   (注意,浏览器忽略了源代码中的排版(省略了多余的空格和换行)。)
8.   </body>
9. </html>
```

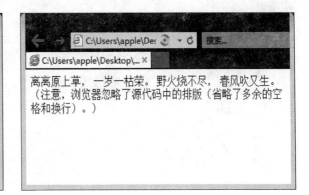

图 2-7　无段落标签排版

如果需要按段落显示文档内容,就需要通过段落和换行标签来实现。

(1)段落标签

段落是通过 <p> 标签定义的,通常段与段之间的间隔较大,而段内的行距较小,浏览器会在段落的前后自动地添加空行。<p>标签的常用属性为 align,表示段落的对齐方式,可以取的值有 left(左对齐)、center(居中)、right(右对齐),默认值为 left。但在现行的 HTML 标准中,更多地使用样式来替代它的作用。

【例 2.6】使用段落标签,效果如图 2-8 所示。

```
1. <html>
2.   <body>
3.     <p>这是第一段。</p>
4.     <p style="text-align:center">这是第二段。</p>
5.     <p style="text-align:right">这是第三段。</p>
6.   </body>
7. </html>
```

(2)换行标签

在不产生一个新段落的情况下进行换行(新行),使用
 标签。
 元素是一个空的 HTML 元素,因此它没有结束标签。在文挡中需要一个空行时,一般使用换行标签
而不用段落标签 <p></p>。

【例 2.7】HTML 中诗词排版,效果如图 2-9 所示。

```
1. <html>
2.   <body>
3.     <h3>卜算子 咏梅</h3>
4.     <p>
5.     风雨送春归,飞雪迎春到。<br/>
6.     已是悬崖百丈冰,犹有花枝俏。<br/>
7.     俏也不争春,只把春来报。<br/>
8.     待到山花烂漫时,她在丛中笑。<br/>
9.     </p>
10.   </body>
11. </html>
```

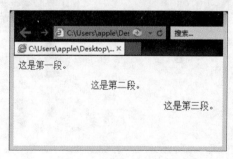

图 2-8　使用段落标签

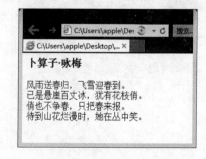

图 2-9　HTML 中诗词排版

2. 列表

列表是以结构化方式组织和显示信息的最好方法。在网页设计中,列表是常常出现的,产品目录、排行榜等都用到了不同形式的列表。HTML 支持有序、无序和定义列表。

(1)无序列表

无序列表是最简单和常用的一种项目列表,包含的内容项没有指定顺序,表示彼此相关但却不遵循某一顺序的一组信息。无序列表的列项目不使用编号表示,而是使用某种类型的标志(实心圆点、空心圆圈等)进行标记。无序列表始于 < ul > 标签,每个列表项始于 < li >。< ul > 标签的常用属性是 type,指明列表的项目符号类型,可选项有"disc"实心圆(●)、"circle"空心圆(○)、"square"实心方框(■),默认为 disc,但一般用样式来替代 type 属性的设置。

【例 2.8】无序列表,效果如图 2 - 10 所示。

```
1.  < html >
2.    < body >
3.      < h4 > Disc 项目符号列表: < /h4 >
4.      < ul type = "disc" >
5.        < li > 自信 < /li >
6.        < li > 自立 < /li >
7.      < /ul >
8.      < h4 > Circle 项目符号列表: < /h4 >
9.      < ul type = "circle" >
10.       < li > 乐观 < /li >
11.       < li > 坚韧 < /li >
12.     < /ul >
13.     < h4 > Square 项目符号列表: < /h4 >
14.     < ul type = "square" >
15.       < li > 诚实 < /li >
16.       < li > 守信 < /li >
17.     < /ul >
18.   < /body >
19. < /html >
```

图 2 - 10 无序列表

（2）有序列表

有序列表也是一种项目列表,它包含的内容项是有顺序的,可以用来表示连续的信息,列表项目使用数字进行标记,如阿拉伯数字、英文字母或罗马数字等。有序列表始于 <ol> 标签,每个列表项也始于 <li> 标签。<ol> 标签的常用属性如表2-4 所示。

表2-4   <ol>标签的常用属性

属　　性	值	描　　述
reversed	reversed	规定列表顺序为降序
start	*number*	规定有序列表的起始值
type	1 A a I i	规定在列表中使用的标记类型

【**例 2.9**】有序列表(如图2-11 所示)

```
1. <html>
2.    <body>
3.       <ol>
4.          <li>国家</li>
5.          <li>集体</li>
6.          <li>个人</li>
7.       </ol>
8.       <ol start="10">
9.          <li>国家</li>
10.         <li>集体</li>
11.         <li>个人</li>
12.      </ol>
13.   </body>
14. </html>
```

（3）定义列表

定义列表是一种特殊的项目列表,是项目及其注释的组合,项目占一行,注释另起一行,并且缩进,通常用来表示一些词汇的定义。定义列表以 <dl> 标签开始。每个定义列表项以 <dt> 开始,每个定义列表项的定义以 <dd> 开始。示例代码见例2.10,运行效果如图2-12 所示。

【**例 2.10**】定义列表(如图2-12 所示)。

```
1. <html>
2.    <body>
3.       <dl>
4.          <dt>文明互鉴</dt>
5.          <dd>世界上不同文明之间加强交流,相互借鉴</dd>
6.          <dt>硬核</dt>
7.          <dd>很厉害、很酷、很彪悍、很刚硬的……</dd>
8.       </dl>
9.    </body>
10. </html>
```

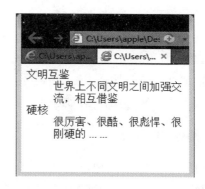

图 2 – 11　有序列表　　　　　　　　　图 2 – 12　定义列表

2.3　HTML 的图像及运用

图像是最早引入 Web 页面的多媒体对象,有了图像,Web 可以图文并茂地向用户提供信息,加大了它所提供的信息量,大大美化了 Web 页面。在网页中,图像占有很重要的地位,在页面中加入适当的图像,可以使页面显得更生动活泼、美观大方,尤其在一些介绍产品、风光、人文等的网页中,图像更为必要。

当然,在 Web 页面中引入图像也有可能带来副作用,因为网页中的图像会降低网页文件的打开(下载)速度。因此,在制作网页时需要考虑图像对象的大小、质量等因素。使用的图像应与内容相关,集美观、与信息内容一致于一体,虽然不能取代文字,但可以弥补文字的不足。切忌过度使用图像,使文档变得支离破碎,混乱不堪,增加用户在下载和查看该页面时很多不必要的等待时间。

2.3.1　网页中支持的图像格式

虽然 HTML 没有规定图像的官方格式,但是流行的浏览器却专门规定了一定的图像格式:通常情况下是 GIF 和 JPEG,所以这两种格式也成为了 Web 上主要使用的图片格式。另外,目前的 Web 页面中,也常会看到 PNG 格式的图像。

1. GIF 格式

GIF(Graphics Interchange Format,图像互换格式),最初是 CompuServe 为其在线服务用户传输图像而开发的。GIF 格式的编码技术在许多平台上都可以使用。现今的 GIF 格式只能达到 256 色,但支持透明,并且 GIF 图像还非常容易实现动画效果。在 HTML 中,GIF 格式普遍用于索引颜色图形和图像。

2. JPEG 格式

JPEG(Joint PhotograPhic ExPerts Group,联合图像专家小组),该格式是目前 Internet 中最流行、最受欢迎的图像格式,它支持数以万计的颜色,可以显示更加精细而且像照片一样逼真的数字图像,使用特殊的压缩算法,可以实现非常高的压缩比,是所有压缩格式中最卓越的,但 JPEG 不支持透明和动画。

3. PNG 格式

PNG（Portable Network Graphics，便携式网络图形）是一种无损压缩的位图格式。其设计目的是试图替代 GIF 和 TIFF 文件格式，同时增加一些 GIF 文件格式所不具备的特性。PNG 格式支持 24 位图像，产生的透明背景没有锯齿边缘。PNG 格式使用新的、高速的交替显示方案，可以迅速显示，只要下载 1/64 的图像信息就可以显示出低分辨率的预览图像，但不支持动画。

2.3.2　图像中的路径

HTML 文件支持文本、图片、声音、视频等媒体格式，但是在这些格式中，除了文本是直接写在 HTML 中的，其他都是用链接的方式将该文件链接过来的，也就是说，HTML 文档只记录了这些文件的路径而不是文件本身。浏览器在遇到插入图像标签时，就到标签指定的位置去查找文件，如果在指定位置找到文件，浏览器就显示该图像，否则就在应显示该图像的位置显示对象的占位符，通常以一个红叉表示，提示访问者此处有对象不能显示，错误原因多是引用对象路径有误。因此，在网页中插入图像文件，就要搞清文件的路径问题。文件路径描述了网站文件夹结构中某个文件的位置，分为绝对路径和相对路径两种类型。

1. 绝对路径

绝对路径通常是指向一个因特网文件的完整 URL。URL 是对可以从互联网上得到资源的位置和访问方法的一种简洁表示，是互联网上标准资源的地址。互联网上的每个文件（Web 页面、图片、声音、动画等）都有一个唯一的 URL，它包含的信息指出文件的位置以及浏览器应该怎么处理它。例如："http://www. kust. edu. cn/xxgk/xxjj. htm" 表示"xxjj. htm"这个文件在服务器"www. kust. edu. cn"上，"xxgk"文件夹下，使用 http 协议。一般来说，链接到其他站点上的对象都使用此类绝对路径。

此外，还有一种本地的绝对路径链接，指存储网站的计算机上的磁盘绝对路径，例如"D：/mysite/images/logo. jpg"，表示图像文件"logo. jpg"的磁盘绝对路径，发布到 Web 服务器上地址为："file：///D：/mysite/images/logo. jpg"。其中，"file：///D："表示指向当前服务器的 D 盘。如果网站上传到服务器没有存储在 D 盘，将找不到该图像文件，所以不建议使用这种绝对路径方式。

2. 相对路径

相对路径是指插入的图像文件相对于当前页面的文件所在的文件位置。在 Web 页面的设计中，对于本地链接主要推荐使用相对路径来描述引用文件的位置。这样网页就不会与当前的基准 URL 进行绑定，无论站点位置如何改变，所引用的资源都可以正常使用。

文件相对路径的描述可分为：指向相同目录、指向子目录、指向上级目录 3 种类型，下面以图 2-13 所示的网站结构来加以说明（假定当前编辑页面为 contents. html）。

（1）指向相同目录

当引用的文件和当前页面在同一目录时，相对路径即为引用文件的文件名。例如，"contents. htm"要引用"school. jpg"文件的相对路径，即为"school. jpg"。

（2）指向子目录

如引用文件在当前页面的子目录中，则需要用"/"分隔每级目录，直到找到目标文件为止。例如，"contents. htm"要引用"AC_RunActiveContent. js"文件的相对路径，为"/resource/Scripts/AC_RunActiveContent. js"。

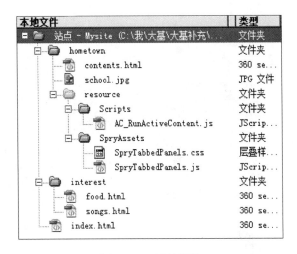

图 2-13　网站结构

（3）指向上级目录

如引用文件在当前页面的上级目录中,则需要通过"../"返回到上一级目录,再一级一级引用。例如,"contents. htm"要链接"index. html"文件的相对路径为"../index. html"(访问资源文件位于父目录)。又如,"contents. htm"要链接"food. html"文件的相对路径为"../interest/food. html"(访问资源文件位于父目录的不同子目录下)。

2.3.3　图像标签 < img >

1. 图像标签 < img > 源属性(src)

在 HTML 中,图像由 < img > 标签定义。< img > 是空标签,它只包含属性,并且没有闭合标签。要在页面上显示图像,需要使用源属性(src)。src 指" source",源属性的值是图像的 URL 地址。定义图像的语法是:

```
< img src = "url" / >
```

其中,URL 指存储图像的位置。浏览器将按 URL 指示的地址找到图像文件,并将其显示在文档中图像标签出现的地方。

2. 替换文本属性(alt)

alt 属性用来为图像定义一串预备的可替换文本。替换文本属性的值是用户自定义的。在图像无法载入时,替换文本属性将告知用户失去的文字信息。此时,浏览器将用这个替代性的文本来取代图像。为插入图像加上替换文本属性将有助于更好地显示信息。

3. 常用可选属性

（1）width:设置图像的宽度,单位为像素。

（2）height:定义图像的高度,单位为像素。

2.3.4　图像应用实例

HTML 最引人注目的特征之一就是能够在文档的文本中包含图像,既可以把图像作为文档的内在对象(内联图像),也可以将其作为一个可通过超链接下载的单独文档,或者作为文档的背景。例 2.11 介绍了一个网站中常见的图文混排的链接样式的代码,其中有的图片作为背景,有的图片作为文档中的对象出现,显示效果如图 2-14 所示。

图 2-14   图文混排的链接样式

【例 2.11】图文混排的链接样式。

```
1. <html>
2.    <head>
3.     <title>图文混排</title>
4.     <!--下面用 css 样式定义了无序列表的一些特性,包括背景图片 -->
5.        <style type ="text/css">
6.            ul li{display: inline - block;margin: 5px}
7.            ul{background - image:url(bj. jpg);height:130px;width:180px; }
8.        </style>
9.    </head>
10.  <body>
11.       <ul
12.           <li> <img src ="tb. jpg" height ="30" width ="30">
13.           <br/>淘宝<li/>
14.           <li> <img src ="jd. jpg" height ="30" width ="30">
15.           <br/>京东<li/>
16.           <li> <img src ="xc. png" height ="30" width ="30">
17.           <br/>携程<li/>
18.           <li> <img src ="dy. jpg" height ="30" width ="30">
19.           <br/>抖音<li/>
20.           <li> <img src ="bd1. png" height ="30" width ="30">
21.           <br/>百度<li/>
22.           <li> <img src ="xl. jpg" height ="30" width ="30">
23.           <br/>新浪<li/>
24.       <ul/>
25.    </body>
26. </html>
```

说明:例 2.11 的代码还无法实现超链接的效果,有关超链接的内容在下节介绍,代码中使用的 CSS 样式将在后续章节中介绍。

2.4　HTML 的超链接

超链接是 HTML 最吸引人的优点之一，HTML 使用超链接与网络上的另一个文档相连。超链接的应用使得顺序存放的文件在一定程度上具有了随机访问的能力，这更符合人类的思维方式。

2.4.1　超链接的概念

超链接是从一个网页指向另一个目标的链接关系，这个目标可以是另一个网页，也可以是同一网页上的其他位置，还可以是一幅图片、一个电子邮件地址或浏览器能显示的一个文件，甚至是一个应用程序。

在网页中，一般含有超链接的文字都是蓝色，下面有一条下划线。当移动鼠标指针到超链接对象时，鼠标指针就会变成手的形状，这时候单击，就可以直接跳转到这个超链接所指的地方。被浏览过的超链接，文本颜色将会发生改变（默认为紫色），只有图像的超链接访问后颜色不会发生变化。

超链接以特殊编码的文本或图形的形式来实现链接。按照使用对象的不同，网页中的链接可以分为文本链接、图像链接、E-mail 链接、锚点链接、多媒体文件链接等。按照链接目的地的不同，网页中的链接可以分为 3 种类型，分别是绝对链接、相对链接和书签超链接。绝对链接，就是网络的一个站点、网页的完整路径，一般用于实现到其他网站中某一页或本站点外文件的链接；相对链接，一般用于与本站点内的网页或其他对象的链接；书签超链接，用于同一网页内的超链接，这种超链接又称为锚点超链接。

2.4.2　超链接标签及其常用属性

创建超链接使用的标签为 < a >，常见的使用形式如下：

```
< a href = "url" >Link text < /a >
```

其中，href 属性规定链接的目标，即链接跳转的 URL 地址；开始标签和结束标签之间的文字被作为超链接来显示，但"Link text"不必一定是文本，图片或其他 HTML 元素都可以成为链接。

target 是标签 < a > 的另一个常用属性，用来定义被链接的文档在何处显示，其属性值如表 2 - 5 所示。

表 2 - 5　target 属性值

值	描　　述
_blank	在新窗口中打开被链接文档
_self	默认，在相同的框架中打开被链接文档
_parent	在父框架集中打开被链接文档
_top	在整个窗口中打开被链接文档
framename	在指定的框架中打开被链接文档

name 也是 < a > 标签的一个属性，用以创建 HTML 页面中的书签（锚），规定其名称。书签不

会以任何特殊方式显示,对读者是不可见的。使用书签可以实现页面内跳转,这样使用者就无须不停地滚动页面来寻找所需信息了。

2.4.3 超链接的创建

1. 创建链接本站点对象的超链接

例如, < a href = "food. html" > 喜爱的食物 < a >,表示为"喜爱的食物"创建了一个到本站点网页文件"food. html"的链接,包含该代码的文件与"food. html"在同一目录下。当单击带有下画线的文字"喜爱的食物"时,浏览器就跳转到"food. html"页面,并显示其内容。

2. 创建链接其他网站对象的超链接

例如, < a href = "http://www. w3school. com. cn/" target = "_blank" > 访问 W3School! </a >,则在浏览器中单击"访问 W3School!"时,就会打开一个新的浏览器窗口,并显示 W3School 的主页。

3. 创建电子邮件超链接

例如, < a href = "mailto:username@ kust. edu. cn" > 联系我们 < a/ >,单击"联系我们"时,计算机上的客户端电子邮件程序就会自动启动(如未安装相应的客户端软件则无法实现),并将收件人的地址写为"username@ kust. edu. cn"。

4. 创建书签超链接

(1)建立书签:创建书签超链接必须先建立好书签。命名书签的语法为: < a name = "书签名" > 锚(显示在页面上的文本)</a >。也可将光标停留在文档的目标位置,然后插入标签 < a name = "书签名" > </a >。

(2)建立到书签的跳转:在希望跳转处写入 < a href = "#书签名" > 链接文本 </a >。

【例 2.12】书签超链接。

```
1. < html >
2.    < head >
3.       < title > 书签链接 </title >
4.    </head >
5.    < body >
6.       < a name = "top" > </a > 文档顶部 < br/ > < br/ >
7.       < a href = "#bottom" > 跳转到文档底部 </a >
8.       < p > 1 </p > < p > 2 </p > < p > 3 </p > < p > 4 </p > < p > 5 </p > < p > 6 </p > < p
>6 </p > < p > 7 </p > < p > 8 </p >
9.       < a name = "bottom" > </a > 文档底部 < br/ > < br/ >
10.      < a href = "#top" > 返回顶部 </a >
11.   </body >
12. </html >
```

用浏览器打开例 2.12 文件,显示如图 2-15 所示;单击"跳转到文档底部"超链接后,显示如图 2-16 所示。

5. 创建图片超链接

例如,将例 2.11 的代码 < img src = "xl. jpg" height = "30" width = "30" > 改为: < a href = "http://www. sina. com. cn" > < img src = "xl. jpg" height = "30" width = "30" > </a >,即可实现最后一个新浪图标的超链接。

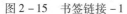

图 2 - 15　书签链接 - 1　　　　　　　图 2 - 16　书签链接 - 2

6. 创建图片热点超链接

图片热点超链接是指单击图片热点区域时,可实现超链接跳转。创建图片热点超链接需要两个和图片相关的标签。

(1)< map >标签:用于定义一个客户端图像映射。图像映射指带有可单击区域的一幅图像。< map >标签有必需属性 id,为 map 标签定义唯一的名称;有可选属性 name,为图像映射规定的名称。

< img >标签中的 usemap 属性与 map 元素的 name 属性相关联,创建图像与映射之间的联系。usemap 属性可引用 < map >中的 id 或 name 属性(由浏览器决定),所以需要同时向 < map >添加 id 和 name 两个属性。

(2)< area >标签:用于定义图像映射中的区域。area 元素总是嵌套在 < map > 标签中。< area >标签有必需属性 alt,定义此区域的替换文本,可选属性如表 2 - 6 所示。

表 2 - 6　< area >标签的可选属性

属　　　　性	值	描　　　　述
coords	坐标值	定义可单击区域(对鼠标敏感的区域)的坐标
href	URL	定义此区域的目标 URL
nohref	nohref	从图像映射排除某个区域
shape	default(全部区域) rect(矩形区域) circ(圆形区域) poly(多边形区域)	定义区域的形状
target	_blank _parent _self _top	规定在何处打开 href 属性指定的目标 URL

【例 2.13】图片热点超链接。

```
1. < html >
2.   < head >
3.    < title >图片热点超链接 </title >
```

```
4.    </head>
5.    <body>
6.    <img src = "gydt.jpg" width = "584" height = "460" border = "0" usemap = "#Map" />
7.    <map name = "Map" id = "Map">
8.    <area shape = "rect" coords = "265,364,348,395" href = "lhh.jpg" alt = "芦花河" />
9.    <area shape = "circle" coords = "167,399,22" href = "jhly.jpg" alt = "静湖" />
10.   <area shape = "poly" coords = "112,92,121,57,193,51,196,88,153,106" href = "
bcyj.jpg" alt = "冰川遗迹" />
11.   </map>
12.   </body>
13. </html>
```

说明：本例中确定可点击区域（对鼠标敏感的区域）的坐标不易实现，建议初学者使用工具软件完成。

用浏览器打开例 2.13 文件，显示如图 2 - 17 所示；单击图片中圈出的区域后，将跳转到相应的图片页面；而单击图片的其余区域则不会。

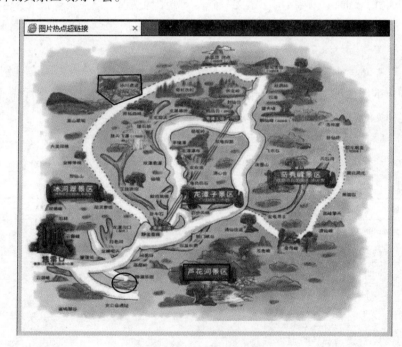

视　频

操作讲解——
图片热点超
链接

图 2 - 17　图片热点超链接

2.5　HTML 表单与布局

2.5.1　表单

在网络环境中，用户既是信息的接收者又是信息的发布者，所以在网站的建设中免不了要考虑与用户交互的问题。表单是实现交互功能的主要方式,在网页中主要负责数据采集功能。用户通过表单可以实现人机对话、进行数据查询和电子邮件收发等。表单所采集到的信息将被发送到服务器,由服务器中的服务器端脚本或应用程序对这些信息进行处理,再将处理后的信息发回客户端或执行相关操作。

1. 表单常用元素

(1) < form > 标签:定义 HTML 表单,其中包含其他不同类型的表单元素,比如 input 元素、复选框、单选按钮、提交按钮等。< form > 标签有以下两个常用属性。

①action 属性。action 属性规定向何处提交表单数据,即提交页面的 URL。如果省略 action 属性,则 action 会被设置为当前页面。

②method 属性。method 属性规定在提交表单时所用的 HTTP 方法(GET 或 POST)。GET 方法最适合少量数据的提交,也是默认的方法。如果表单提交是被动的(比如搜索引擎查询),并且没有敏感信息,可以使用 GET 方法。使用 GET 时,表单数据在页面地址栏中是可见的。POST 方法的安全性更好,因为被提交的数据是在正文中发送的,而在页面地址栏中是不可见的。如果表单正在更新数据,或者包含敏感信息(例如密码),使用 POST 方法。

其余的 < form > 标签属性如表 2 − 7 所示。

表 2 − 7　< form > 标签属性

属　　性	描　　述
accept − charset	规定在被提交表单中使用的字符集(默认:页面字符集)
autocomplete	规定浏览器应该自动完成表单(默认:开启)
enctype	规定被提交数据的编码(默认:url − encoded)
name	规定识别表单的名称(对于 DOM 使用:document. forms. name)
novalidate	规定浏览器不验证表单
target	规定 action 属性中地址的目标(默认:_self)

(2) < input > 标签:< input > 是最重要的表单元素。根据不同的 type 属性,< input > 元素可以有很多形态,属性取值如表 2 − 8 所示。

表 2 − 8　type 属性取值

类　　型	描　　述
text	定义常规文本输入
password	定义密码文本输入
radio	定义单选按钮输入(选择多个选择之一)
submit	定义提交按钮(提交表单)
reset	定义重置按钮
button	定义按钮
checkbox	定义复选框

除了 type 属性外，< input > 标签还有一些常用属性，如表 2 – 9 所示。

表 2 – 9   < input > 标签常用属性

属　　性	描　　述
name	定义 input 元素的名称
value	定义输入字段的初始值
readonly	规定输入字段为只读
disabled	规定输入字段是禁用的（被禁用的元素是不可用和不可单击的）
size	规定输入字段的尺寸（以字符计）

（3）< select > 标签。< select > 标签定义下拉列表，可创建单选或多选菜单，其常用属性如表 2 – 10 所示。

表 2 – 10   < select > 标签的常用属性

属　　性	描　　述
multiple	说明可选择多个选项
name	定义下拉列表的名称
size	定义下拉列表中可见选项的数目

在 < select > 标签内有一个 < option > 标签，用来定义下拉列表中的一个选项。列表通常会把首个选项显示为默认选中选项。可以通过添加 selected 属性来定义预选中的选项。使用 value 属性来定义送往服务器的选项值。

表单还有其他一些元素，比如 < textarea > 定义多行输入字段（文本域），< button > 定义可单击的按钮等。另外，HTML5 中还增加了一些表单元素，这些将在后面的章节中介绍，在此不再详述。

2. 表单应用实例

在网络生活中，用户注册是一个常用操作，设计用户注册网页就会使用到表单元素。例 2.14 的代码展现了一个用户注册页面，用浏览器打开效果如图 2 – 18 所示，但其页面收集到的数据需要传送到服务器端的 register. php 处理，页面本身不对数据进行处理。

【例 2.14】用户注册网页。

```
1. < html >
2.    < head >
3.      < title > 用户注册 < /title >
4.    < /head >
5.    < body >
6.      < form action = "register. php" method = "post" >
7.        < h2 > 新用户注册 < /h2 >
8.        < hr >
9.        < p > * 用户名: < input type = "text" name = "username" > < /p >
10.       < p > * 设置密码: < input type = "password" name = "pwd" > < /p >
11.       < p > * 确认密码: < input type = "password" name = "pwd1" > < /p >
12.       < p > 姓名: < input type = "text" name = "truename" > < /p >
```

```
13.          <p>性别: <input type = "radio" name = "sex" value = "boy">男
14.              <input type = "radio" name = "sex" value = "girl" checked = "checked">
女</p>
15.          <p>电话: <input type = "text" name = "phone"></p>
16.          <p>电子邮箱: <input type = "email" name = "email"></p>
17.          <p>爱好: <input type = "checkbox" name = "check1" value = "music">音乐
18.              <input type = "checkbox" name = "check2" value = "gem">体育
19.              <input type = "checkbox" name = "check3" value = "literature">文学
20.              <input type = "checkbox" name = "check4" value = "film">看电影
21.              <input type = "checkbox" name = "check5" value = "travel" checked>旅游
</p>
22.          您每周的上网时间是:
23.          <select name = "time">
24.              <option>1-3小时</option>
25.              <option>4-6小时</option>
26.              <option>7-9小时</option>
27.              <option>10小时及以上</option>
28.          </select>
29.          <p>备注: </p>
30.          <textarea name = "comments" cols = "15" rows = "4"></textarea>
31.          <br>
32.          <hr>
33.          <input type = "submit" name = "submitBT" value = "注册">
34.          <input type = "reset" name = "resetBT" value = "重填">
35.      </form>
36.   </body>
37. </html>
```

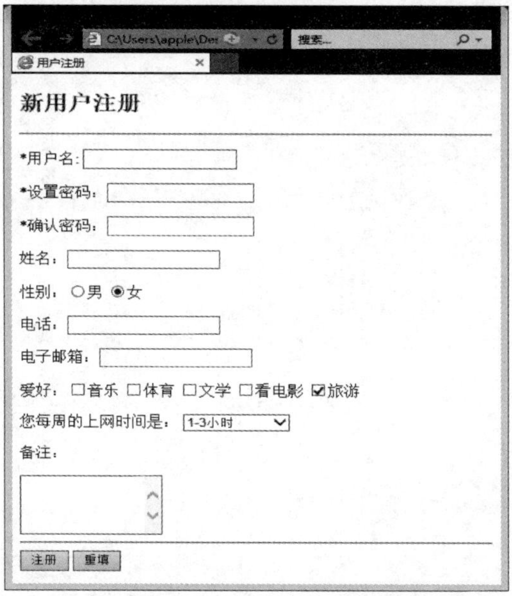

图2-18　用户注册网页

2.5.2 HTML 布局

所谓 HTML 布局就是如何将各种对象放置在网页的不同位置,使网页的浏览效果和视觉效果都达到最佳,这也是网页设计中应该考虑的问题。

1. 表格

表格是网页设计中的常用元素。使用表格元素能够实现网页布局的效果,但表格元素并不是作为布局工具而设计,而是为了显示表格化的数据。目前的网页设计中较少使用表格来进行页面布局,所以在此主要介绍如何以表格的方式来显示数据。

表格由 < table > 标签来定义。每个表格均有若干行(由 < tr > 标签定义),每行被分割为若干单元格(由 < td > 标签定义)。数据单元格可以包含文本、图片、列表、段落、表单、水平线、表格等。表格的表头使用 < th > 标签进行定义。表格的常用属性如表 2 – 11 所示。

表 2 – 11   < table > 的常用属性

属　　性	描　　述
border	规定表格边框的宽度(像素)
cellpadding	规定单元边沿与其内容之间的空白(像素或百分比)
cellspacing	规定单元格之间的空白(像素或百分比)
width	规定表格的宽度(像素或百分比)
height	规定表格的高度(像素或百分比)

【例 2.15】 表格元素的应用(如图 2 – 19 所示)。

```
1.  < html >
2.    < head >
3.      < title >无标题文档</title >
4.    </head >
5.    < body >
6.      < table width = "834" height = "228" border = "1" >
7.        < tr >
8.          < td colspan = "3" align = "center" >云南热门旅游地</td >
9.          < !-- colspan = "3",横跨 3 列 -->
10.       </tr >
11.       < tr >
12.         < td width = "270" > < img src = "丽江.jpg" width = "270" height = "170" /></td >
13.         < td width = "270" > < img src = "昆明.jpg" width = "270" height = "170" /></td >
14.         < td width = "272" > < img src = "大理.jpg" width = "270" height = "170" /></td >
15.       </tr >
16.       < tr >
17.         < td > < div align = "center" >1 丽江</div > </td >
18.         < td > < div align = "center" >2 昆明</div > </td >
19.         < td > < div align = "center" >3 大理</div > </td >
20.       </tr >
```

```
21.          < tr >
22.             < td > < img src = "西双版纳. jpg" width = "270" height = "170" / > </td >
23.             < td > < img src = "香格里拉. jpg" width = "270" height = "170" / > </td >
24.             < td > < img src = "腾冲. jpg" width = "270" height = "170" / > </td >
25.          </tr >
26.          < tr >
27.             < td > < div align = "center" >4 西双版纳 </div > </td >
28.             < td > < div align = "center" >5 香格里拉 </div > </td >
29.             < td > < div align = "center" >6 腾冲 </div > </td >
30.          </tr >
31.       </table >
32.    </body >
33. </html >
```

图 2 - 19　表格应用

2. 框架

　　框架也是一种网页页面布局的方法,它把浏览器的显示空间分割为几个部分,每个部分都可以独立显示不同的网页,每一部分称为一个框架,并且每个框架都独立于其他的框架,几个框架组合在一起构成框架集。框架集是一个 HTML 文件,它定义了一组框架的布局和属性,包括框架的数目、大小和位置,以及最初在每个框架中显示的页面 URL。

　　框架集用 < frameset > 标签定义, < frame > 标签放置在其中,用以定义各框架。常用属性如表 2 - 12 所示。

表 2 - 12　框架的常用属性

属　　性	描　　述
rows	定义框架集中行的数目和尺寸(像素、百分比或 ∗)
cols	定义框架集中列的数目和尺寸(像素、百分比或 ∗)

续表

属　　性	描　　述
frameborder	定义是否显示边框
border	定义框架边框的粗细（像素）
src	定义在框架内部显示的网页

框架布局最常用于导航。一个框架集通常包含两个框架，一个含有导航条，另一个显示主要页面内容，如例 2.16 所示。

【例 2.16】框架布局

```
1. < html >
2.    < frameset cols = "120,* ">
3.      <!-- 导航框架 -->
4.      < frame src = "contents.html">
5.      <!-- 内容框架 -->
6.      < frame src = "frame -1.html" name = "showframe">
7.    </frameset >
8. </html >
```

说明：导航框架内显示网页"contents.html"，内容框架"showframe"内显示网页"frame - 1.html"，单击"contents.html"网页中的超链接，链接的目标可以在内容框架中显示，运行效果如图 2-20 所示。

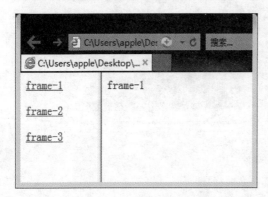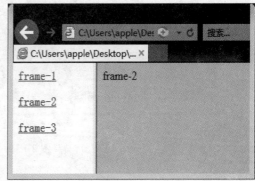

图 2-20　框架布局

"contents.html"的主要代码如下：

```
1. < p > < a href = "frame -1.html" target = "showframe" > frame -1 </a> </p>
2. < p > < a href = "frame -2.html" target = "showframe" > frame -2 </a> </p>
3. < p > < a href = "frame -3.html" target = "showframe" > frame -3 </a> </p>
```

当前网页设计一般不推荐使用框架进行布局，因为其存在一些不足：不同框架中各对象的精准图形对齐不易实现；对导航测试可能较为耗时；很难打印整张页面等。

3. < div > 元素

< div > 元素是 HTML 的块级元素，浏览器会在块级元素前后显示换行。< div > 元素是可用于组合其他 HTML 元素的容器，其本身没有特定的含义。< div > 元素常与 CSS 一同使用，可对大的内容块设置样式属性，也可用于文档布局，这是 < div > 元素的一个常见用途，它取代了使用

表格定义布局的老式方法。

另外,HTML5 也提供了一些新语义元素来定义网页的不同部分,实现网页的多列布局,在后续章节中将做详细介绍。

本 章 小 结

本章介绍了 HTML 的基本概念和 HTML 的文档结构;通过实例展示了对文本进行编辑、排版的 HTML 文本和格式控制标签;介绍了 Web 页面中最常见的多媒体对象——图片的运用、超链接的实现方法;最后介绍了表单的设计及 Web 页面布局的方式。

实验 2　静态页面的 HTML 实现

一、实验目的

(1)了解 HTML 文件的组成。

(2)掌握 HTML 常用标记的含义,能够理解并正确设定各种标记的常用属性。

(3)能够利用 HTML 编写简单静态网页。

二、实验内容与要求

1. 制作网页电子书

使用基本的 HTML 标签,实现如图 2 – 21 所示的网页,并实现下列效果。

图 2 – 21　网页电子书封面

(1)单击网页左侧导航文字,网页右侧窗口显示相关内容。

(2)封面文字竖排、隶书,配上合适的背景图片。

(3)内容页面放置一首诗及作者简介,中间用一条水平线分隔。诗词标题文字使用标题一号,作者文字使用深红色、黑体,其他文字字体默认,作者简介斜体、深绿色,前面加空格,“作者简介”及“作者姓名”加粗,网页各部分配上合适的背景图片或背景颜色,如图 2 – 22 所示。

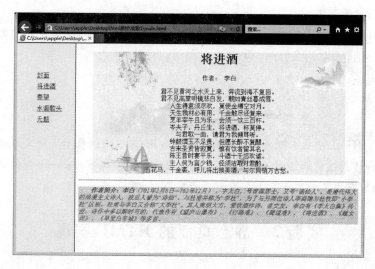

图 2-22　网页电子书内容

2. 制作表格

使用基本的 HTML 标签，实现如图 2-23 所示的表格网页。

姓名	张三	性别	男	
出生日期	2000.3.12	专业	大数据	
学历	大学本科	政治面貌	中共党员	
民族	汉族	外语水平	英语四级	
籍贯	上海	身体状况	良好	
电子邮箱	username@kust.edu.cn	联系方式	12345678901	
在校期间所受奖励				
个人经历				

图 2-23　表格网页

● 视 频

操作讲解——
网页电子书
制作

三、实验主要步骤

(1)制作网页电子书，考虑使用框架网页来实现。

①建立内容封面网页，参考代码如下：

```
1. <html>
2.   <head>
3.     <title>网页标题</title>
```

```
4.    </head>
5.    <body style=" background-image:填入背景图片; background-repeat: no-repeat;
6.       background-position:填入背景图片位置;">
7.        <div style="background-color:填入标题背景颜色; width:42px; font-size:36px;
8.            position:absolute; left:50%; top:30%">
9.            <p style="font-family:隶书">唐宋诗词</p>
10.       </div>
11.   </body>
12. </html>
```

②建立多个内容网页,参考以下代码。

```
1. <html>
2.   <head>
3.      <title>将进酒</title>
4.   </head>
5.   <body>
6.       <div style=" background-image:url(jjj.JPG); background-repeat:no-repeat;background-position:center; ">
7.          <h1 style="text-align:center; ">将进酒</h1>
8.          <p style="text-align:center;font-family:填入字体; color:填入段落文字颜色">
9.             作者: 李白</p>
10.          <p style="text-align:填入段落对齐方式">
11.          <!--以下每个句子换一行-->
12.          君不见黄河之水天上来,奔流到海不复回。
13.          君不见高堂明镜悲白发,朝如青丝暮成雪。
14.          人生得意须尽欢,莫使金樽空对月。
15.          天生我材必有用,千金散尽还复来。
16.          烹羊宰牛且为乐,会须一饮三百杯。
17.          岑夫子,丹丘生,将进酒,杯莫停。
18.          与君歌一曲,请君为我倾耳听。
19.          钟鼓馔玉不足贵,但愿长醉不复醒。
20.          古来圣贤皆寂寞,惟有饮者留其名。
21.          陈王昔时宴平乐,斗酒十千恣欢谑。
22.          主人何为言少钱,径须沽取对君酌。
23.          五花马,千金裘,呼儿将出换美酒,与尔同销万古愁。
24.          </p>
25.       </div>
26.       <hr>
27.       <div style="background-image:填入背景文件">
28.          <p style="font-style:填入表示斜体的符号; color:#009900">
29.          填入空格字符实体<粗体标签>作者简介:李白</粗体标签>
30.          (701年2月8日—762年12月),字太白,号青莲居士,又号"谪仙人"。
31.          是唐代伟大的浪漫主义诗人,被后人誉为"诗仙"。与杜甫并称为"李杜",
32.          为了与另两位诗人李商隐与杜牧即"小李杜"区别,杜甫与李白又合称"大李杜"。
33.          其人爽朗大方,爱饮酒作诗,喜交友。李白有《李太白集》传世,
34.          诗作中多醉时写的,代表作有《望庐山瀑布》《行路难》
```

```
35.              《蜀道难》《将进酒》《越女词》《早发白帝城》等多首. </p >
36.          </div >
37.      </body >
```

③建立内容导航网页。导航项目用无序列表实现,参考代码如下:

```
1. < !DOCTYPE html >
2. < html >
3.    < head >
4.        < title > </title >
5.        < style type = "text/css" >
6.            ul li{display: inline - block;margin: 5px}
7.        </style >
8.    </head >
9. < body style = "background - color:填入网页背景颜色" >
10.        < div style = "position:absolute; top:10% " >
11.        < ul >
12.          < li > < a href = "填入链接网页文件一" target = "showframe" >链接文字一 </a >
</li >
13.          < li > < a href = "填入链接网页文件二" target = "showframe" >链接文字二 </a >
</li >
14.          < li > < a href = "填入链接网页文件三" target = "showframe" >链接文字三 </a >
</li >
15.          < li > < a href = "填入链接网页文件四" target = "showframe" >链接文字四 </a >
</li >
16.          < li > < a href = "填入链接网页文件五" target = "showframe" >链接文字五 </a >
</li >
17.        </ul >
18.        </dir >
19.    </body >
20. </html >
```

④建立主框架网页 main. html。代码可参考例 2. 16。

（2）建立表格网页,参考代码如下:

```
1. < html >
2.    < head >
3.      < title >无标题文档 </title >
4.    </head >
5.    < body >
6.        < table width = "填入表格宽度像素或百分百" height = "表格高度" border = "边框粗
细" >
7.          < tr height = "40" >
8.            < td width = "74" > < strong >姓名 </strong > </td >
9.            < td width = "90" >张三 </td >
10.           < td width = "89" > < strong >性别 </strong > </td >
11.           < td width = "89" >男 </td >
12.           < td width = "200" rowspan = "填入跨行数量" >
13.             < img src = "填入图片文件名" width = "200" height = "200" alt = "照片" / >
14.           </td >
15.         </tr >
```

```
16.          <tr height="40">
17.              <td><strong>出生日期</strong></td>
18.              <td>2000.3.12</td>
19.              <td><strong>专业</strong></td>
20.              <td>大数据</td>
21.          </tr>
22.          <tr height="40">
23.              <td><strong>学历</strong></td>
24.              <td>大学本科</td>
25.              <td><strong>政治面貌</strong></td>
26.              <td>中共党员</td>
27.          </tr>
28.          <tr height="40">
29.              <td><strong>民族</strong></td>
30.              <td>汉族</td>
31.              <td><strong>外语水平</strong></td>
32.              <td>英语四级</td>
33.          </tr>
34.          <tr height="40">
35.              <td><strong>籍贯</strong></td>
36.              <td>上海</td>
37.              <td><strong>身体状况</strong></td>
38.              <td>良好</td>
39.          </tr>
40.          <tr>
41.              <td height="40"><strong>电子邮箱</strong></td>
42.              <td colspan="填入跨列数量">username@kust.edu.cn</td>
43.              <td height="40"><strong>联系方式</strong></td>
44.              <td>12345678901</td>
45.          </tr>
46.          <tr>
47.              <td height="88"><strong>在校期间所受奖励</strong></td>
48.              <td colspan="填入跨列数量"> </td>
49.          </tr>
50.          <tr>
51.              <td height="107"><strong>个人经历</strong></td>
52.              <td colspan="填入跨列数量"> </td>
53.          </tr>
54.      </table>
55.  </body>
56. </html>
```

四、实验总结与拓展

（1）不使用框架网页如何实现实验 2 的布局。

（2）如何让诗句以竖排文本的方式显示。

习题与思考

1. 判断题

（1）HTML 标记符的属性一般不区分大小写。　　　　　　　　　　　　　　　　　　　　（　　）

（2）网站就是一个链接的页面集合。　　　　　　　　　　　　　　　　　　　　　　　（　　）

（3）所有的 HTML 标记符都包括开始标记符和结束标记符。　　　　　　　　　　　　　（　　）

（4）HTML 的段落标记中，标注文本以原样显示的是标记 P。　　　　　　　　　　　　（　　）

（5）创建最小的标题的文本标签是 h1。　　　　　　　　　　　　　　　　　　　　　（　　）

（6）IMG 标记可以出现在 HEAD 标记内。　　　　　　　　　　　　　　　　　　　　（　　）

（7）HTML 文档里的内容主要都放置在 < body > … < /body > 区域。　　　　　　　　（　　）

（8）HTML 是 HyperText Markup Language(超文本标记语言)的缩写。　　　　　　　（　　）

2. 选择题

（1）下列的 HTML 中，可以插入换行的是＿＿＿＿＿＿＿。

A. br　　　　　　　　　B. 1b　　　　　　　　　C. break　　　　　　　　　D. return

（2）下列的 HTML 中，可以产生超链接的是＿＿＿＿＿＿＿。

A. < a url = "http://www. my. com. cn" >我的网站< /a >

B. < a href = "http:// www. my. com. cn " >我的网站< /a >

C. < a >http:// www. my. com. cn < /a >

D. < a name = "http:// www. my. com. cn " >昆明理工大学< /a >

（3）在下列的 HTML 中，可以产生复选框的是＿＿＿＿＿＿＿。

A. < input type = "check" >　　　　　　　　B. < checkbox >

C. < input type = "checkbox" >　　　　　　　D. < check >

（4）在下列的 HTML 中，可以产生文本框的是＿＿＿＿＿＿＿。

A. < input type = "textfield" >　　　　　　　B. < textinput type = "text" >

C. < input type = "text" >　　　　　　　　　D. < textfield >

（5）在下列的 HTML 中，可以产生下拉列表的是＿＿＿＿＿＿＿。

A. < list >　　　　　　　　　　　　　　　　B. < input type = "list" >

C. < input type = "dropdown" >　　　　　　　D. < select >

（6）HTML 文档由 head 及 body 段组成，有些标记只能出现在 head 段中，＿＿＿＿＿＿不能出现在 body 段中。

A. title　　　　　　　　　B. table　　　　　　　　　C. img　　　　　　　　　D. ul

（7）下列＿＿＿＿＿＿是在新窗口中打开网页文档。

A. _self　　　　　　　　　B. _blank　　　　　　　　C. _top　　　　　　　　　D. _parent

（8）常用的网页图像格式有＿＿＿＿＿＿＿。

A. gif,tiff　　　　　　　　B. tiff,jpg　　　　　　　　C. gif,jpg　　　　　　　　D. tiff,png

（9）在网页中显示特殊字符，如果要输入" < "，应使用＿＿＿＿＿＿＿。

A. lt;　　　　　　　B. ≪　　　　　　　C. &lt　　　　　　　D. <

(10) 在 HTML 中,form 标记中的 action 属性表示_____。

A. 提交的方式　　　　　　　　　B. 表单所用的脚本语言

C. 提交的 URL 地址　　　　　　　D. 表单的形式

(11) 在 HTML 中,form 标记中的 method 属性表示_____。

A. 提交的方式　　　　　　　　　B. 表单所用的脚本语言

C. 提交的 URL 地址　　　　　　　D. 表单的形式

(12) 网页的标题是在_____标识符中的文字。

A. < body > … < /body >　　　　　B. < a > … < /a >

C. < head > … < /head >　　　　　D. < title > … < /title >

(13) 静态网页文件的扩展名为_____。

A. asp　　　　　　　B. bmp　　　　　　　C. htm　　　　　　　D. css

(14) 在表单的_____文本框中输入数据后,数据以 * 号显示。

A. 单行　　　　　　　　　　　　B. 多行

C. 数值　　　　　　　　　　　　D. 密码

(15) 在设置图像超链接时,可以在替换文本框中填入注释的文字,下面错误的是_____。

A. 当浏览器不支持图像时,使用文字替换图像

B. 在浏览者关闭图像显示功能时,使用文字替换图像

C. 每过一段时间图像上都会定时显示注释的文字

D. 当鼠标移到图像并停留一段时间后,这些注释文字将显示出来

3. 思考题

(1) HTML 标签、元素、属性分别是什么?

(2) 常见的网络图像格式有哪些? 在 HTML 中各适合什么场合?

(3) HTML 中的超链接有哪些种类? 要如何创建?

(4) 常用的网页布局有哪些?

第3章

美的升华——HTML5

HTML5 技术结合了 HTML4.01 的相关标准并革新,符合现代网络发展要求,于 2008 年正式发布。它是由一群自由思想者组成的团队开发的,相比 HTML4.01,HTML5 的语法特征更加明显,它提供了更好的语义化标签支持,在多媒体支持、网页交互性、智能表单等方面有了巨大提升。HTML5 在 2012 年已形成了较为稳定的版本。本章在 HTML4.01 基础上,重点介绍 HTML5 的新特性,以及如何使用 HTML5 为用户提供更加良好的浏览体验。

本章学习目标

➢ 掌握 HTML5 中音视频标签的相关属性;

➢ 了解 HTML5 中的语义化标签;

➢ 掌握 HTML5 中 Canvas 画布的使用;

➢ 理解 HTML5 中进阶的表单属性。

3.1　溢彩流光——HTML5 多媒体

在 HTML5 出现之前,并没有将视频和音频嵌入到页面的标准方式,多媒体内容大多都是通过第三方插件或以应用程序的方式被集成在页面中。例如,常用的方法是通过 Adobe 的 FlashPlayer 插件将视频和音频嵌入到网页中。图 3-1 所示为网页中 FlashPlayer 插件的安装对话框。

视 频

知识拓展——
HTML5及其行
业前景分析

图 3-1　FlashPlayer 插件安装对话框

通过这种方式嵌入音视频,不仅需要借助第三方插件,而且实现代码复杂冗长。运用 HTML5

中新增的 < video > 标签和 < audio > 标签则可以避免这样的问题。在 HTML5 语法中, < video > 标签用于为页面添加视频, < audio > 标签用于为页面添加音频,这样在不需下载第三方插件的情况下,用户就可以直接观看网页中的多媒体内容。(注:本章示例截图所用浏览器均为 Google Chrome,读者更换浏览器后显示的界面会略有差异。)

3.1.1 < video > 标签的使用

在讨论视频文件的引用之前,首先要说明现在不同的浏览器对于各种视频文件格式的支持。表 3-1 列出了常用浏览器对视频文件的支持情况。

表 3-1 各主流浏览器对视频文件的支持

格式	IE	Firefox	Chrome	Safari	Opera
Ogg	No	3.5 +	5.0 +	No	10.5 +
MPEG 4	9.0 +	No	5.0 +	3.0 +	No
WebM	No	4.0 +	6.0 +	No	10.6 +

①Ogg:带有 Theora 视频编码和 Vorbis 音频编码的 Ogg 文件。

②MPEG4:带有 H.264 视频编码和 AAC 音频编码的 MPEG4 文件。

③WebM:带有 VP8 视频编码和 Vorbis 音频编码的 WebM 文件。

通过表 3-1 可以看出目前不同的浏览器对主流音视频文件格式的支持情况。当然,这并不是绝对的,表 3-1 中一些浏览器的新版本对以前不支持的格式都在逐步兼容,这里只统计了几种常用浏览器目前对 < video > 标签的支持。

< video > 标签的基本语法格式如下:

```
< video src = "视频文件路径" controls = "controls" > </video >
```

在上面的语法格式中,src 属性用于设置视频文件的路径,controls 属性用于为视频提供播放控件,这两个属性是 video 标签的基本属性。并且 < video > 和 </video > 之间还可以插入文字,用于在不支持 < video > 标签的浏览器中显示。

下面通过一个案例来演示嵌入视频的方法,如例 3.1 所示。

【例 3.1】嵌入视频。

```
1. <!DOCTYPE html >
2. <html >
3.  < head >
4.    <meta charset = "utf-8" >
5.    <title >星爷经典影片之大话西游</title >
6.  </head >
7.  <body >
8.  <video src = "video/1.ogg" controls = "controls" >您的浏览器不支持 video 标签。</video >
9.  </body >
10. </html >
```

在例 3.1 中,第 8 行代码通过使用 < video > 标签来嵌入视频。

运行例 3.1,效果如图 3 - 2 所示。

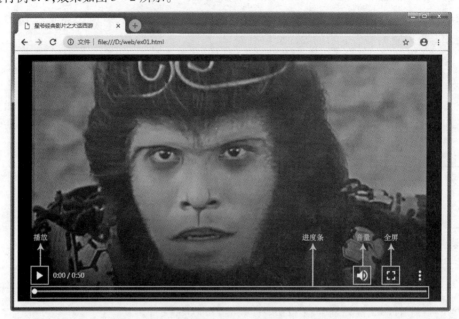

图 3-2　嵌入视频

图 3 - 2 显示的是视频未播放的状态,界面底部是浏览器添加的视频控件,用于控制视频播放的状态,当单击"播放"按钮时,即可播放视频,如图 3 - 3 所示。

图 3 - 3　播放视频

如果浏览器不支持该视频的播放时,页面中会显示 < video > 和 </video > 之间的"您的浏览器不支持 video 标签."。值得一提的是,在 video 标签中还可以添加其他属性,来进一步优化视频的播放效果,具体支持的属性如表 3 - 2 所示。

表 3 - 2　video 标签常见属性

属　　性	值	描　　述
autoplay	autoplay	如果出现该属性，则视频在就绪后马上播放
controls	controls	如果出现该属性，则向用户显示控件，比如"播放"按钮
height	pixels	设置视频播放器的高度
loop	loop	如果出现该属性，则当媒体文件完成播放后再次开始播放
preload	preload	如果出现该属性，则视频在页面加载时进行加载，并预备播放。如果使用"autoplay"，则忽略该属性
src	url	要播放的视频的 URL
width	pixels	设置视频播放器的宽度
poster	url	规定在用户单击播放按钮前显示的图像
muted	muted	规定视频的音频输出应该被静音

在例 3.1 的基础上，对 video 标签应用新属性来优化视频播放效果，代码如下：

```
1. <video src = "video/1.mp4" controls = "controls" width = "800" height = "600" loop = "loop"
2.        poster = "img/1.jpg">您的浏览器不支持 video 标签.</video>
```

在上面的代码中，为 video 元素增加了 width、height、loop 和 poster4 个属性，分别代表为浏览器中的播放器设置了宽度、高度、循环播放和缓冲时显示的第一帧图片。保存此文件后，刷新页面，效果如图 3-4 所示。

视　频
MOOC讲解
——video标
签的使用

图 3-4　添加新属性后的视频初始界面

在图 3 – 4 所示的视频播放界面中,首先设置了视频播放器的宽度和高度分别为 800px 和 600px,其次设置了让视频循环播放的 loop 属性,最后还添加了一幅图片,作为视频未开始播放时第一帧显示的界面,使浏览者能通过图片更直观地理解视频内容。

3.1.2 <audio>标签的使用

在 HTML5 中,audio 标签用于定义播放音频文件的标准,它能够播放声音文件或者音频流,支持 3 种音频格式,分别为 Ogg Vorbis、MP3 和 Wav,其基本语法格式如下:

```
<audio src="音频文件路径" controls="controls"></audio>
```

在上面的语法格式中,src 属性用于设置音频文件的路径,controls 属性用于为音频提供播放控件,这与<video>标签的属性非常相似。同样,<audio>和</audio>之间也可以插入文字,用于不支持<audio>标签的浏览器显示。

【例 3.2】嵌入视频。

```
1. <!DOCTYPE html>
2. <html>
3.   <head>
4.     <meta charset="utf-8">
5.     <title>星爷经典影片之大话西游</title>
6.   </head>
7.   <body>
8.     <audio src="audio/1.mp3" controls="controls">您的浏览器不支持 audio 标签
.</audio>
9.   </body>
10. </html>
```

在例 3.2 中,第 8 行代码通过使用 audio 标签来嵌入音频,运行效果如图 3 – 5 所示。

图 3 – 5　播放音频

图 3 – 5 显示的是音频控件,用于控制音频文件的播放状态,单击"播放"按钮时,即可播放音频文件。值得一提的是,在 audio 标签中还可以添加其他属性,来进一步优化音频的播放效果,具体支持的属性如表 3 – 3 所示。

表 3 - 3　audio 标签常见属性

属　　性	值	描　　述
autoplay	autoplay	如果出现该属性,则音频在就绪后马上播放
controls	controls	如果出现该属性,则向用户显示控件,比如"播放"按钮
loop	loop	如果出现该属性,则每当音频结束时重新开始播放
preload	preload	如果出现该属性,则音频在页面加载时进行加载,并预备播放。如果使用"autoplay",则忽略该属性
src	url	要播放的音频的 URL
muted	muted	规定音频的输出应该被静音

表 3 - 3 列举的 < audio > 标签的属性和 < video > 标签相同,这些相同的属性在嵌入音视频时是通用的。

3.2　显示之美——HTML5 语义化标签

在 HTML5 运用之前的页面设计中, < div > 是页面常用布局标签,因此会经常见到许多网站包含这样的 HTML 代码: < div id = " nav " > , < div class = " header " > ,或者 < div id = " footer " > ,用来指明导航链接、头部或者尾部。事实上这些 < div > 都没有实际意义(即使用 CSS 样式的 id 和 class 说明了这块内容的意义),这些标签只是提供给浏览器的指令,仅仅用来定义一个网页的某些部分。但现在,那些之前没"意义"的标签因为 HTML5 的出现消失了,这就是"语义"。

语义化标签,顾名思义就是可以直接读懂的标签。HTML5 不仅仅满足于怎样将一个网页表现出来,而是更加专注网页的结构,更加务实地关注网页的内容。标签语义化之后,至少有 4 个优点:①易于用户阅读,样式丢失的时候能让页面呈现清晰的结构;②有利于 SEO,搜索引擎根据标签来确定上下文和各个关键字的权重;③方便其他设备解析,如盲人阅读器根据语义渲染网页;④有利于开发和维护,语义化更具可读性,代码更好维护,与 CSS3 关系更和谐。总之,语义化标签让机器更懂 HTML。

3.2.1　结构标签

HTML5 提供了新的语义元素来明确一个 Web 页面的不同部分。根据 W3C HTML5 文档规范,一般认为 HTML5 中的布局标签有 8 个: < header > 、< nav > 、< section > 、< article > 、< aside > 、< footer > 、< figure > 、< figcaption > 。其中, < figure > 和 < figcaption > 主要是用来标记定义一组媒体内容以及它们的标题,常用于为页面添加图片和相应的图片标题,因此只需用前 6 个标签就基本可以确定网页的大体框架,如图 3 - 6 所示。

每一部分的含义如下。

(1) < header > :页眉,一种具有引导和导航作用的结构元素,可以包含所有放在页面头部的内容,如标题、logo、分节头部、搜索表单等。

(2) < nav > :定义主体模块或者导航链接的集合,是 HTML5 新增的元素,可以将具有导航性质的链接归纳在一个区域中,使页面元素的语义更加明确。

（3）< section >:用于对网站或应用程序中页面上的内容进行分块,一个 section 元素通常由内容和标题组成。

（4）< article >:代表文档、页面或者应用程序中与上下文不相关的独立部分,该元素经常被用于定义一篇日志、一条新闻或用户评论等。

（5）< aside >:一个和其余页面内容几乎无关的部分,被认为是独立于该内容的一部分并且可以被单独的拆分出来而不会使整体受影响,其通常表现为侧边栏、广告、导航条等其他类似的有别于主要内容的部分。

（6）< footer >:定义了整个页面或其中一部分的页脚(并且通常包含原创作者、版权信息、联系方式和站点地图、文档相关的链接等信息)。

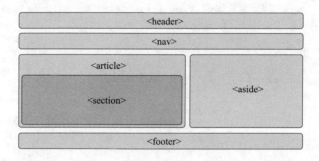

图 3 - 6　HTML5 布局

下面通过例子分别介绍各标签的使用方法。

【例 3.3】标签的使用。

```
1. <!DOCTYPE html >
2. < html >
3.     < head >
4.         < meta charset = "utf - 8" >
5.         < title > 星爷经典影片之大话西游 </title >
6.     </head >
7.     < body >
8.         < header >
9.             < hgroup > < h1 > 周星驰系列电影 </h1 > < h2 > 大话西游 </h2 > </hgroup >
10.        </header >
11.        < nav >
12.            < ul >
13.                < li > 剧情介绍 </li >
14.                < li > 演员表 </li >
15.                < li > 影评得分 </li >
16.            </ul >
17.        </nav >
18.        < footer > COPYRIGHT@ HTML5 </footer >
19.    </body >
20. </html >
```

在例 3.3 中,第 8 ~ 10 行代码使用 < header > 标签来确定页面头部的标题,通过 h1 和 h2 定义了主副标题;第 11 ~ 17 行代码通过 < nav > 标签制作了一个导航菜单,并以列表方式显示;第 18

行代码使用<footer>标签在页面底部显示版权信息。运行例3.3,效果如图3-7所示。

图3-7显示的是一个只用<header>、<nav>、<footer>三个标签制作的网页,可以看见页面的头部通过字体大小区分出主标题和副标题,中间的导航菜单通过列表的方式呈现,而最底部显示的是网页的版权信息,一般联系地址、隐私政策、网络备案等信息也会写在此处。

图3-7 header、nav、footer示例

<section>和<article>标签在使用过程中,既有区别又有联系。<section>表示文档中的一个区域(或节),一般来说会包含一个标题;而<article>是一个特殊的<section>标签,比<section>具有更明确的语义,它代表一个独立的、完整的相关内容块,可独立于页面其他内容使用。例如,一篇完整的论坛帖子、一篇博客文章、一个用户评论等。一般来说,<article>会有标题部分(通常包含在<header>内),有时也会包含<footer>。<article>可以嵌套,内层的<article>对外层的<article>标签有隶属关系。例如,一篇博客的文章,可以用<article>显示,然后一些评论也可以用<article>的形式嵌入其中。

【例3.4】 <article>、<section>标签示例。

```
1. <!DOCTYPE html>
2. <html>
3.    <head>
4.        <meta charset = "utf-8">
5.        <title>星爷经典影片之大话西游</title>
6.    </head>
7.    <body>
8.        <article>
9.            <header><h1>《大话西游》影评——年少不懂周星驰!</h1></header>
10.           <p>2014年是《大话西游》诞生20周年,随着电影在各大影院的重新公映,
11.           很多人都选择去电影院还给周星驰一张欠了20年的电影票.<br>......</p>
12.           <section>
13.               <h2>评论</h2>
14.               <article>
15.                   <header><h3>发表者:Michael Jackson</h3></header><p>
16.                   最喜欢的周星驰电影就是这部,顶一下!</p>
17.               </article>
18.               <article>
19.                   <header><h3>发表者:小妮</h3></header><p>
20.                   这篇文章很不错啊,对《大话西游》点评的很详细!</p>
21.               </article>
22.           </section>
23.           <footer><p><h5>版权所有:******网,作者:HTML5</h5></p></footer>
24.       </article>
25.    </body>
26. </html>
```

在例 3.4 中,第 8 ~ 24 行代码都属于一个 < article > ,显示的是一篇影评,而评论属于影评之外的内容,因此用 < section > 把评论的部分分隔开,便于用户更好地理解网页整体结构。

运行例 3.4,效果如图 3 - 8 所示。

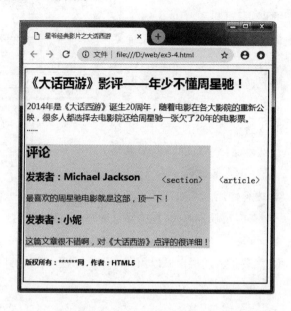

图 3 - 8　　< article > 、< section > 标签示例

在 HTML5 中, < article > 标签可以看成是一种特殊类型的 < section > 标签,它比 < section > 标签更强调独立性。即 < section > 标签强调分段或分块,而 < article > 强调独立性。具体来说,如果一块内容相对来说比较独立、完整的时候,应该使用 < article > 标签,但是如果你想将一块内容分成几段的时候,应该使用 < section > 标签。

同时还要注意, < section > 标签在使用时有如下禁忌。

(1)不要将 < section > 标签用作设置样式的页面容器,那是 < div > 标签的工作。

(2)如果 < article > 标签、< aside > 标签或 < nav > 标签更符合使用条件,不要使用 < section > 标签。

(3)不要为没有标题的内容区块使用 < section > 标签。

关于 < aside > 、< figure > 和 < figcaption > 标签的用法,读者可自行查阅相关资料进行练习,这里不再赘述。

3.2.2　其他标签

HTML5 中引入了很多新的标签元素和属性,这是 HTML5 的一大亮点。除了上节所讲到用来对页面布局的结构标签之外,还包括很多其他类型的标签,比如前面介绍过的 < video > 、< audio > 这样的多媒体标签,接下来再介绍几个常用标签。

1. < details > 标签

< details > 是一个全新的 HTML5 元素,功能是描述文档某个部分的细节。 < details > 标签常

与 < summary > 标签配合使用。在默认情况下,不显示 < details > 中的内容。当与 < summary > 标签配合使用时,在单击 < summary > 标签后才会显示 < details > 元素中设置的内容。 < details > 标签的常用属性如下所示。

(1)open:值为 open,功能是定义 details 是否可见。

(2)subject:值为 sub_id,功能是设置元素所对应项目的 ID 号。

(3)draggable:值为 true 或 false,功能是设置是否为可拖动元素,默认值是 false。

< details > 允许在单击标签时显示和隐藏内容。 < summary > 标签包含了 < details > 元素的标题。在两者结合起来使用的代码中, < summary > 元素是 < details > 元素的第一个子元素,两者经常同时出现在页面中。

为了便于理解,下面通过实例代码来说明。

【例 3.5】可见部分与隐藏部分示例。

```
1. <!DOCTYPE html >
2. < html >
3.    < head >
4.       < meta charset = "utf - 8" >
5.       < title >星爷经典影片之大话西游 </title >
6.    </head >
7.    < body >
8.       < header > < h2 >《大话西游》演员表 </h2 > </header >
9.       < details >
10.          < summary >主要演员 </summary >
11.          < p >至尊宝 - 周星驰 </p >
12.          < p >紫霞仙子 - 朱茵 </p >
13.       </details >
14.    </body >
15. </html >
```

在例 3.5 中,第 9 ~ 13 行确定了页面中显示和隐藏的部分。运行效果如图 3 - 9 和图 3 - 10 所示。

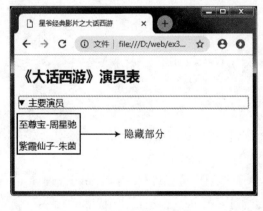

图 3 - 9 可见部分示例

图 3 - 10 隐藏部分示例

从图 3 - 9 和图 3 - 10 可以看出,页面运行时,隐藏部分并不会显示出来,只显示代码中写在

<summary>标签中间的文字;通过单击文字前面的小三角箭头,可以展开隐藏的部分。当然,如果希望所有内容都不隐藏,只需在 details 标签中加上 open 属性即可。但此时,页面中的小三角箭头并不会失效,仍然可以在显示/隐藏两种状态之间转换。

2. <mark>标签

<mark>标签主要用来呈现需要突出或高亮显示的文字。除在文档中突出显示外,还常用于查看搜索结果页面中关键字的高亮显示,其目的主要是引起用户的注意。<mark>的使用方法与<em>和<strong>有相似之处,但相比而言,HTML5 新增的<mark>标签在突出显示时更加随意与灵活。需要注意的是,虽然<mark>标签在使用效果上与<em>或<strong>类似,但三者的出发点是不一样的。<strong>标签是作者对文档中某段文字的重要性进行的强调;<em>标签是作者为了突出文章重点而进行的设置;<mark>标签是在数据展示时,以高亮形式显示某些字符,与原作者本意无关。下面举例说明三个标签的使用效果。

【例 3.6】 <mark>、<em>、<strong>标签示例。

```
1. <!DOCTYPE html>
2. <html>
3.   <head>
4.     <meta charset = "utf-8">
5.     <title>星爷经典影片之大话西游</title>
6.   </head>
7.   <body>
8.     <header>
9.       <h2><mark>《大话西游》</mark>影评——年少不懂<mark>周星驰</mark>!
10.      </h2>
11.    </header>
12.    <p>2014 年是<mark>《大话西游》</mark>
13.    诞生 20 周年,随着电影在各大影院的重新公映,很多人都选择去电影院还给
14.    <mark>周星驰</mark>一张欠了 20 年的电影票.</p>
15.    <hr>
16.    <p>2014 年是<em>《大话西游》</em>
17.    诞生 20 周年,随着电影在各大影院的重新公映,很多人都选择去电影院还给
18.    <em>周星驰</em>一张欠了 20 年的电影票.</p>
19.    <hr>
20.    <p>2014 年是<strong>《大话西游》</strong>
21.    诞生 20 周年,随着电影在各大影院的重新公映,很多人都选择去电影院还给
22.    <strong>周星驰</strong>一张欠了 20 年的电影票.</p>
23.  </body>
24. </html>
```

在例 3.6 中,第 12～21 行分别标记了 3 种标签的使用方法,代码中使用<hr>标签添加了两条水平线,对 3 个部分的内容进行了分隔。运行效果如图 3-11 所示。

在图 3-11 所示的页面中,3 种标签的显示效果一目了然。可以看到,用<mark>标记过的文字以高亮背景显示,用<em>标记的以斜体显示,而用<strong>标记过的则以粗体显示。读者可根据前文介绍的区别,根据需求选择相应的标签进行使用。

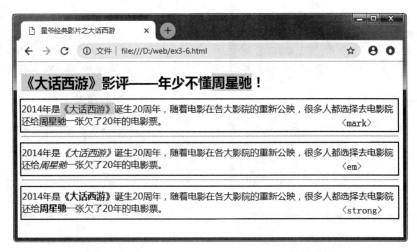

图 3 - 11   ＜mark＞、＜em＞、＜strong＞标签示例

3. ＜progress＞标签

＜progress＞是 HTML5 中新增加的标签元素,用于定义一个进度条,用途较为广泛,如可用于文件的上传或下载、Windows 系统中软件的安装、文件的复制等场景的进度显示,也可以作为一种loading 的加载状态条使用。在使用＜progress＞标签时,通常会设置两个属性：max 和 value。max属性表示进度条的进度最大值,如果有此值,必须是大于 0 的有效浮点数,默认值是 1;value 属性表示进度条完成的进度值,value 值的范围为 0 ~ max 之间。如果没有设置 max 属性,那么 value 属性值的范围必须在 0 ~ 1 之间。如果没有 value 值,那么完成进度是不确定的。这时候表示任务正在进行中,但不知道多长时间可以完成,此时页面显示的就像一个正在加载中的 loading,中间的进度块来回摇摆。举例说明如下。

【例 3.7】＜progress＞标签的用法。

```
1. <!DOCTYPE html>
2. <html>
3.   <head>
4.     <meta charset = "utf-8">
5.     <title>星爷经典影片之大话西游</title>
6.   </head>
7.   <body>
8.     <header><h2>《大话西游》完整影片下载</h2></header>
9.     <progress max = "100" value = "60">60% </progress>
10.   </body>
11. </html>
```

在例 3.7 中,第 9 行代码通过＜progress＞标签向页面中加载了一个进度条,并且按照百分比显示为不同的颜色。如果某些浏览器不支持＜progress＞标签,则页面上原本放置进度条的位置会显示为＜progress＞标签中间的数字"60%"。运行效果如图 3 - 12 所示。

如果把代码的第 9 行替换成"＜progress＞正在下载...＜/progress＞",页面同样会出现下载进度条,但由于没有设置 value 值,进度条上的滑块会来回摇摆,效果如图 3 - 13 所示。

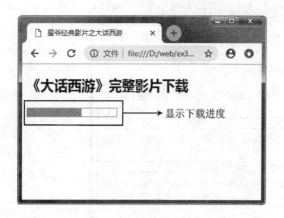

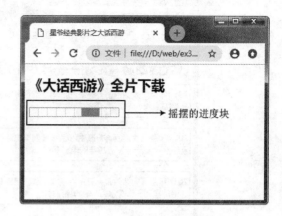

图 3 – 12　　< progress > 标签示例 1　　　　　　　　图 3 – 13　　< progress > 标签示例 2

另外,在 HTML5 中还有一个新增标签 < meter > ,用来表示范围已知且可度量的等级标量或分数值,如磁盘使用量比例、关键词匹配程度等。需要注意的是, < meter > 不可以用来表示那些没有已知范围的任意值,如质量、高度,除非已经设定了它们值的范围。由于使用方法与 < progress > 标签相似,读者可自行学习。

4. < ruby > 标签

< ruby > 标签用来定义 ruby 注释(中文注音或字符),主要在东南亚地区使用,显示的是东南亚字符的发音,就像小学语文课本的拼音一样,一般与 < rt > 和 < rp > 两个标签一起使用。 < rt > 标签里面用来放置拼音或注释,这个标记要跟在需要注释的文本后面,而 < rp > 标签是用来定义当浏览器不支持 < ruby > 标签时显示的内容。

读者结合例 3.8 来理解 < ruby > 标签的用法,示例代码如下。

【**例 3.8**】< ruby > 标签的用法。

```
1. < !DOCTYPE html >
2. < html >
3.    < head >
4.       < meta charset = "utf - 8" >
5.       < title >星爷经典影片之大话西游 </title >
6.    < /head >
7.    < body >
8.       < header > < h2 >«大话西游»主要人物 < /h2 > < /header >
9.       < img src = "img/zzb. jpg" >
10.       < ruby >至尊宝 < rt > ZhiZunBao < /rt > < /ruby >
11.       < img src = "img/zx. jpg" >
12.       < ruby >紫霞 < rt > ZiXia < /rt > < /ruby >
13.    < /body >
14. < /html >
```

在例 3.8 中,第 9 行和第 11 行代码通过 < img > 标签向页面中插入了两张图片,第 10 行和第 12 行代码则是通过 < ruby > 标签和 < rt > 标签给文字添加相应的拼音注释,效果如图 3 – 14 所示。

图 3 – 14　ruby 示例

从图 3 – 14 中可以看到,在两张图片的旁边分别添加了图片的中文和拼音注释,这在以往的网页中是无法实现的。由于笔者的美学功底有限,页面并不是很美观,读者可以结合 CSS 相关知识对页面进行重新设计,以期获得更好的效果。

HTML5 新增的标签绝不止上述几个,由于篇幅所限,未介绍到的标签读者可自行查阅相关资料进行学习。

3.3　妙笔丹青——HTML5 Canvas 画布

图 3 – 15 ~ 图 3 – 20 展现了一组绚丽的 Web 页面动态效果。

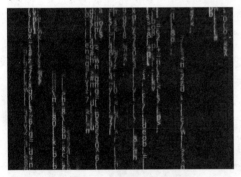

图 3 – 15　黑客帝国代码雨

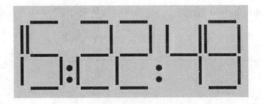

图 3 – 16　彩虹旋涡

图 3 – 17　绚丽的小球

图 3 – 18　大转盘抽奖

图 3-19   简易时钟

图 3-20   彩虹旋涡

在传统的网页设计中,要实现上述的动态效果并非易事,往往需要通过 Flash 动画等第三方工具加以完成,还会受到不同浏览器的兼容性及插件版本的限制。而使用 HTML5 新增的 <canvas> 标签,结合 JavaScript 技术,则可以轻松地实现上述效果。

Canvas,在英文中有"画布"的意思,而 <canvas> 标签就提供了这样一块可以绘制图形的画布。简单来说,<canvas> 标签规定了一个图形容器(画布),然后通过脚本(通常是 JavaScript)来绘制图形,比如绘制路径、盒、圆、字符以及添加图像等。<canvas> 标签默认没有边框和内容,它必须和脚本配合使用来绘制图形。<canvas> 只有两个可选的属性:width、heigth 属性,在未设置 width、height 属性时,width 默认为 300 像素、height 为 150 像素。

> <canvas> 标签的基本语法格式如下:
> 1. <canvas id = "myCanvas" width = "600" height = "300" style = "border:1px solid #c3c3c3;">
> 2. 您的浏览器不支持 <canvas> 标签!
> 3. </canvas>

在上面的语法格式中,首先定义了一个名为 myCanvas 的画布,宽度 600 像素、高度 300 像素,画布边框为 1 像素,颜色值为#c3c3c3 的灰色;当浏览器不支持 <canvas> 标签时,显示标签中的"您的浏览器不支持 <canvas> 标签!"。运行后效果如图 3-21 所示。

在图 3-21 中可以看到,允许绘制图形的区域就是这片灰色边框矩形区域。基本语法中的"style = "border:1px solid #c3c3c3;""并不是必须的,严格意义上来说,只需设置 width 和 height 属性即可,此处添加的边框是为了向读者展示页面绘图区域的大小。

例 3.9 中介绍了 <canvas> 相关的绘图操作。

图 3 – 21 Canvas 画布绘图区示例

【例 3.9】绘图红色矩形。

```
1. <!DOCTYPE html>
2. <html>
3.    <head>
4.       <meta charset = "utf - 8">
5.       <title>星爷经典影片之大话西游</title>
6.    </head>
7.    <body>
8.       <header><h2>至尊宝开始画图啦 <img src = "img/icon.jpg"></h2></
header>
9.       <canvas id = "myCanvas" width = "600" height = "300" style = "border:1px solid
#c3c3c3;">
10. 你的浏览器不支持<canvas>标签!</canvas>
11.       <script type = "text/javascript">
12.          var c = document.getElementById("myCanvas");
13.          var cxt = c.getContext("2d");
14.          cxt.fillStyle = "#FF0000";
15.          cxt.fillRect(0,0,300,150);
16.       </script>
17.    </body>
18. </html>
```

在例 3.9 中,第 9～10 行定义了 Canvas 画布,第 11～16 行则是用来绘图的 JavaScript 代码,其中,第 12 行是使用 id 来寻找 canvas 元素;第 13 行创建了 context 对象 cxt,getContext("2d")对象是内建的 HTML5 对象,拥有多种绘制路径、矩形、圆形、字符以及添加图像的方法。本实例是通过创建 context 对象 cxt 来绘制图形,控制画笔颜色、填充区域等。第 14 行代码是为绘制区域填充"#FF0000"所指的红色,而第 15 行代码"cxt.fillRect(0,0,300,150);"中用到了参数(0,0,300,150),其含义是在画布上绘制宽 300、高 150 的矩形,从左上角的(0,0)坐标开始。运行效果如图 3 – 22 所示。

在图 3 – 22 所显示的页面中,绘图区域上出现了一块宽 300、高 150 的红色区域,而且起始点是左上角的(0,0)坐标。在 HTML5 中,canvas 还支持多种 JavaScript 的绘图方法,比如可以通过例 3.9 中的代码来绘制线条。

图 3 - 22   绘制红色矩形示例

【例 3.10】绘制线条。

```
1. < !DOCTYPE html >
2. < html >
3.   < head >
4.     < meta charset = "utf - 8" >
5.     < title > 星爷经典影片之大话西游 </title >
6.   < /head >
7.   < body >
8.     < header > < h2 > 至尊宝开始画图啦 < img src = "img/icon. jpg" > < /h2 > < /
header >
9.     < canvas id = "myCanvas" width = "600" height = "300" style = "border:1px solid #
c3c3c3;" >
10.       你的浏览器不支持 <canvas >标签! < /canvas >
11.     < script type = "text/javascript" >
12.       var c = document. getElementById("myCanvas");
13.       var cxt = c. getContext("2d");
14.       cxt. moveTo(10,290);
15.       cxt. lineTo(60,190);
16.       cxt. lineTo(110,230);
17.       cxt. lineTo(180,150);
18.       cxt. stroke();
19.     < /script >
20.   < /body >
21. < /html >
```

在例 3.10 中,第 11 ~ 19 行是一段用来绘制折线的 JavaScript 代码,其中,第 14 行通过 moveTo 函数来定义画笔的起点,紧接着的 3 行又通过多个 lineTo 函数来定义路径的坐标,最后第 18 行通过 stroke 函数来连接各坐标点,以实现线条的绘制。

运行例 3.10,效果如图 3 - 23 所示。

图 3 - 23　绘制折线示例

读者需要注意的是,并不是每个图形的绘制都是从左上角的(0,0)坐标开始的,而是由 moveTo 函数来定义起点位置的坐标。类似于这样的绘图方法还有很多,比如可以通过 arc 函数来绘制圆形,也可以通过 fillText 和 strokeText 两个函数分别绘制出实心和空心的文本,还可以通过 createLinearGradient 和 createRadialGradient 两个函数分别创建线性渐变和径向渐变的效果,具体使用方法在此不再举例。

在 Canvas 画布的区域放置一幅图片,也是大家经常使用的功能,而这个功能是通过 drawImage 函数实现的。例 3 – 11 中展示了在 Canvas 画布中添加图片的方法。

【例 3.11】画布中添加图片。

```
1. <!DOCTYPE html>
2. <html>
3.   <head>
4.     <meta charset = "utf-8">
5.     <title>星爷经典影片之大话西游</title>
6.   </head>
7.   <body>
8.     <header><h2>最感人的眼泪 <img src = "img/icon. jpg"></h2></header>
9.     <canvas id = "myCanvas" width = "600" height = "300" style = "border:1px solid #c3c3c3;">
10.       你的浏览器不支持<canvas>标签!</canvas>
11.     <script type = "text/javascript">
12.         var c = document. getElementById("myCanvas");
13.         var cxt = c. getContext("2d");
14.         var img = new Image();
15.         img. src = "img/dhxy. jpg";
16.         img. onload = function(){cxt. drawImage(img,10,10);}
17.     </script>
18.   </body>
19. </html>
```

在例 3.11 中,第 11～17 行展示了在画布中添加图片的方法,其中,第 16 行通过 drawImage 函数向画布中嵌入了一张图片,并设置图片的起始坐标为(10,10)。

运行效果如图 3-24 所示。

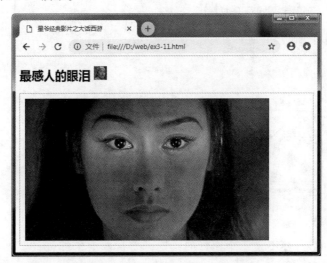

图 3-24　画布中添加图片示例

Canvas 画布中不仅能绘制图形和添加静态图片,还能实现像烟花绽放、时钟计时等更为绚丽多彩的动态效果,读者可自行查阅相关资料进行学习,此处不再赘述。

3.4　智慧交互——HTML5 表单进阶

在 HTML5 中,表单的设计功能更加强大,许多以往需要通过 JavaScript 甚至网站后台来实现的功能,在 HTML5 里通过标签和属性设置即可实现。HTML5 拥有多个新的表单 Input 输入类型,这些新特性提供了更好的输入控制和验证。具体的新增输入类型如表 3-4 所示。

表 3-4　HTML5 新增输入类型

Input 类型	描　述
date	从一个日期选择器选择一个日期
month	选择一个月份
week	选择周和年
time	选择一个时间
datetime	选择一个日期(UTC 时间)
datetime-local	选择一个日期和时间(无时区)
email	包含 e-mail 地址的输入域
url	URL 地址的输入域
number	数值的输入域
range	一定范围内数字值的输入域
search	用于搜索域
color	主要用于选取颜色

表 3 - 4 中的前 6 个类型统称为 Date pickers(日期、时间选择器),它们都是关于日期、时间选取的输入类型。其中,date 用于选取日、月和年,month 用于选取月和年,week 用来选取周和年,time 用来选取时间,也就是小时和分钟,而 datetime 和 datetime - local 都用于选取时间、日、月和年,不同的是前者的时间是 UTC 国际标准时间,简单说就是 0 时区的时间,而后者的时间则是本地时间。注意:不是所有的浏览器都支持 HTML5 新的表单元素,但读者还是可以使用它们,即使浏览器不支持表单属性,它们仍然可以显示为常规的表单元素。为了直观说明彼此的差异,请看例 3.12。

【例 3.12】日期时间类型示例。

```
1. <!DOCTYPE html >
2. <html >
3.    <head >
4.       <meta charset = "utf - 8">
5.       <title >星爷经典影片之大话西游 </title >
6.    </head >
7.    <body >
8.       <header > <h2 >这部电影你什么时候看的呢? </h2 > </header >
9.       < form action = "#" method = "get">
10.         选取日期: < input type = "date" name = "datetime1" /> <br >
11.         选取月份: < input type = "month" name = "datetime2" /> <br >
12.         选取周数: < input type = "week" name = "datetime3" /> <br >
13.         选取时间: < input type = "time" name = "datetime4" /> <br >
14.         统一时间: < input type = "datetime" name = "datetime5" /> <br >
15.         本地时间: < input type = "datetime - local" name = "datetime6" /> <br >
16.       </form >
17.    </body >
18. </html >
```

在例 3.12 中,第 9 ~ 16 行代码先通过 form 在页面新建了一个表单,再新建 6 个 input,并把类型分别设置为 date 等 6 个不同的时间类型,最终表单呈现出 6 种不同的时间格式。

运行效果如图 3 - 25 所示。当鼠标移至输入框末尾处,并单击下拉箭头,会弹出相应的日期时间面板供用户选择,如图 3 - 26 所示。

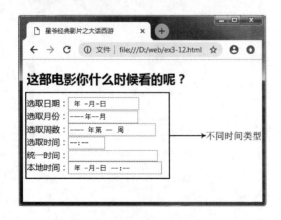

图 3 - 25 时间输入类型示例

图 3 - 26 日期时间面板示例

除了这些日期时间类型以外,HTML5 还新增了其他几种输入类型。

1. <email> 和 <url>

email 类型用于包含 e – mail 地址的输入域，在用户输入数据后，会自动验证 email 域的值。url 类型用于包含 URL 地址的输入域，在用户输入数据后，会自动验证 url 域的值。输入校验的传统做法是通过 JavaScript 的正则表达式来完成。而使用 HTML5 之后，输入域的校验将在页面中自动完成。校验通不过时，输入框将变为红色边框做出提示。例 3.13 给出了两者的代码演示。

【例 3.13】<email>、<url> 标签示例。

```
1.  <!DOCTYPE html>
2.  <html>
3.    <head>
4.      <meta charset = "utf-8">
5.      <title>星爷经典影片之大话西游</title>
6.    </head>
7.    <body>
8.      <header><h2>填一下你的邮箱和主页吧!</h2></header>
9.      <form action = "#" method = "get">
10.        <p>
11.          Email: <input type = "email" name = "email" /><br>
12.          网址: <input type = "url" name = "url" /><br>
13.        </p>
14.      </form>
15.    </body>
16.  </html>
```

运行效果如图 3 – 27 所示。从图中可以看到，Email 和网址的区域出现了两个输入框。当在邮件输入框中输入的邮件地址格式不正确时，输入框就会变成红色，以提示用户输入错误；同样，当输入的网址不是有效网址格式时，也会通过红色边框提示用户。只有正确输入内容时，才被系统识别为有效输入。效果如图 3 – 28 所示。

图 3 – 27　email、url 示例

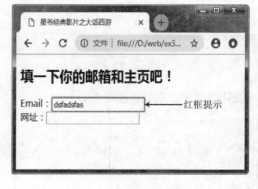

图 3 – 28　email 输入错误示例

2. <number> 和 <range>

number 和 range 类型用于包含一定范围内数字值的输入域。number 类型显示为输入框，而 range 类型显示为滑动条。可以通过设定参数对所接收的数字进行限定，如表 3 – 5 所示，它们的

属性有 4 个,其中 max 是规定允许的最大值,min 是规定允许的最小值,step 是规定合法的数字间隔(如果 step = "3",则合法的数是 -3,0,3,6 等),而 value 是设置的默认值。

表 3 - 5 number、range 常用属性

属　　性	值	描　　述
max	number	规定允许的最大值
min	number	规定允许的最小值
step	number	规定合法的数字间隔
value	number	规定默认值

通过例子查看使用效果。

【例 3.14】 < number > 、< range > 标签示例。

```
1. <!DOCTYPE html >
2. <html >
3.   < head >
4.     < meta charset = "utf - 8" >
5.     < title >星爷经典影片之大话西游 </title >
6.   </head >
7.   < body >
8.     < header > < h2 >让我知道你几岁吧! </h2 > </header >
9.     < form action = "#" method = "get" >
10.       < p >
11.         数字文本: < input type = "number" name = "number" max = "80"
12.                   min = "1" step = "1" > < br >
13.         数字滑动: < input type = "range" name = "range" > < br >
14.       </p >
15.     </form >
16.   </body >
17. </html >
```

在例 3.14 中,第 11 ~ 13 行使用 number 和 range 向页面中添加了一个数字输入选择框和一个滑动条。

运行例 3.14,效果如图 3 - 29 所示。在页面中,number 输入框可以手动输入数字,也可以通过后面的箭头选择数字,当出现错误输入时,输入框仍然会变成红色提示。range 滑动条则可以通过左右方向键按照事先设定好的步长进行数值的选择。

图 3 - 29 number、range 示例

3. < color >

color 类型用于提供用户选取颜色的输入域,显示为当前选取的颜色,示例代码如下。

【例 3.15】 < color > 标签示例。

```
1. <!DOCTYPE html>
2. <html>
3.    <head>
4.       <meta charset="utf-8">
5.       <title>星爷经典影片之大话西游</title>
6.    </head>
7.    <body>
8.       <header><h2>选一种你喜欢的颜色吧!</h2></header>
9.       <form action="#" method="get">
10.          <p>
11.             选择颜色:<input type="color" name="color"><br>
12.          </p>
13.       </form>
14.    </body>
15. </html>
```

在例 3.15 中,第 11 行代码通过插入 color 类型,向页面添加了一个颜色选取色块。

运行例 3.15,效果如图 3-30 所示。从图中可以看出,页面上出现了一个色块,默认是黑色。通过单击色块,会弹出颜色选择面板。用户指定好新的颜色后,色块会变成相应颜色。

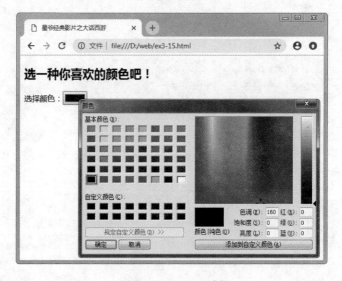

图 3-30   color 示例

当然,除了以上元素以外,HTML5 还新增了 3 个表单元素,分别是 datalist、keygen 和 output,同时也新增加了一些表单属性,如 placeholder、required、autofocus 等,读者可在使用过程中自行尝试。

3.5   通往未来——HTML5 新特性

HTML 的上一个版本诞生于 1999 年。从那以后,Web 世界经历了巨变,由传统的桌面信息时代发展至移动互联网时代。2014 年 10 月 29 日,W3C 宣布,经过接近 8 年的艰苦努力,HTML5 标准规范终于制定完成。HTML5 将会取代 1999 年制定的 HTML4.01、XHTML 1.0 标准,以期能在互联网应用迅速发展的时候,使网络标准达到符合当前的网络应用需求,为桌面和移动平台带来无缝衔接的丰富内容。HTML5 目前仍处于完善之中,当前主流的浏览器对 HTML5 的支持越来越好。在此编者给大家总结了 8 点 HTML5 的新特性。

1. 语义标签

HTML5 赋予了网页更好的意义和结构,标签语义化,见名知义。HTML5 新增的这些语义标签,使搜索引擎爬取网站信息时更高效。HTML4 中的内容标签级别相同,无法区分各部分内容。而 HTML5 中的内容标签互相独立,级别不同,搜索引擎以及统计软件等均可快速识别各部分内容。这些标签在新闻类网站、博客类网站很有用。关于这部分内容,已经在 3.2 节中做了讲解,此处不再赘述。

2. 增强型表单

HTML5 新增多个新的表单 input 输入类型、3 个表单元素、10 个表单属性。通过这些新特性,可以使表单更好地控制输入和对输入的有效性进行验证,大大提高了表单设计的效率,降低了后台代码工作量。这些内容在 3.4 节已做了介绍。

3. 网页多媒体功能

支持网页端的 Audio、Video 等多媒体功能,与网站自带的 APPS、摄像头、影音功能相得益彰。强大的音视频支持,在实现上却极其简单,这确实是 HTML5 的一大进步,终于可以彻底抛弃网页的 Flash 了。关于多媒体的特性,已在 3.1 节做了讲解。

4. 三维、图形及特效

基于 SVG、Canvas、WebGL 及 CSS3 的 3D 功能,用户会惊叹于在浏览器中所呈现的惊人视觉效果。

SVG 是可缩放矢量图形,是用于描述二维矢量图形的一种图形格式。与其他图像格式相比,SVG 有很多优势,它一般有以下 3 种用法。

(1)把 SVG 直接当成图片放在网页上。

(2)SVG 动画。

(3)SVG 图片的交互和滤镜效果。

关于 Canvas 画布的使用,已在 3.3 节做了介绍。

5. 本地化存储

基于 HTML5 开发的网页 APP 拥有更短的启动时间,更快的联网速度,这些全得益于 HTML5 APP Cache 以及本地存储功能。HTML5 提供了网页存储的 API,方便 Web 应用的离线使用。除此之外,新的 API 相对于 cookie 也有着高安全性、高效率、更大空间等优点。HTML5 离线存储包含:应用程序缓存、本地存储、索引数据库、文件接口 4 种方法。

6. 设备访问特性

从 Geolocation 功能的 API 文档公开以来,HTML5 为网页应用开发者们提供了更多功能上的优化选择,带来了更多体验功能的优势。HTML5 提供了前所未有的数据与应用接入开放接口,使外部应用可以直接与浏览器内部的数据直接相连,例如视频影音可直接与 microphones 及摄像头相连。从 W3C 的介绍来看,主要的设备访问操作接口包含:地理位置 API、媒体访问 API、访问联系人及事件 API、设备方向 API。

7. 连接特性

更有效的连接工作效率,使得基于页面的实时聊天,更快速的网页游戏体验,更优化的在线交流得到了实现。HTML5 拥有更有效的服务器推送技术,Server – Sent Event 和 WebSockets 就是其中的两个特性,这两个特性能够帮助人们实现服务器将数据"推送"到客户端的功能。

HTTP 是无连接的,一次请求,一次响应。如想要实现微信网页版聊天的功能,需要使用轮询的方式达到长连接的效果,轮询的大部分时间是在做无用功,形成资源浪费。现在 HTML5 带来了更高效的连接方案 Web Sockets 和 Server – Sent Events,有基础的读者可以自行研究。

8. 性能与集成特性

没有用户会永远等待你的 Loading——HTML5 会通过 XMLHttpRequest2 等技术,解决以前的跨域等问题,帮助 Web 应用和网站在多样化的环境中更快速地工作。性能与集成特性主要包括两块内容:网页后台任务(Web Workers)和新的 Ajax(XML Http Request 2),有编程基础的读者可以自行深入了解。

通过这些特性的总结可以看出,HTML5 除了在显示形式上更加丰富外,对移动设备的支持和需求也特别吻合。在这个移动互联时代里,HTML5 在 Web 应用上会发挥越来越重要的作用。

本 章 小 结

本章从 HTML5 多媒体、HTML5 语义化标签、HTML5 Canvas 画布和 HTML5 表单进阶等方面对 HTML5 进行了介绍,并对 HTML5 的新特性进行了归纳总结。重点讲述了以下内容。

(1)HTML5 对多媒体对象的嵌入有哪些改进。

(2)对比早期 HTML 布局的特点,提出 HTML5 对页面布局的新定义,并介绍了一些布局标签用法。

(3)讲述 HTML5 中 Canvas 结合 JavaScript 的实现,为网页带来绚丽多彩的动态效果。

(4)在对比传统表单的基础上详细介绍了新增的表单类型及属性。

(5)简要总结了 HTML5 的新特性。

实验3　Web 前端设计之 HTML5 综合运用

一、实验目的

(1)掌握各种 HTML5 新标签的使用方法。

(2)掌握在 Dreamweaver 中使用 HTML5 新增标签创建简单网页。

二、实验内容与要求

(1)创建一个站点的根目录 web,再根据网站主页中所包含的元素,在站点中分别为每类资源建立一个目录。

(2)在站点根目录下创建一个存放图片的目录 img。

（3）在站点的根目录下创建一个保存视频文件的目录 video。

（4）在站点的根目录下创建一个保存音频文件的目录 audio。

（5）创建主页，命名为 index. html，并存放在根目录下。

（6）尝试为主页添加本章所介绍的 HTML5 新增属性。

三、实验主要步骤

（1）创建本地站点：在 D 盘根目录新建站点文件夹 web，同时运行 Dreamweaver CS6（以下简称为 DW），并在其中新建一个 index. html 页面，保存此页面到 web 文件夹下。本步骤可以通过打开 DW，利用"文件"→"新建"→"HTML"加以实现。图 3－31 和图 3－32 简要呈现了新建页面及网站目录结构的概要信息。

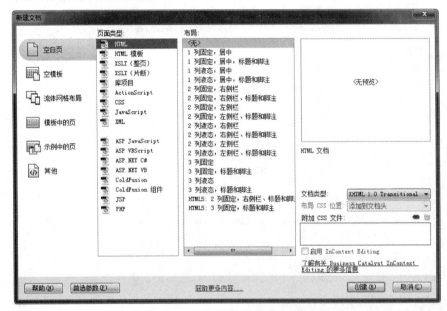

视 频

操作讲解——
代码讲解

图 3－31　DW 新建首页设置界面

图 3－32　站点文件夹目录结构

■ **提示：**本步骤中，读者可以根据之前所学章节知识，通过 DW 建站的方法建立网站根目录，也可以用此处介绍的方法新建网站目录，效果基本相同。不同之处在于，用本实验的方法创建的网站文件夹，在后期发布站点时，需要把站点根目录指向同一位置。本实验创建的是静态站点的根目录，物理路径为"D：\web"。

（2）在站点文件夹中，把制作页面所需要用到的素材（这里指制作 index. html 首页所需的音频、视频及图片等文件）按照不同格式，分别放入相应文件夹。

（3）在 DW 中为 index. html 首页设置统一的页面属性。可以通过在页面的设计视图中右击，选择"页面属性"命令加以完成，也可以通过页面下方的"属性面板"，通过单击"页面属性"按钮加以完成。本实验中，需要设置页面的上下左右边距都为 0px，背景图片为 img 目录下的 bg. jpg，如图 3 – 33 所示。

图 3 – 33　"页面属性"对话框

（4）在 DW 代码视图中，修改 < title > 标签中的网页标题为"星爷经典影片之大话西游"，并大致规划页面结构为上中下三部分，中间部分又分为左右两部分，再用 3.2 节中所学语义化布局标签 header、footer、aside、section、article 等区分出页面相应位置，同时为每一部分添加相应内容，具体步骤见实验操作演示。

■ **提示：**在本实验中，读者需要对布局标签标识的每一个部分进行详细设置。可以先把相对简单的部分设置好，如 header 部分只需添加一个页面顶部图片，footer 部分也只需通过 details 和 summary 显示/隐藏的页面信息即可。设置好了页面的头尾后，再来设置页面的中间部分。先看中间部分的左半部分，通过在 aside 标签中插入 form 表单，并在表单中插入 3.4 节所介绍的各种表单类型，最终得到一个类似于问卷调查的页面。再看中间部分的右半部分，使用 section 来定义，并且为了使页面的层次更为清晰易懂，可以使用两个 article 把其再分为上下两部分。在上半部分的 article 中，使用 video 标签插入了一个电影视频片段，而下半部分的 article 则是预留出来的 Canvas 画布区域，示例中在此处嵌入了一段 JavaScript 脚本，实现了烟花绽放的效果。这是整个实验中较难的部分，感觉困难的读者可根据本书及慕课示例，在此区域进行基本图形的简单绘制，基础较好的读者可通过查阅相关资料自行尝试 JavaScript 部分的编写。

设计完成之后的网站首页(index. html)在浏览器中的运行效果如图 3 - 34 所示。

图 3 - 34　网站首页效果图

四、实验总结与拓展

本实验是本章所学知识点的高度融合,涵盖了网络多媒体、表单、Canvas 画布等元素的使用。实验中有两个难点,除了前文讲到的 Canvas 画布中 JavaScript 代码的编写,还有一个就是 CSS 部分。页面中的各区域虽然通过布局标签做出了区分,之所以最终效果显得较为整齐,是因为在 < head > 标签部分加入了一段用来对各部分排版的 CSS 代码。如在实验过程中感到困难,读者可先把页面的每个区域作为一个单独页面,待到完成后续章节的学习后,再返回此实验完成相应页面的 CSS 代码编写。

习题与思考

1. 判断题

(1)HTML5 在 2012 年正式发布。　　　　　　　　　　　　　　　　　　　　　　(　　)

(2)各种浏览器都支持 < video > 和 < audio > 标签的使用。　　　　　　　　　　　(　　)

(3)要想使页面中的视频静音播放,需要设置 < video > 标签的 loop 属性。　　　　(　　)

(4)语义化标签的出现是为了让机器更懂 HTML。 （　　）

(5)< header >标签只可用来标识网页的头部。 （　　）

(6)为网页中的文字添加拼音需要使用 < ruby > 标签。 （　　）

(7)canvas 元素本身是具有绘图能力。 （　　）

(8)datetime 在表单中表示的时间是国际标准时间。 （　　）

(9)HTML5 对输入的校验不用通过后台。 （　　）

(10)使用 < number > 插入的输入框,只能通过手动输入数字。 （　　）

2. 选择题

(1)HTML5 支持的视频格式,除了 Ogg 和 MPEG4 之外,还有_____。

A. asf B. wmv C. WebM D. flv

(2)使用 < video > 标签时,_____属性用于为视频提供播放控件。

A. height B. controls C. poster D. autoplay

(3)< video > 标签的属性中,poster 表示_____。

A. 循环播放视频 B. 自动播放视频

C. 用户单击"播放"按钮前显示的图像 D. 设置视频文件路径

(4)使用 < details > 标签描述文档时,常与_____标签配合使用。

A. < summary > B. < title > C. < h1 > D. < strong >

(5)用 < em > 标记过的文字会以_____显示。

A. 黄底高亮 B. 粗体 C. 下划线 D. 斜体

(6)当没有设置 < progress > 标签的 value 值时,在页面中会看见进度条上的滑块_____。

A. 来回摇摆 B. 固定在进度条正中间

C. 固定在进度条末尾 D. 在随机位置

(7)在使用 Canvas 画布时,如不设置 width 和 height 属性,则画布默认宽度为_____像素。

A. 100 B. 200 C. 300 D. 400

(8)如果要在表单中添加一个只能显示年和月的时间框,则 input 输入类型应设置为_____。

A. date B. month C. datetime – local D. time

(9)用来和 < figure > 标签搭配使用,以显示图片标题的标签是_____。

A. < figtopic > B. < figcaption > C. < figtitle > D. < figname >

(10)下列标签中,_____不是 HTML5 新增的标签。

A. < mark > B. < article > C. < audio > D. < img >

3. 思考题

(1)简述 HTML5 的发展历程。

(2)HTML5 离线存储包含哪 4 种方法?

(3)请查阅相关资料,学习表单中 < input > 类型的 placeholder 属性的定义及使用方法,并尝试编写一个含有此属性的简易表单。

第4章

渲染的艺术——CSS

CSS 的出现让网页设计制作脱离了"内容"与"表现"混合处理时代的尴尬和窘迫,为网页设计师专注页面的设计、布局、修饰和渲染提供了必需的利器。通过本章读者可以学习到 CSS 实现页面布局、对象修饰以及细致到像素级排版的方法,领略 CSS 之魔力。

本章学习目标

➢ 认识 CSS 功能和基础语法;
➢ 认识 CSS 页面引入方法及选择器类别;
➢ 深入认识 CSS 层叠与继承的概念;
➢ 掌握 CSS 的优先级判定规则;
➢ 熟悉 CSS 基本定位和布局的方法。

4.1 设色妙法——CSS 基础

CSS 即层叠样式表(Cascading Style Sheets),是一种用来表现 HTML 或 XML 等文件样式的计算机语言,它不仅可以静态地修饰网页,还可以配合各种脚本语言动态地对网页各元素进行格式化。

4.1.1 CSS 的诞生

最初的 HTML 只包含很少的显示属性用于实现页面样式,那时候的互联网几乎都是文字信息,显示一张图片都会令人激动不已。随着用户对网页表现方面需求的不断提升,网页前端设计发展迅速,形成了大批设计师专门负责页面样式设计的局面,而这个过程也迫使 HTML 不断添加其显示功能,最终导致 HTML 变得越来越繁杂,CSS 在此时应运而生。

1994 年哈肯·维姆·莱(Hakon Wium Lie)(见图 4-1)在芝加哥的一次会议上第一次提出了 CSS 的建议,1995 年的 WWW 网络会议上 CSS 再一次被提出,伯特·波斯(Bert Bos)演示了其所设计的 Argo

图 4-1　CSS 创始人之一 Hakon Wium Lie

浏览器支持 CSS 的例子,哈肯也展示了支持 CSS 的 Arena 浏览器。据说当时也有一些样式表语言,但 CSS 以其"层叠"之特性获得了最终的胜利。1996 年 12 月,CSS 的第一份正式标准 CSS1 完成,成为 W3C 的推荐标准。1998 年 5 月,W3C 发布 CSS2.0,开始推行网页"内容"和"表现"分离的处理策略。时至今日,CSS 已成为网页前端设计的三大利器之一,专门用于处理网页"表现"方面的实现。

4.1.2　CSS 的特点

CSS 作为 Web 设计开发中"表现"环节的利器,其作用是修饰网页内容的外观样式,为页面图文信息的展示提供强有力的服务与支持。总体来说,CSS 具有以下特点。

1. 丰富的样式定义

CSS 具有强大的外观样式、文本修饰和背景设置的能力,可以轻松地实现字体控制、页面排版以及各种元素的样式设置效果。例如用 background - color 属性实现元素背景设置,用 color、font - size、text - align、text - indent 等属性实现文本颜色、字体大小、文本对齐、文本缩进等字体控制效果,用 border 属性实现元素边框设置,用 position 属性实现元素定位布局等。

2. 开发灵活且易于维护

CSS 的样式设置可以有 3 种实施方法:在 HTML 元素的 style 属性中,在 HTML 文档的 header 部分,以及在一个专门的 CSS 文件中。当样式声明单独放置在一个 CSS 文件中时,可以实现多个页面引用同一个 CSS 样式表,如此可以实现多个页面风格统一的效果。不仅如此,CSS 具有"继承"与"层叠"的特性,这使运用 CSS 进行网页布局与修饰变得更加容易和灵活。

由于 CSS 可以实现将相同样式的元素进行归类统一,因此 CSS 可以实现将同一样式应用于不同元素上,CSS 也可以将一个样式应用到某个特定的页面元素中。若要修改样式,只需在样式列表中找到相应的声明进行修改即可。

3. 页面加载速度快

CSS 实现了网页内容与表现的分离,使用 CSS 实现样式声明,可以大大减少网页文件的代码量,从而减少页面的加载时间。示例代码见例 4.1,页面效果如图 4 - 2 所示。

【例 4.1】用 CSS 实现网页内容与表现的分离。

```
1.  <html>
2.  <head>
3.  <style type = "text/css">
4.  body {background - color: yellow;}
5.  h1 {font - size:24px;}
6.  p {font - style:italic;}
7.  </style>
8.  </head>
9.  <body>
10. <h1>CSS 基础</h1>
11. <p>CSS 即层叠样式表,是一种用来表现 HTML 或 XML 等文件样式的计算机语言。</p>
12. <h1>CSS 语法</h1>
13. <p>CSS 的基本规则是由"选择器"和"样式声明"两个部分组成。</p>
14. <h1>CSS 应用</h1>
15. <p>欲知详情,请认真阅读本章内容 o(∩_∩)o 哈哈~</p>
```

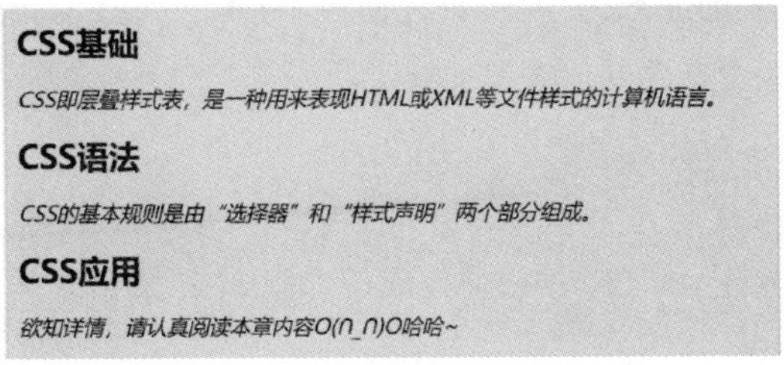

```
16. </body>
17. </html>
```

CSS基础

CSS即层叠样式表，是一种用来表现HTML或XML等文件样式的计算机语言.

CSS语法

CSS的基本规则是由"选择器"和"样式声明"两个部分组成.

CSS应用

欲知详情，请认真阅读本章内容O(∩_∩)O哈哈~

图 4 - 2　CSS 实现样式设置

由例 4.1 中的代码可见，标签 < style > 包围起来的部分集中实现了对 body、h1、p 元素的样式设置。

```
1. < style type = "text/css" >
2.    body {background - color: yellow; }
3.    h1 {font - size:24px; }
4.    p {font - style:italic; }
5. </style >
```

如此，网页的"表现"与网页的"内容"(< body >标签包围的部分)实现了分离。

同样的页面效果，若完全采用 HTML 实现，示例代码见例 4.2，运行效果如图 4 - 3 所示。

【**例 4.2**】用 HTML 实现样式设置。

```
1. <html >
2. <head >
3. </head >
4. <body bgcolor = "yellow" >
5. <h1 > <font size = "5" >CSS 基础 </font > </h1 >
6. <p > <i >CSS 即层叠样式表，是一种用来表现 HTML 或 XML 等文件样式的计算机语言. </i ></p >
7. <h1 > <font size = "5" >CSS 语法 </font > </h1 >
8. <p > <i >CSS 的基本规则是由"选择器"和"样式声明"两个部分组成. </i > </p >
9. <h1 > <font size = "5" >CSS 应用 </font > </h1 >
10. <p > <i >欲知详情，请认真阅读本章内容 O(∩_∩)O哈哈 ~ </i > </p >
11. </body >
12. </html >
```

CSS基础

CSS即层叠样式表，是一种用来表现HTML或XML等文件样式的计算机语言.

CSS语法

CSS的基本规则是由"选择器"和"样式声明"两个部分组成.

CSS应用

欲知详情，请认真阅读本章内容O(∩_∩)O哈哈~

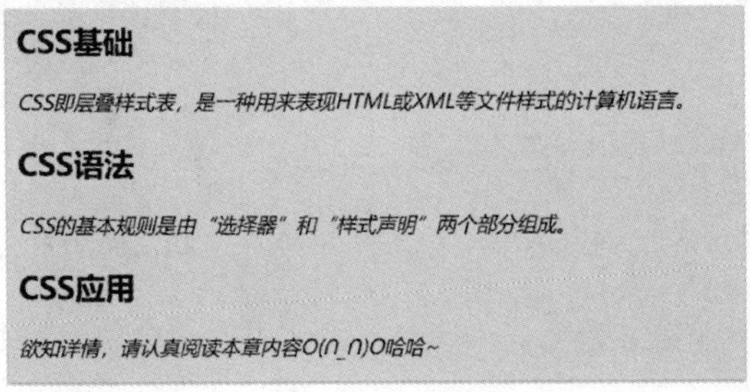

图 4 - 3　HTML 实现样式设置

从例 4.2 代码可见,实现相同样式设置,需要在 < body > 元素中设置属性,而字体大小及斜体字则需要增加 < font >、< i > 标签,且需要在每一个 < h1 >、< p > 元素内重复使用。这就体现出用 HTML 来兼顾内容与样式的展现,会大量重复使用 HTML 标签,页面内容越多,代码将变得非常烦琐且累赘,如此将会耗费更多的传输及加载时间。

4.1.3 CSS 基本语法

CSS 样式表是由"选择器"和"样式声明"构成的,其基本语法格式如下:

选择器{属性:属性值;}

其中,选择器是需要改变样式的 HTML 元素"属性:属性值;"构成一个样式声明;如果有多个样式声明,则增加"属性:属性值;"即可。

例如,例 4.1 中实现页面效果的 CSS 代码。

```
1. body {background - color: yellow;}
2. h1 {font - size:24px;}
3. p {font - style:italic;}
```

选择器是 body、h1、p,浏览器会依据选择器选择文档中对应的元素(如 body、h1、p 元素)实现样式设置,这种选择器也称元素选择器。下一节还会介绍其他类型的选择器。

"background - color: yellow;"是对 background - color 属性设置值为 yellow;"font - size:24px;"是对 font - size 属性设置值为 24px;"font - style:italic;"是对 font - style 属性设置值为 italic;上述这三项均为样式声明。

若要对某个选择器设置多个样式声明,则增加"属性:属性值;"即可。例如,在例 4.2 基础上,为 h1 选择器增加一个文本修饰效果。示例代码见例 4.3,页面效果如图 4 - 4 所示。

【例 4.3】修改 hi 的样式声明。

```
1.  < html >
2.  < head >
3.  < style type = "text/css" >
4.  body {background - color: yellow;}
5.  h1 {font - size:24px;
6.     text - decoration:overline;} /* 注释:为 h1 增加一条样式声明 */
7.  p {font - style:italic;}
8.  < /style >
9.  < /head >
10. < body >
11. < h1 >CSS 基础< /h1 >
12. < p >CSS 即层叠样式表,是一种用来表现 HTML 或 XML 等文件样式的计算机语言。< /p >
13. < h1 >CSS 语法< /h1 >
14. < p >CSS 的基本规则是由"选择器"和"样式声明"两个部分组成。< /p >
15. < h1 >CSS 应用< /h1 >
16. < p >欲知详情,请认真阅读本章内容 O(∩_∩)O 哈哈~< /p >
17. < /body >
18. < /html >
```

CSS基础

CSS即层叠样式表,是一种用来表现HTML或XML等文件样式的计算机语言。

CSS语法

CSS的基本规则是由"选择器"和"样式声明"两个部分组成。

CSS应用

欲知详情,请认真阅读本章内容O(∩_∩)O哈哈~

视频 ●⋯⋯

MOOC讲解——
CSS字体样式
设置与效果

图 4 - 4 修改 h1 的样式声明

此处说明一下 CSS 注释的写法:与 C/C ++ 注释相似,CSS 注释放在/ * 和 */之间。例如,例 4.3 的代码,不仅对 h1 增加了一条样式声明,还在后面添加了一条注释。

4.2 丹青引入——CSS 选择器及页面引入

CSS 通过"选择器"+"样式声明"实现对网页各元素的样式设置。那么,CSS 的选择器到底是什么? CSS 如何将样式引入到 HTML 网页中? 下面就来揭晓这些问题的答案。

4.2.1 CSS 选择器

选择器其实是一种模式,用于选择需要添加样式的元素。

常用的基础选择器,如表 4 - 1 所示。

表 4 - 1 基础选择器

选 择 器	举 例	说 明
元素选择器	p{color:DarkBlue;}	选择所有 <p> 元素,设置其文本颜色和字号
. class 选择器	. special{font - style:italic;}	选择 class = "special"的所有元素,设置其字体风格为斜体
#id 选择器	#syntax{font - weight:bold;}	选择 id = "syntax"的元素,设置其字体为粗体
* 选择器	* {font - color:black;}	选择所有元素,设置其文本颜色为黑色

1. 元素选择器

元素选择器是最常用的选择器,在前面介绍 CSS 特点的时候大家已经感受过它的作用,该选择器是 HTML 的元素,如 p、h1、body,甚至可以是 html。

例如选择所有 < h1 > 元素,设置其样式为"font - size:24px; color:DarkBlue;"。

示例代码见例 4.4,页面效果如图 4 - 5 所示。

【例 4.4】元素选择器应用。

```
1. <html>
2. <head>
3. <style type = "text/css">
4. h1 {font - size:24px;
5.    color:DarkBlue;}
6. </style>
```

```
7.  </head>
8.  <body>
9.  <h1>CSS 基础</h1>
10. <p>CSS 即层叠样式表,是一种用来表现 HTML 或 XML 等文件样式的计算机语言。</p>
11. <h1>CSS 语法</h1>
12. <p>CSS 的基本规则是由"选择器"和"样式声明"两个部分组成。</p>
13. <h1>CSS 应用</h1>
14. <p>欲知详情,请认真阅读本章内容 O(∩_∩)O 哈哈~</p>
15. </body>
16. </html>
```

CSS基础

CSS即层叠样式表，是一种用来表现HTML或XML等文件样式的计算机语言。

CSS语法

CSS的基本规则是由 "选择器" 和 "样式声明" 两个部分组成。

CSS应用

欲知详情，请认真阅读本章内容O(∩_∩)O哈哈~

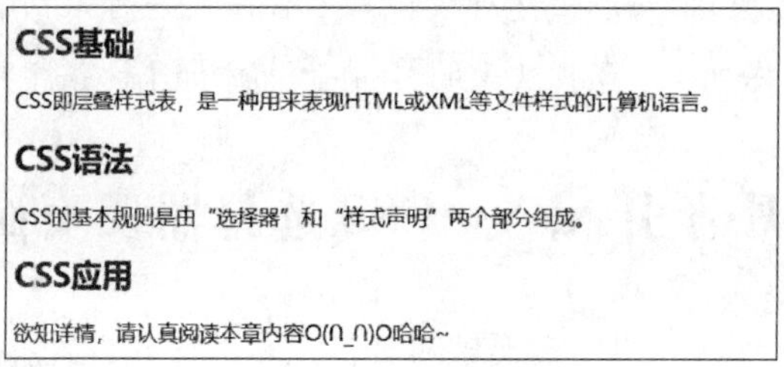

图 4 – 5　元素选择器应用

可见,若选择器为 h1,浏览器将选择文档中所有的 <h1> 元素,按样式声明设置其表现效果。元素选择器受所有主流浏览器的支持。

2. .class 选择器

.class 选择器也称为"类选择器"。HTML 的元素可以设置 class 属性(除少部分元素外),CSS 则利用 class 属性实施样式设置。

例如,选择所有类属性为"special"的元素,设置其样式为"font – weight:bold; text – decoration:underline;"。

示例代见例 4.5,页面效果如图 4 – 6 所示。

【例 4.5】类选择器的基本应用

```
1.  <html>
2.  <head>
3.  <style type="text/css">
4.  .special {font-weight:bold;text-decoration: underline;}
5.  </style>
6.  </head>
7.  <body>
8.  <h1>CSS 基础</h1>
9.  <p>CSS 即层叠样式表,是一种用来表现 HTML 或 XML 等文件样式的计算机语言。</p>
10. <h1>CSS 语法</h1>
11. <p>CSS 的基本规则是由 <b class="special">"选择器"</b> 和 <b class="special">"样式声明"
12. </b> 两个部分组成。</p>
13. <h1>CSS 应用</h1>
14. <p class="special">欲知详情,请认真阅读本章内容 O(∩_∩)O 哈哈~</p>
15. </body>
```

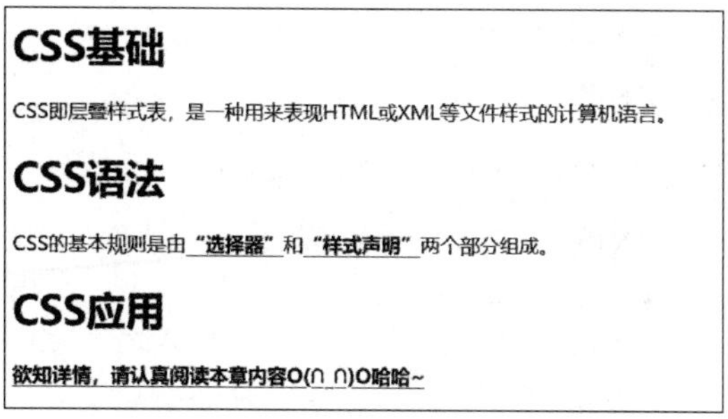

16. </html>

图 4 - 6　类选择器的基本应用

由图 4 - 6 可见,文档中所有 class = "special" 的元素都被选择,在浏览器上实现相应的样式效果。

特别说明:

(1)类选择器是由". "加上"类名"构成,两者中间不能有空格。

(2)类选择器允许以一种独立于文档元素的方式来指定样式。

由例 4.5 可见,类选择器可以实现对多个元素(相同或者不相同的元素)进行统一的样式声明:两个 <b> 元素以及最后一个 <p> 元素都指定 class 属性为" special" ,由此". special {font - weight:bold;text - decoration: underline;}"实现了对 3 个元素的统一样式设置。

(3)类选择器可以单独使用,如图 4 - 6 中的应用。类选择器也可以与其他元素结合使用。示例代码如例 4.6,页面效果如图 4 - 7 所示。

【例 4.6】与其他元素结合使用的类选择器。

```
1.  <html>
2.  <head>
3.  <style type = "text/css">
4.  p. special {font - weight:bold;text - decoration: underline;}
5.  </style>
6.  </head>
7.  <body>
8.  <h1>CSS 基础</h1>
9.  <p>CSS 即层叠样式表,是一种用来表现 HTML 或 XML 等文件样式的计算机语言。</p>
10. <h1>CSS 语法</h1>
11. <p>CSS 的基本规则是由 <b class = "special">"选择器"</b>和
12. <b class = "special">"样式声明"</b>两个部分组成。</p>
13. <h1>CSS 应用</h1>
14. <p class = "special">欲知详情,请认真阅读本章内容 O(∩_∩)O哈哈 ~ </p>
15. </body>
16. </html>
```

其中"p. special {font - weight:bold;text - decoration: underline;}"是在". special"前加了元素选择器 p,此时所选择的就是 <p> 元素中具有 class = "special" 的元素,对其实施指定的样式。而其余的 <p> 元素没有设置指定样式,具有 class 属性为"special"的 <b> 元素也没有设置指定样式。

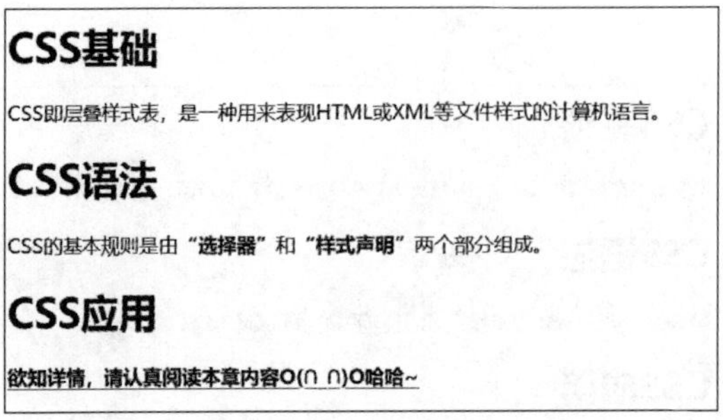

图 4 - 7　与其他元素结合的类选择器

■■ **注意**：与元素结合的类选择器，在书写时中间不要有空格。如"p. special｛font - weight：bold；text - decoration：underline；｝"，在"p"和"special"中间不能有空格。

3. 多类选择器的应用

在 HTML 中，一个 class 属性值可以是一个词列表，例如 class = " important special"，各单词之间用空格分隔，这样的 class 具有两个属性值"important"和"special"。据此 CSS 就可以实现多类选择器的应用，示例代码如例 4.7，运行效果如图 4 - 8 所示。

【例 4.7】多类选择器的应用

```
1.  < html >
2.  < head >
3.  < style type = "text/css" >
4.  . special {font - weight:bold;font - style:italic;}
5.  . important {text - decoration:overline;}
6.  . special. important {color:red;}
7.  < /style >
8.  < /head >
9.  < body >
10. < h1 class = "important" >CSS 基础 < /h1 >
11. < p >CSS 即层叠样式表，是一种用来表现 HTML 或 XML 等文件样式的计算机语言。 < /p >
12. < h1 class = "important" >CSS 语法 < /h1 >
13. < p > CSS 的基本规则是由 < b class = "special" >"选择器" < /b > 和 < b class = "special" >
14. "样式声明" < /b >两个部分组成。 < /p >
15. < h1 class = "important" >CSS 应用 < /h1 >
16. < p class = "important special" >欲知详情，请认真阅读本章内容 O(∩_∩)O 哈哈 ~ < /p >
17. < /body >
18. < /html >
```

文档中有 class = " important" 的元素 < h1 >，class = " special" 的元素 < b > 以及 class = " important special" 的最后一个 < p >元素。 < style >标签包围起来以下内容。

（1）". special ｛font - weight：bold；font - style：italic；｝"将文档中所有 class = " special" 的元素设置了粗体、斜体的文本样式。即 < b >元素和最后一个 < p >元素。

（2）". important ｛text - decoration：overline；｝"将文档中所有 class = " important" 的元素设置了文本修饰。即 < h1 >元素和最后一个 < p >元素。

（3）". special. important ｛color：red；｝"则需要元素具有 class = " important special" 的属性,不能是 class = " important" 或者是 class = " special",所有只有最后一个 < p > 元素符合条件,被设置为字体红色。

从最后一个 < p > 元素的页面样式可见, class = " important special" 的属性设置使其具备了应用 3 条样式声明的条件。

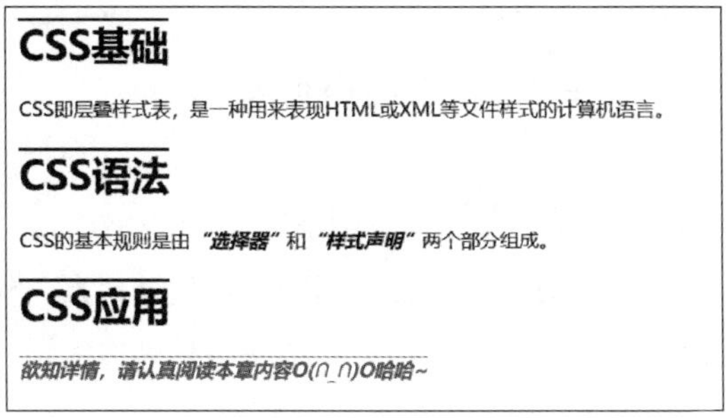

图 4 - 8　多类选择器的应用

■ **注意**：多类选择器的写法中间不能有空格。如". special. important ｛color：red；｝",在". special" 和". important" 中间不能有空格。

类选择器同样受所有主流浏览器的支持。

4. #id 选择器

与类选择器类似,由于 HTML 元素可以设置 id 属性,因此 CSS 也可以利用 id 属性实施样式设置。

例如,选择 id 属性为" note" 的元素,设置其样式为" font – weight：bold； text – decoration：underline；"。代码如例 4.8,页面效果如图 4 – 9 所示。

【例 4.8】id 选择器的基本应用。

```
1. < html >
2. < head >
3. < style type = "text/css" >
4. #note ｛font - weight:bold; text - decoration:underline;｝
5. </style >
6. </head >
7. < body >
8. < h1 >CSS 基础 </h1 >
9. < p >CSS 即层叠样式表,是一种用来表现 HTML 或 XML 等文件样式的计算机语言。</p >
10. < h1 >CSS 语法 </h1 >
11. < p >CSS 的基本规则是由"选择器"和"样式声明"两个部分组成。</p >
12. < h1 >CSS 应用 </h1 >
13. < p id = "note">欲知详情,请认真阅读本章内容 O(∩_∩)O哈哈 ~ </p >
14. </body >
15. </html >
```

由例 4.8 可见,文档中最后一个 < p > 元素拥有 id = " note" 的属性,其内容即应用了指定样式。

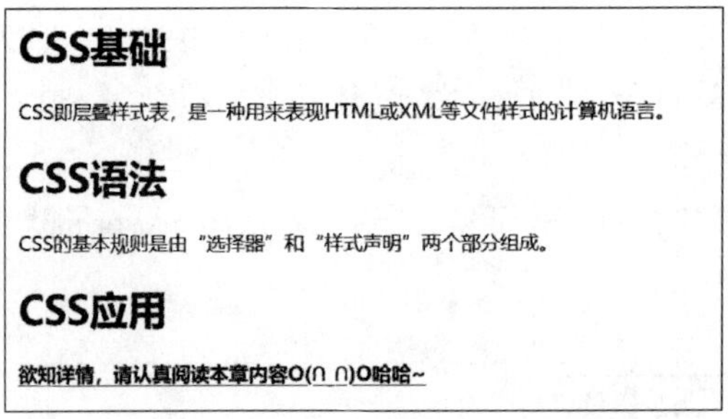

图 4 - 9　id 选择器的基本应用

特别说明:

(1)id 选择器是由"#"加上"id 名"构成,两者中间不能有空格。

(2)id 选择器常用于建立派生选择器。请参看后面"派生选择器"的介绍。

(3)id 选择器可以单独使用,目前的主流浏览器都支持其单独使用。

(4)由于 HTML 的 id 属性是用来为元素定义唯一标识符,所以在一个 HTML 文档中,id 选择器仅能使用一次。

(5)id 选择器也不能像类选择器那样结合使用,因为 id 属性不允许有以空格分隔的词列表。

5.　* 选择器

　* 选择器也称为"通配符选择器",其作用是选择所有元素。示例代码如例 4.9,页面效果如图 4 - 10 所示。

【例 4.9】 * 选择器的应用。

```
1.  < html >
2.  < head >
3.  < style type = "text/css" >
4.  *   {font - size:16px;}
5.  </style >
6.  </head >
7.  < body >
8.  < h1 >CSS 基础 </h1 >
9.  <p>CSS 即层叠样式表,是一种用来表现 HTML 或 XML 等文件样式的计算机语言。</p>
10. < h1 >CSS 语法 </h1 >
11. <p>CSS 的基本规则是由"选择器"和"样式声明"两个部分组成。</p>
12. < h1 >CSS 应用 </h1 >
13. <p>欲知详情,请认真阅读本章内容 O(∩_∩)O哈哈 ~ </p>
14. </body >
15. </html >
```

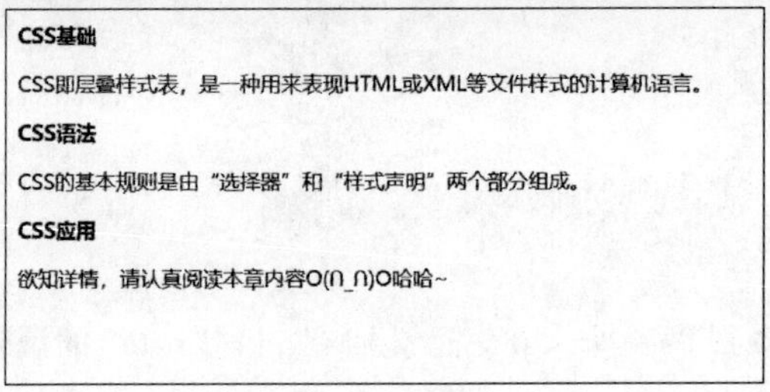

图 4 - 10　* 选择器的应用

复合型选择器的举例和说明如表4-2所示。

表4-2 复合型选择器

选择器	举 例	说 明
群组选择器	h1,p{color:DarkBlue;}	选择所有<h1>元素和<p>元素,设置其文本颜色
派生选择器	div p{font-style:italic;}	选择<div>元素内部的所有<p>元素,设置其字体风格为斜体
子元素选择器	div > p { text - decoration: underline;}	选择父元素为<div>元素的直接子元素<p>,为其设置文本修饰效果
紧邻元素选择器	div + p{font-weigth:bold;}	选择紧接在<div>元素之后的<p>元素,设置其字体为粗体
标签指定式选择器	p. special { background - color: LightGrey;}	选择具有class属性为"special"的<p>元素,设置其背景色

6. 群组选择器

群组选择器用逗号","将多个元素选择器连接起来,实现在多个元素上应用同一样式声明,示例代码如例4.10,运行效果如图4-11所示。

【例4.10】群组选择器的应用。

```
1. <html>
2. <head>
3. <style type = "text/css">
4. h1,p{background-color:lightgrey;} /* 群组选择器可以实现多个元素统一进行样式设
置*/
5. </style>
6. </head>
7. <body>
8. <h1>CSS 基础</h1>
9. <p>CSS 即层叠样式表,是一种用来表现 HTML 或 XML 等文件样式的计算机语言。</p>
10. <div>
11. <h1>CSS 语法</h1>
12. <p>CSS 的基本规则是由 <b>"选择器"</b> 和 <b>"样式声明"</b> 两个部分组成。</
p>
13. </div>
14. <h1>CSS 应用</h1>
15. <p>欲知详情,请认真阅读本章内容 0(∩_∩)0哈哈~</p>
16. </body>
17. </html>
```

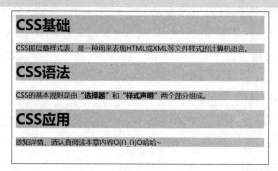

图4-11 群组选择器的应用

7. 派生选择器

派生选择器用空格将两个元素选择器联系起来,作用是选择元素内部的元素来实施样式设置,示例代码如例 4.11,运行效果如图 4 – 12 所示。

【例 4.11】派生选择器的应用。

```
1. <html>
2. <head>
3. <style type = "text/css">
4. div p{font - style:italic;} /* 选择<div>中的<p>设置字体风格为斜体 * /
5. div b{text - decoration:underline;} /* 选择<div>中的<b>设置文本修饰 * /
6. </style>
7. </head>
8. <body>
9. <h1>CSS 基础</h1>
10. <p>CSS 即层叠样式表,是一种用来表现 HTML 或 XML 等文件样式的计算机语言。</p>
11. <div>
12. <h1>CSS 语法</h1>
13. <p>CSS 的基本规则是由<b>"选择器"</b>和<b>"样式声明"</b>两个部分组成。</p>
14. </div>
15. <h1>CSS 应用</h1>
16. <p>欲知详情,请认真阅读本章内容 O(∩_∩)O哈哈~</p>
17. </body>
18. </html>
```

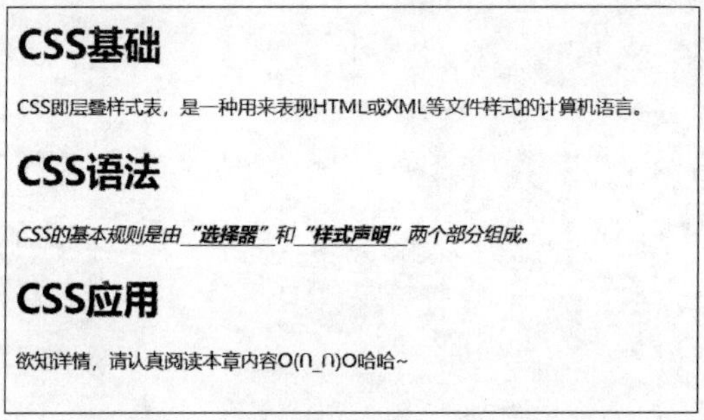

图 4 – 12　派生选择器的应用

由例 4.11 可见,派生选择器两个元素的包含关系并不要求一定是父子关系,如:"div b {text – decoration:underline;}",<div>元素并非<b>元素的父元素,<b>元素的父元素是<p>,但尽管如此,还是可以实施样式设置,这一点与"子元素选择器"有明显区别。

8. 子元素选择器

子元素选择器用" > "将两个元素选择器联系起来,作用也是选择元素内部的元素来实施样式设置,但它要求两个元素之间必须是父子关系,示例代码如例 4.12,运行效果如图 4 – 13 所示。

【例 4.12】子元素选择器的应用。

```
1. <html>
2. <head>
3. <style type = "text/css">
4. div>p{font - style:italic;} /* 选择 <div>中的 <p>设置字体风格为斜体 * /
5. div>b{text - decoration:underline;} /*  <div>与 <b>非父子关系,无法实施文本修
饰 * /
6. </style>
7. </head>
8. <body>
9. <h1>CSS 基础 </h1>
10. <p>CSS 即层叠样式表,是一种用来表现 HTML 或 XML 等文件样式的计算机语言。</p>
11. <div>
12. <h1>CSS 语法 </h1>
13. <p>CSS 的基本规则是由 <b>"选择器"</b>和 <b>"样式声明"</b>两个部分组
成。</p>
14. </div>
15. <h1>CSS 应用 </h1>
16. <p>欲知详情,请认真阅读本章内容 O(∩_∩)O哈哈~</p>
17. </body>
18. </html>
```

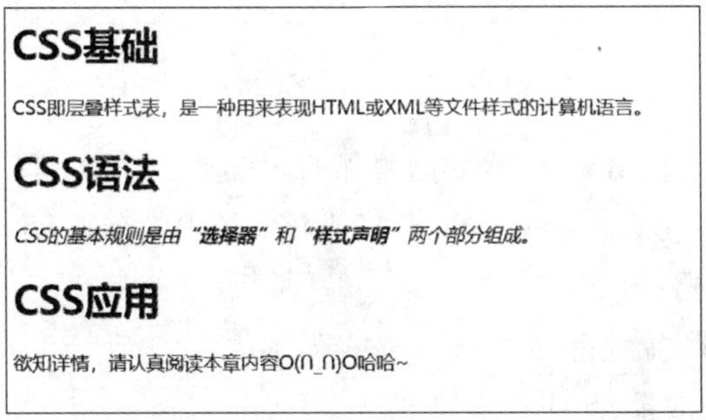

图 4 - 13　子元素选择器的应用

注意:例 4.12 中的"<div>b{text - decoration:underline;}",由于文档中 <div>元素与 <b>元素没有父子关系,因此从页面效果中可见文本修饰效果没有被实施。

9. 紧邻元素选择器

紧邻元素选择器用"+"将两个元素选择器联系起来,作用是选择元素后面紧邻的元素进行样式设置,示例代码如例 4.13,运行效果如图 4 - 14 所示。

【例 4.13】紧邻元素选择器的应用。

```
1. <html>
2. <head>
3. <style type = "text/css">
4. div+p{font - style:italic;} /*  <div>后面没有紧邻 <p>元素,无法实施样式 * /
5. div+h1{text - decoration:underline;} /*  <div>后面紧邻 <h1>元素,有效 * /
6. </style>
7. </head>
8. <body>
```

```
9. <h1>CSS 基础</h1>
10. <p>CSS 即层叠样式表,是一种用来表现 HTML 或 XML 等文件样式的计算机语言。</p>
11. <div>
12. <h1>CSS 语法</h1>
13. <p>CSS 的基本规则是由 <b>"选择器"</b> 和 <b>"样式声明"</b> 两个部分组
成。</p>
14. </div>
15. <h1>CSS 应用</h1>
16. <p>欲知详情,请认真阅读本章内容 O(∩_∩)O 哈哈 ~ </p>
17. </body>
18. </html>
```

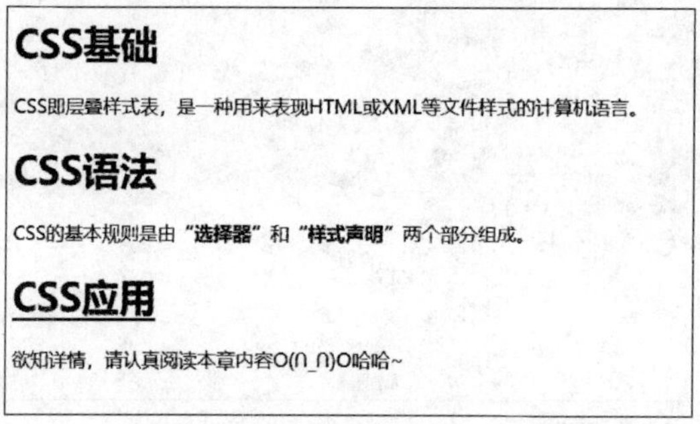

图 4 – 14　紧邻元素选择器的应用

由例 4.13 可见,该文档 <div> 元素后面紧邻的元素是 <h1>,所以页面中反映了对 <h1>
的文本修饰效果,而"div + p{font – style:italic;}"在该文档中没有产生作用。

10. 标签指定式选择器

标签指定式选择器其实就是前面".class 选择器"中"与其他元素结合的类选择器"的应用,
请回顾例 4.6 中的代码与效果,此处不再赘述。

最后,简单认识下述 3 类选择器,如表 4 – 3 所示。

表 4 – 3　其他选择器类型

选择器	举　例	说　明
属性选择器	p[title]{font – weight:bold;}	选择具有 title 属性的 <p> 元素,设置字体为粗体
伪类选择器	a:link{color:#FF0000;}	设置超链接"未访问"状态的颜色为红色
伪元素选择器	h1:first – letter{font – sytle:italic;}	设置 <h1> 元素的第一个字母为斜体

11. 属性选择器

属性选择器可根据元素的属性及属性值来选择元素。简单的属性选择器应用如图 4 – 15 所
示,示例代码如例 4.14。

【例 4.14】属性选择器的应用。

```
1. <html>
2. <head>
3. <style type = "text/css">
4. p[title]{font – weight:bold;}
```

```
5. </style>
6. </head>
7. <body>
8. <h1>CSS 基础</h1>
9. <p title="one">CSS 即层叠样式表，是一种用来表现 HTML 或 XML 等文件样式的计算机语言。
</p>
10. <div>
11. <h1>CSS 语法</h1>
12. <p title="two">CSS 的基本规则是由<b>"选择器"</b>和<b>"样式声明"</b>两个
部分组成。</p>
13. </div>
14. <h1>CSS 应用</h1>
15. <p>欲知详情，请认真阅读本章内容 O(∩_∩)O 哈哈~</p>
16. </body>
17. </html>
```

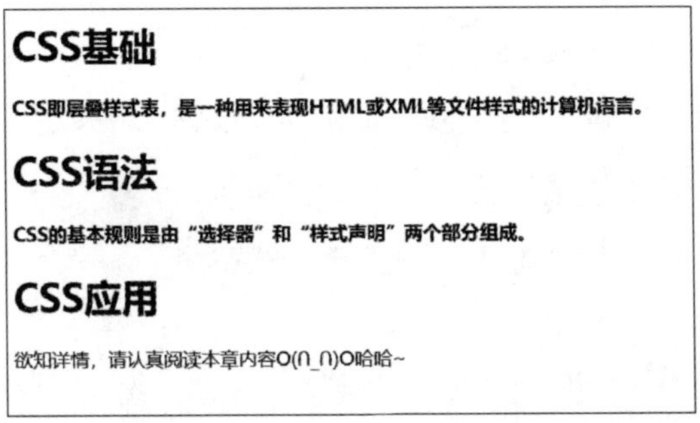

图 4-15　属性选择器的应用

例 4.14 中选择具有 title 属性的 <p> 元素进行了样式设置。如果要选择具有特定属性值的 <p> 元素，则修改代码"p[title]{font-weight:bold;}"为：

```
p[title="one"]{font-weight:bold;}
```

即可实现选择具有 title="one" 属性值的 <p> 元素并应用样式。

12. 伪类选择器

"伪类"是指选择元素依据的是元素的特征(characteristic)，而不是它们的名称、属性或内容。由于元素特征无法从文档树中获取，由此产生"伪类选择器"。

如超链接的 4 个状态：link、visited、hover 以及 active，就需要使用伪类选择器来设置其样式，示例代码如例 4.15，运行效果如图 4-16 所示。

【例 4.15】伪类选择器的应用。

```
1. <html>
2. <head>
3. <style type="text/css">
4. a:link {font-weight:bold;}
5. a:visited {color:DarkGray;}
6. a:hover {font-style:italic;}
7. a:active {font-size:18px;}
```

```
 8. </style >
 9. </head >
10. <body >
11. <h1 >CSS 基础 </h1 >
12. <p title = "one" >CSS 即层叠样式表,是一种用来表现 HTML 或 XML 等文件样式的计算机语言。
13. </p >
14. <div >
15. <h1 >CSS 语法 </h1 >
16. <p title = "two" >CSS 的基本规则是由 <a href = "/selector.html" > "选择器" </a >和
"样式声明"
17. 两个部分组成。 </p >
18. </div >
19. <h1 >CSS 应用 </h1 >
20. <p >欲知详情,请认真阅读本章内容 O(∩_∩)O 哈哈~ </p >
21. </body >
```

CSS基础

CSS即层叠样式表, 是一种用来表现HTML或XML等文件样式的计算机语言。

CSS语法

CSS的基本规则是由 *"选择器"* 和 "样式声明" 两个部分组成。

CSS应用

欲知详情, 请认真阅读本章内容O(∩_∩)O哈哈~

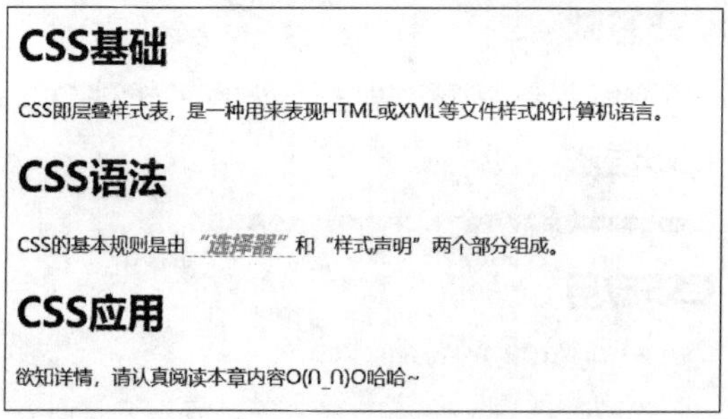

图 4 – 16　伪类选择器的应用

13. 伪元素选择器

"伪元素"同伪类相似,也用于格式化文档树以外的信息。两者的区别在于:"伪类"应用于元素处于某种状态时的样式设置,这种状态是根据用户行为而动态变化的;"伪元素"用于创建一些不在文档树中的元素,并为其设置样式,示例代码如例 14.16,运行效果如图 4 – 17 所示。

【例 4.16】伪元素选择器的应用。

```
 1. <html >
 2. <head >
 3. <style type = "text/css" >
 4. h1:first - letter{text - decoration:overline;}
 5. </style >
 6. </head >
 7. <body >
 8. <h1 >CSS 基础 </h1 >
 9. <p >CSS 即层叠样式表,是一种用来表现 HTML 或 XML 等文件样式的计算机语言。 </p >
10. <div >
11. <h1 >CSS 语法 </h1 >
```

```
12. <p>CSS 的基本规则是由 <b>"选择器"</b> 和 <b>"样式声明"</b> 两个部分组
成。</p>
13. </div>
14. <h1>CSS 应用</h1>
15. <p>欲知详情,请认真阅读本章内容O(∩_∩)O哈哈~</p>
16. </body>
17. </html>
```

CSS基础

CSS即层叠样式表,是一种用来表现HTML或XML等文件样式的计算机语言。

CSS语法

CSS的基本规则是由**"选择器"**和**"样式声明"**两个部分组成。

CSS应用

欲知详情, 请认真阅读本章内容O(∩_∩)O哈哈~

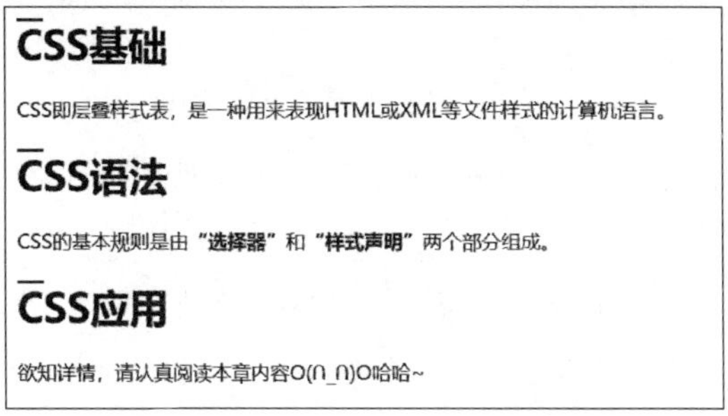

图 4 - 17　伪元素选择器的应用

由图 4 - 17 可见,文档中并没有与第一个字母"C"对应的实际元素,因此由伪类选择器指明
"h1:first - letter"并应用样式。

4.2.2　CSS 引入方式

CSS 样式表引入页面的方法有 3 种:行内样式表、内部样式表和外部样式表。

1. 行内样式表

行内样式表是利用 HTML 元素的 style 属性进行设置样式,此种引入方法常用于为单个元素
提供少量的样式设置。示例代码如例 4.17,运行效果如图 4 - 18 所示。

【例 4.17】行内样式表的应用。

```
1.  <html>
2.  <head>
3.  </head>
4.  <body>
5.  <h1>CSS 基础</h1>
6.  <p>CSS 即层叠样式表,是一种用来表现 HTML 或 XML 等文件样式的计算机语言。</p>
7.  <div>
8.  <h1>CSS 语法</h1>
9.  <p>CSS 的基本规则是由 <b>"选择器"</b> 和 <b>"样式声明"</b> 两个部分组
成。</p>
10. </div>
11. <h1>CSS 应用</h1>
12. <p style = "background - color:LightGrey;font - weight:bold;font - size:16;">
13. 欲知详情,请认真阅读本章内容O(∩_∩)O哈哈~</p>
14. </body>
15. </html>
```

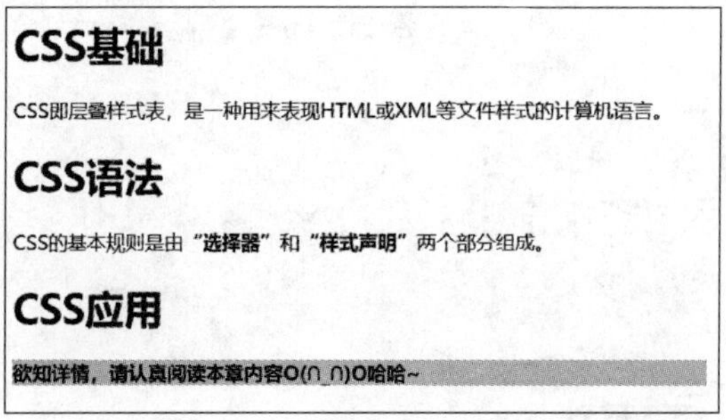

图 4 – 18　行内样式表的应用

图 4 – 18 中只需突出显示最后一个 < p > 元素的内容，则选用"行内样式表"的方法比较适宜。

2. 内部样式表

内部样式表是利用 < style > 元素将 CSS 代码集中写在 HTML 文档 < head > 标签中进行样式设置的一种方法，将样式设置从 HTML 结构中分离出来，高效且灵活示例代码如图 4.18，页面效果如图 4 – 19 所示。

【例 4.18】内部样式表的应用。

```
1.  < html >
2.  < head >
3.  < style type = "text/css" >
4.  h1{font - size:24px;}
5.  p{background - color:LightGrey;}
6.  </style >
7.  </head >
8.  < body >
9.  < h1 >CSS 基础 </h1 >
10. <p>CSS 即层叠样式表，是一种用来表现 HTML 或 XML 等文件样式的计算机语言。</p>
11. < div >
12. < h1 >CSS 语法 </h1 >
13. < p >CSS 的基本规则是由 < b >"选择器"</b > 和 < b >"样式声明"</b > 两个部分组成。</p>
14. </div >
15. < h1 >CSS 应用 </h1 >
16. <p>欲知详情，请认真阅读本章内容O(∩_∩)O哈哈 ~ </p>
17. </body >
18. </html >
```

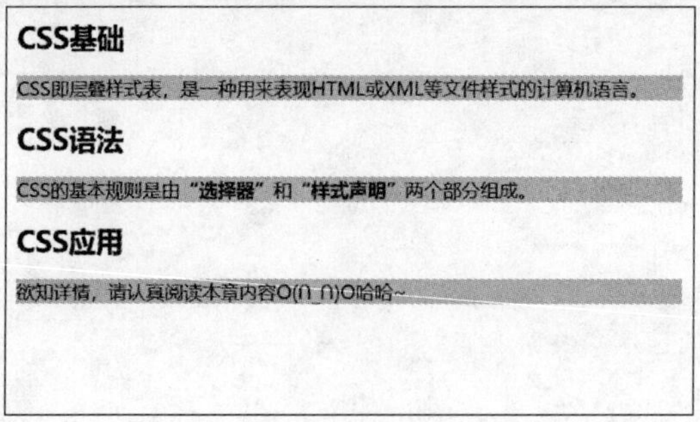

图 4 – 19　内部样式表的应用

在图 4-19 中,要对文档中所有的 <h1> 元素和 <p> 元素进行样式设置,使用"内部样式表"的方法,只需两条 CSS 代码即可实现,体现出了 CSS 高效的特性。

说明:应用内部样式表时, <style> 元素应该始终设定 type 属性,即以 <style type="text/css"> 开头,后跟一个或多个样式,然后以 </style> 结尾。

3. 外部样式表

外部样式表是将 CSS 代码存放在一个或多个以 .css 为扩展名的外部样式表文件中,当文档需要时引入样式表文件。此种方法可以实现样式表文件的跨文档使用,即一个外部样式表文件可以应用于多个 HTML 文档,而一个 HTML 文档也可以引入多个外部样式表文件进行样式设置。

示例代码如例 4.19,页面效果如图 4-20 所示。

【例 4.19】外部样式表引入法。

```
1.  <html>
2.  <head>
3.  <link rel="stylesheet" type="text/css" href="css\sheet1.css"  />
4.  <title>渲染的艺术——CSS</title>
5.  </head>
6.  <body>
7.  <h1>CSS 基础</h1>
8.  <p>CSS 即层叠样式表,是一种用来表现 HTML 或 XML 等文件样式的计算机语言。</p>
9.  <h1>CSS 语法</h1>
10. <p>CSS 的基本规则是由 <b>"选择器"</b> 和 <b>"样式声明"</b> 两个部分组成。</p>
11. <h1>CSS 应用</h1>
12. <p>欲知详情,请认真阅读本章内容 O(∩_∩)O哈哈~ </p>
13. </body>
14. </html>
```

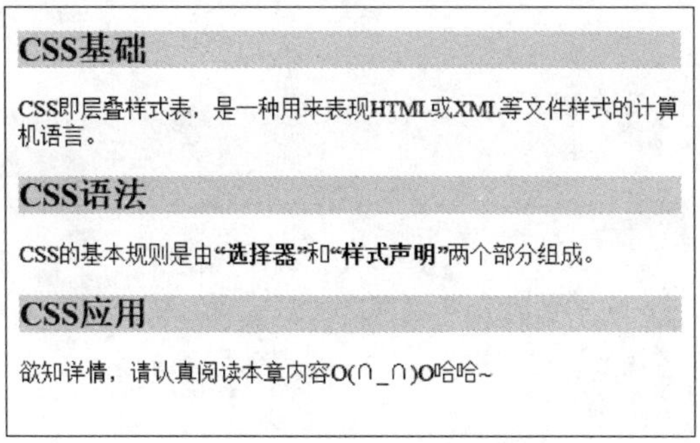

图 4-20　外部样式表引入法

外部样式表通过 <link> 标签实现样式表文件的引入,其中 rel 属性及 type 属性固定设置为 "rel="stylesheet" type="text/css"", href 属性的值是样式表文件的 URL,本例为"css\sheet1.css",图 4-21 是 sheet1.css 文件的内容。

图 4-22 是一个引用 sheet1.css 和 sheet2.css 的 HTML 文档。示例代码如例 4.20。

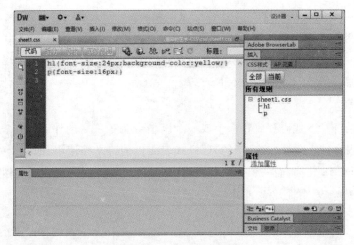

图 4 – 21　sheet1. css 文件

【**例 4. 20**】引用 sheet1. css 和 sheet2. css 的 HTML 文档。

```
1. <html>
2. <head>
3. <link rel = "stylesheet" type = "text/css" href = "css\sheet1.css" />
4. <link rel = "stylesheet" type = "text/css" href = "css\sheet2.css" />
5. <title>毛主席诗词</title>
6. </head>
7. <body>
8. <div class = "outer">
9. <h1>忆秦娥·娄山关</h1>
10. <p>西风烈,<br>
11. 长空雁叫霜晨月。<br>
12. 霜晨月,<br>
13. 马蹄声碎,<br>
14. 喇叭声咽。</p>
15. <p>雄关漫道真如铁,<br>
16. 而今迈步从头越。<br>
17. 从头越,<br>
18. 苍山如海,<br>
19. 残阳如血。</p>
20. </div>
21. </body>
22. </html>
```

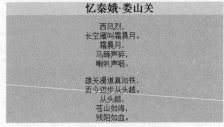

图 4 – 22　引用 sheet1. css 和 sheet2. css 的 HTML 文档

sheet2. css 文件的内容如图 4 - 23 所示。

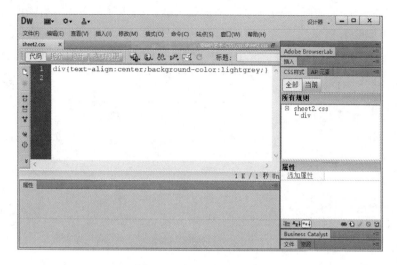

图 4 - 23   sheet2. css 文件

由此可见,将包含 CSS 代码的外部样式表文件(扩展名为. css)用 < link > 标签引入 HTML 文档实施样式设置,既能够实现样式表的跨文件应用,还可以让一个 HTML 文档同时应用多个样式表文件,更加方便和灵活。

说明:引入外部样式表文件,还可以使用@ import 指令来实现,该指令放在 < style > 元素内部最开始的地方,示例代码如例 4.21,运行效果如图 4 - 24 所示。

【例 4.21】用@ import 引入样式表文件。

```
1. < html >
2. < head >
3. < title > 渲染的艺术——CSS < /title >
4. < style >
5. @ import url(css\sheet1. css); /* 必须放在 < style > 元素内的开头 * /
6. . special{background - color:LightGrey;font - weight:bold;}
7. < /style >
8. < /head >
9. < body >
10. < h1 > CSS 基础 < /h1 >
11. < p > CSS 即层叠样式表,是一种用来表现 HTML 或 XML 等文件样式的计算机语言。 < /p >
12. < h1 > CSS 语法 < /h1 >
13. < p > CSS 的基本规则是由 < b > "选择器" < /b > 和 < b > "样式声明" < /b > 两个部分组成。 < /p >
14. < h1 > CSS 应用 < /h1 >
15. < p class = "special" > 欲知详情,请认真阅读本章内容 O(∩_∩)O 哈哈~ < /p >
16. < /body >
17. < /html >
```

同样是引入外部样式表文件,用@ import 与用 < link > 元素的区别如下。

(1)加载外部样式表的时刻不同。 < link > 是在加载 HTML 页面前就把 CSS 外部样式表加载完毕,而@ import url( )是在读取完 HTML 文件后再加载。若在网速慢的情况下,@ import url( )

引入方式会出现一开始没有 CSS 样式,闪烁一下再出现带有样式的页面。

(2)当使用 JavaScript 控制 DOM 去改变样式的时候,只能使用 <link> 引入的方式,因为@import 不是 DOM 可以控制的。

(3) <link> 除了能加载 CSS 样式表文件外,还能定义 RSS,定义 rel 链接属性,而@import 就只能加载 CSS 文件。

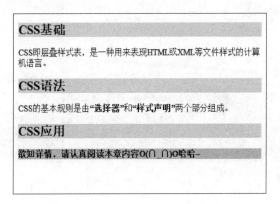

图 4 – 24　用@import 引入样式表文件

4.3　晕染之道——CSS 的继承与层叠

CSS 使用"选择器 + 样式声明",通过"引入方式"实现了将样式作用于 HTML 文档被选择的元素上,完成了其专注于网页"表现"方面的基本任务。而 CSS 的"继承"与"层叠"的特性,则让 CSS 将任务完成得臻于完美。下面就来认识这两个重要特性:"继承"和"层叠"。

4.3.1　CSS 的继承

所谓"继承"指的是后代元素会继承所选元素样式的特性。示例代码如例 4.22,运行效果如图 4 – 25 所示。

【例 4. 22】CSS 的继承。

```
1. <html>
2. <head>
3. <style type = "text/css">
4. div{background - color:LightGrey;}
5. </style>
6. </head>
7. <body>
8. <h1>CSS 基础</h1>
9. <p>CSS 即层叠样式表,是一种用来表现 HTML 或 XML 等文件样式的计算机语言。</p>
10. <div>
11. <h1>CSS 语法</h1>
12. <p>CSS 的基本规则是由 <b>"选择器"</b>和 <b>"样式声明"</b>两个部分组成。</p>
13. <ul>
```

```
14. <li>选择器</li>
15. <li>样式声明</li>
16. </ul>
17. </div>
18. <h1>CSS 应用</h1>
19. <p>欲知详情,请认真阅读本章内容O(∩_∩)O哈哈~</p>
20. </body>
21. </html>
```

图 4 - 25　CSS 的继承

由例 4.22 可见,"div{background - color:LightGrey;}"选择<div>元素进行样式设置,因为 CSS 的继承特性,<div>的后代元素:第二个<h1>元素,第二个<p>元素及其后代<b>元素, <ul>元素及其后代<li>元素都应用了样式。

通过树状图更容易理解 CSS 的继承,如图 4 - 26 所示。

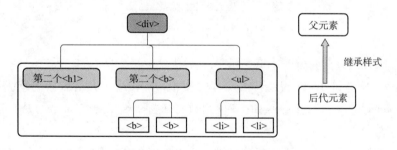

图 4 - 26　树状图描述 CSS 继承

千万不要小瞧"继承"的作用,若没有继承,样式将会变成图 4 - 27 所示的效果。示例代码如 例 4.23。

【例 4.23】若没有继承的效果。

```
1. <html>
2. <head>
3. <style type = "text/css">
4. * {background - color:white;}
5. div{background - color:LightGrey;}
6. </style>
```

```
 7.  </head>
 8.  <body>
 9.  <h1>CSS 基础</h1>
10.  <p>CSS 即层叠样式表,是一种用来表现 HTML 或 XML 等文件样式的计算机语言。</p>
11.  <div>
12.  <h1>CSS 语法</h1>
13.  <p>CSS 的基本规则是由 <b>"选择器"</b>和 <b>"样式声明"</b>两个部分组
成。</p>
14.  <ul>
15.  <li>选择器</li>
16.  <li>样式声明</li>
17.  </ul>
18.  </div>
19.  <h1>CSS 应用</h1>
20.  <p>欲知详情,请认真阅读本章内容 O(∩_∩)O哈哈~</p>
21.  </body>
22.  </html>
```

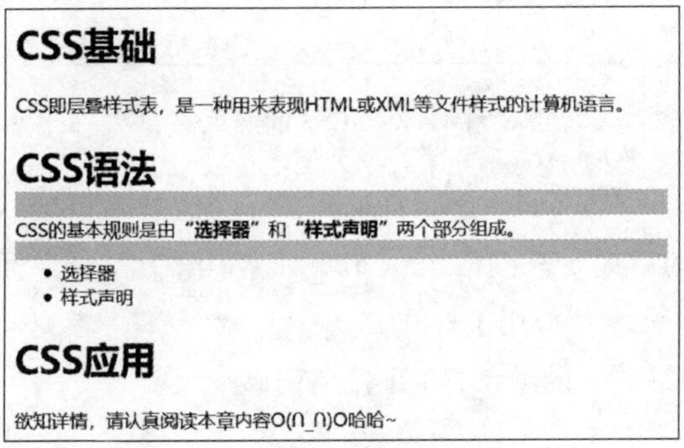

图 4 – 27 若没有"继承"

若没有继承,样式只会应用于 <div> 元素,其后代元素都保持原样。

当然例 4.23 只是做了一个没有"继承"的模拟,所用的方法是借助通配符选择器" *
{background – color:white;}",注意不要随意使用通配符选择器,由于它选择的是所有元素,往往
会使"继承"终结。

"继承"是 CSS 的根本特性之一,样式的继承会自然发生,无须刻意考虑。但请注意:有些样
式属性是不继承的,否则会带来奇怪的效果,例如 border 属性和多数盒模型属性(如外边距、内边
距、边框等)。

4.3.2   CSS 的层叠

CSS 即"层叠样式列表","层叠"是直接反映在了 CSS 的名称之上的,可见其重要性。所谓
"层叠",指对元素可以多次选择并设置样式,即样式以垂直向例 4.24、层层叠加的方式进行,示例
代码如例 4.24,运行效果如图 4 – 28 所示。

【例 4.24】CSS 的层叠。

```
1.  < html >
2.  < head >
3.  < style type = "text/css" >
4.  h1{font - size:24px;}
5.  p{font - size:18px;}
6.  div{background - color:LightGrey;}
7.  .special{font - style:italic;}
8.  </style >
9.  </head >
10. <body >
11. <h1 >CSS 基础 </h1 >
12. <p >CSS 即层叠样式表,是一种用来表现 HTML 或 XML 等文件样式的计算机语言。</p >
13. <div >
14. <h1 class = "special" >CSS 语法 </h1 >
15. <p class = "special" >CSS 的基本规则是由 <b >"选择器" </b >和 <b >"样式声明"
16. </b >两个部分组成。</p >
17. <ul >
18. <li >选择器 </li >
19. <li >样式声明 </li >
20. </ul >
21. </div >
22. <h1 >CSS 应用 </h1 >
23. <p >欲知详情,请认真阅读本章内容 O(∩_∩)O 哈哈 ~ </p >
24. </body >
24. </html >
```

CSS基础

CSS即层叠样式表,是一种用来表现HTML或XML等文件样式的计算机语言。

CSS语法

*CSS的基本规则是由**"选择器"**和**"样式声明"**两个部分组成。*

- 选择器
- 样式声明

CSS应用

欲知详情,请认真阅读本章内容O(∩_∩)O哈哈~

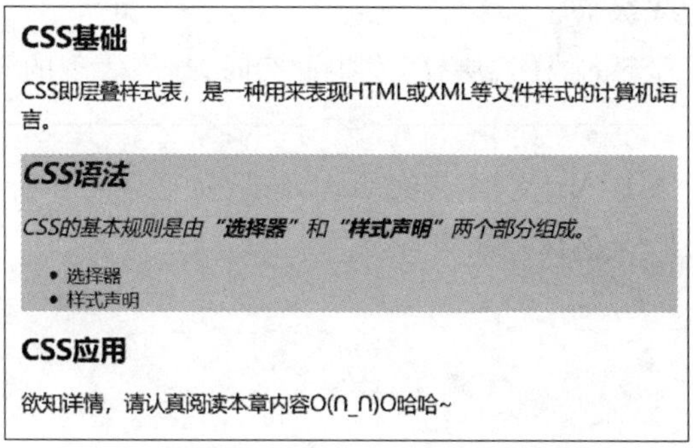

图 4 – 28　CSS 的层叠

从例 4.24 的代码中可以看到 < style > 元素中设置了 4 条 CSS 规则。

h1{font – size:24px;} ------------------- > 选择 h1 元素,设置字体大小 24px

p{font – size:18px;} ------------------- > 选择 p 元素,设置字体大小 18px

div{background – color:LightGrey;} ---------- > 选择 div 元素,设置背景色(注意继承)

.special{font – style:italic;} -------------- > 选择 .special 类的元素,设置字体风格斜体

请注意"第二个 h1 元素"和"第二个 p 元素",它们的样式即体现出"层叠"的特性:垂直向下、层层叠加。

图 4 – 29 所示为"第二个 h1 元素"的样式实现。

（1）实现 h1{font – size:24px;}效果。

（2）由"继承"，实现 div{background – color:LightGrey;}效果。

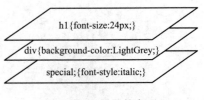

图 4 – 29　层叠的实现

（3）由 class 属性，实现 .special{font – style:italic;}效果。

因此"第二个 h1 元素"与其他 h1 元素样式不同，多了浅灰色背景及斜体风格。

4.4　点笔染翰——CSS 的优先级

4.3 节介绍了 CSS 的两个重要特性"继承"与"层叠"，但回避了一个问题：如果对选择的元素进行多层样式设置时，出现"冲突"怎么办？例如，将例 4.24 中 < style > 元素的代码修改如下：

```
1. < style type = "text/css" >
2.    h1{font – size:24px;color:DarkBlue;}          /* 增加了字体颜色设置 */
3.    p{font – size:18px;}
4.    div{background – color:LightGrey;color:Black;}  /* 增加了字体颜色设置 */
5.    .special{font – style:italic;color:yellow;}     /* 增加了字体颜色设置 */
6. </style >
```

代码中对与"第二个 h1 元素"相关的 3 条规则都增加了字体颜色的设置，此时便产生了样式"冲突"。那么"第二个 h1 元素"最终到底是深蓝？还是黑色？还是黄色呢？

这就要谈谈 CSS 的优先级了。

CSS 的优先级是指当 CSS 的"样式层叠"发生冲突时，最终表现的样式应该如何选择？进一步说就是样式层叠的顺序。

将上述修改的代码放入 HTML 文档，通过页面效果（如图 4 – 30 所示）看到最终黄色字体应用到了"第二个 h1 元素"上，示例代码如例 4.25。

【例 4.25】层叠"冲突"。

```
1.  < html >
2.  < head >
3.  < style type = "text/css" >
4.  h1{font – size:24px;color:DarkBlue;}
5.  p{font – size:18px;}
6.  div{background – color:LightGrey;color:Black;}
7.  .special{font – style:italic;color:yellow;}
8.  </style >
9.  </head >
10. < body >
11. < h1 >CSS 基础 </h1 >
12. <p >CSS 即层叠样式表，是一种用来表现 HTML 或 XML 等文件样式的计算机语言。</p >
13. < div >
14. < h1 class = "special" >CSS 语法 </h1 >
```

```
15. < p class = "special" > CSS 的基本规则是由 < b > "选择器" < /b > 和 < b > "样式声明"
16. < /b > 两个部分组成。 < /p >
17. < ul >
18. < li > 选择器 < /li >
19. < li > 样式声明 < /li >
20. < /ul >
21. < /div >
22. < h1 > CSS 应用 < /h1 >
23. < p > 欲知详情,请认真阅读本章内容 O(∩_∩)O哈哈 ~ < /p >
24. < /body >
25. < /html >
```

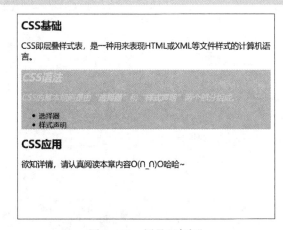

视频

操作演示——
CSS样式面
板的使用

图 4 - 30　层叠"冲突"

这是为什么呢? 想要解密,需要先了解下述三个内容。

4.4.1　选择器的特指度

选择器的特指度(specificity)是浏览器对选择器设置的一个权值。当样式发生"冲突"时,选择器的特指度是浏览器决定应用某样式的重要依据之一。

根据 W3C 标准规定,CSS 的选择器分为 4 种类型:a、b、c、d,说明如下。

a:使用行内样式表,即利用 HTML 元素的 style 属性进行设置样式时,a = 1;若使用 CSS 基本语法方式的选择器,则 a = 0。

b:#id 选择器的数目。

c:. class 选择器、属性选择器、伪类选择器的数目。

d:元素选择器、伪元素选择器的数目。

由此,请读者试分析图 4 - 30 为什么"第二个 h1 元素"是黄色字体? 代码如下:

```
1. < style type = "text/css" >
2.    h1{font - size:24px;color:DarkBlue;}              /* a = 0,b = 0,c = 0,d = 1 */
3.    p{font - size:18px;}
4.    div{background - color:LightGrey;color:Black;}    /* a = 0,b = 0,c = 0,d = 1 */
5.    . special{font - style:italic;color:yellow;}      /* a = 0,b = 0,c = 1,d = 0 */
6. < /style >
```

由于"．special｛font − style：italic；color：yellow；｝"的权值最高，浏览器最终选择了该样式。图 4-31 直观地表达了选择器的特指度权值的高低。

说明：

（1）通配符选择器的特指度为(0,0,0,0)。

（2）元素继承样式的特指度为空，即"无特指度"。

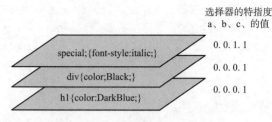

选择器的特指度
a、b、c、的值

special；{font-style:italic;}   0．0．1．1

div{color;Black;}   0．0．0．1

h1{color:DarkBlue;}   0．0．0．1

叠层后，特指度最高的事，special选择器

图 4-31   选择器的特指度

（3）通配符选择器的特指度高于元素继承样式的特指度，即(0,0,0,0)特指度高于"无特征度"。

4.4.2   重要声明：！important 规则

有时候某个声明可能非常重要，CSS 称其为"重要声明"，用法为：在声明末尾的分号（；）之前插入"！important"，示例代码如例 4.26，页面效果如图 4-32 所示。

【例 4.26】重要声明！important 规则。

```
1. < html >
2. < head >
3. < style type = "text/css" >
4. h1{font − size:24px;color:DarkBlue !important;}
5. p{font − size:18px;}
6. div{background − color:LightGrey;color:Black;}
7. . special{font − style:italic;color:yellow;}
8. </style >
9. </head >
10. < body >
11. < h1 >CSS 基础 </h1 >
12. < p >CSS 即层叠样式表,是一种用来表现 HTML 或 XML 等文件样式的计算机语言。</p >
13. < div >
14. < h1 class = "special">CSS 语法 </h1 >
15. < p class = "special">CSS 的基本规则是由 < b >"选择器" </b >和 < b >"样式声明"
16. </b >两个部分组成。</p >
17. < ul >
18. < li >选择器 </li >
19. < li >样式声明 </li >
20. </ul >
21. </div >
22. < h1 >CSS 应用 </h1 >
23. < p >欲知详情,请认真阅读本章内容 ○(∩ _∩)○哈哈 ~ </p >
24. </body >
25. </html >
```

如果将代码中的"h1｛font − size：24px；color：DarkBlue；｝"更改为："h1｛font − size：24px；color：

DarkBlue！important;}",从页面效果可见"第二个 h1 元素"的字体颜色由黄色变为了深蓝色,这就是"重要声明"规则所起的作用。浏览器对待"重要声明"一定是优先应用的。

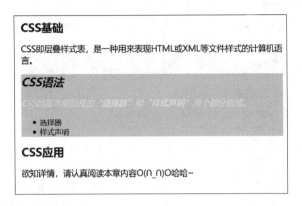

图 4 – 32　重要声明! important 规则

强调一下"！important"插入的位置:！important 始终放在样式声明末尾的分号之前。对于值有多个关键字的属性(例如 font)来说,！important 的插入位置请特别注意,否则会令样式声明失效。示例代码如例 4.27,运行效果如图 4 – 33 所示。

【例 4.27】！important 插入的位置。

```
1. <html>
2. <head>
3. <style type = "text/css">
4. h1{font - size:24px;color:DarkBlue !important;
5. font:Arial, Helvetica, sans - serif !important;}
6. p{font - size:18px;}
7. div{background - color:LightGrey;color:Black;}
8. .special{font - style:italic;color:yellow;}
9. </style>
10. </head>
11. <body>
12. <h1>CSS 基础</h1>
13. <p>CSS 即层叠样式表,是一种用来表现 HTML 或 XML 等文件样式的计算机语言。</p>
14. <div>
15. <h1 class = "special">CSS 语法</h1>
16. <p class = "special">CSS 的基本规则是由<b>"选择器"</b>和
17. <b>"样式声明"</b>两个部分组成。</p>
18. <ul>
19. <li>选择器</li>
20. <li>样式声明</li>
21. </ul>
22. </div>
23. <h1>CSS 应用</h1>
24. <p>欲知详情,请认真阅读本章内容 O(∩_∩)O哈哈～</p>
25. </body>
26. </html>
```

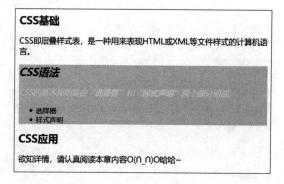

图 4 – 33　!important 插入的位置

其中由"h1｛font – size：24px；color：DarkBlue ！ important；font：Arial, Helvetica, sans – serif ！ important；｝"可见，可将多个样式声明标记为！ important，且其位置总是在每项样式声明的分号之前。

4.4.3　层叠的顺序

最后请读者明确"层叠的顺序"，也就是 CSS 优先级的排序规则。

（1）找到匹配特定元素的所有规则。

```
1. h1{font - size:24px; color:DarkBlue !important; font:Arial, Helvetica, sans -
serif !important;}
2. div{background - color:LightGrey;color:Black;}
3. .special{font - style:italic;color:yellow;}
```

如果没有发生样式声明"冲突"，如 font – size，font，background – color，font – style，则应用相应的样式。

（2）根据重要性对规则排序：标记"！ important"的重要声明高于常规的样式声明。

如例 4.27 中对"第二个 h1 元素"字体颜色的设置，选择重要声明"color：DarkBlue ！ important；"。

（3）重要性相同的规则根据选择器的特指度排序。

如图 4 – 30 中对"第二个 h1 元素"字体颜色的设置，因为 3 条规则都不是重要声明，因此根据选择器的特指度排序，最终有效的是特指度高的"．special｛font – style：italic；color：yellow；｝"。

（4）如果重要性、特指度都相同，则根据声明的顺序排序，即靠后声明的样式生效。示例代码如例 4.28，运行效果如图 4 – 34 所示。

【例 4.28】根据声明顺序排序。

```
1. <html >
2. <head >
3. <style type ="text/css" >
4. h1{font - size:24px;color:DarkBlue;}
5. p{font - size:18px;}
6. div{background - color:LightGrey;}
```

```
7. .special{font-style:italic;color:yellow;}
8. h1{text-decoration:overline; color:Black;}
9. </style>
10. </head>
11. <body>
12. <h1>CSS 基础</h1>
13. <p>CSS 即层叠样式表,是一种用来表现 HTML 或 XML 等文件样式的计算机语言。</p>
14. <div>
15. <h1>CSS 语法</h1>
16. <p class="special">CSS 的基本规则是由 <b>"选择器"</b>和
17. <b>"样式声明"</b>两个部分组成。</p>
18. <ul>
19. <li>选择器</li>
20. <li>样式声明</li>
21. </ul>
22. </div>
23. <h1>CSS 应用</h1>
24. <p>欲知详情,请认真阅读本章内容O(∩_∩)O哈哈~</p>
25. </body>
26. </html>
```

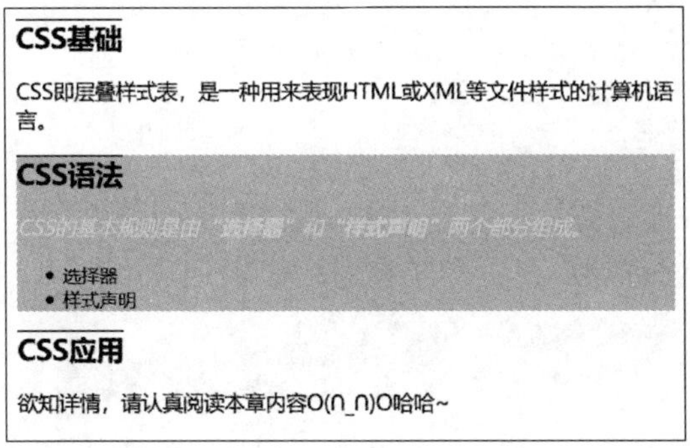

图 4 – 34　根据声明顺序排序

4.5　行云流水——CSS 的定位

本节介绍元素的定位,CSS 使用 position 属性实现元素的定位。该属性的取值如表 4 – 4 所示。

表 4 – 4　position 属性值

值	说　明
static	position 的默认值。元素没有特别的定位,保持原本该在的位置上
relative	相对定位。参照元素原来的位置进行偏移,偏移量由 top、left、bottom、right 属性设定
absolute	绝对定位。选取其最近一个具有定位设置(position 取值为 relative/absolute/fixed)的父级元素进行偏移,偏移量由 top、left、bottom、right 属性设定
fixed	固定定位。参照浏览器进行偏移,偏移量由 top、left、bottom、right 属性设定

下面就通过实例来感受 position 属性带来的各种定位效果。

4.5.1　静态 static

static 是 position 属性的默认值,由于其不会改变元素原本所在的位置,因此并不常被应用。static 存在的意义在于:可以将被定位的(即发生偏移的)元素重新设置回原本所在的位置上。图 4 - 35 为 position 属性值设为 static 的效果,示例代码如例 4.29。

【例 4. 29】position 取值 static。

```
1. <html>
2. <head>
3. <style type = "text/css">
4. h1{font - size:24px;color:DarkBlue;}
5. p{font - size:18px;}
6. div{background - color:LightGrey;}
7. .one{position:static;}
8. .two{position:static;}
9. .three{position:static;}
10. </style>
11. </head>
12. <body>
13. <h1 class = "one">CSS 基础</h1>
14. <p class = "one">CSS 即层叠样式表,是一种用来表现 HTML 或 XML 等文件样式的计算机语言。
15. </p>
16. <div class = "two">
17. <h1>CSS 语法</h1>
18. <p>CSS 的基本规则是由 <b>"选择器"</b> 和 <b>"样式声明"</b> 两个部分组成。</p>
19. <ul>
20. <li>选择器</li>
21. <li>样式声明</li>
22. </ul>
23. </div>
24. <h1 class = "three">CSS 应用</h1>
25. <p class = "three">欲知详情,请认真阅读本章内容 O(∩_∩)O哈哈 ~ </p>
25. </body>
26. </html>
```

CSS基础

CSS即层叠样式表, 是一种用来表现HTML或XML等文件样式的计算机语言。

CSS语法

CSS的基本规则是由 **"选择器"** 和 **"样式声明"** 两个部分组成。

- 选择器
- 样式声明

CSS应用

欲知详情, 请认真阅读本章内容O(∩_∩)O哈哈~

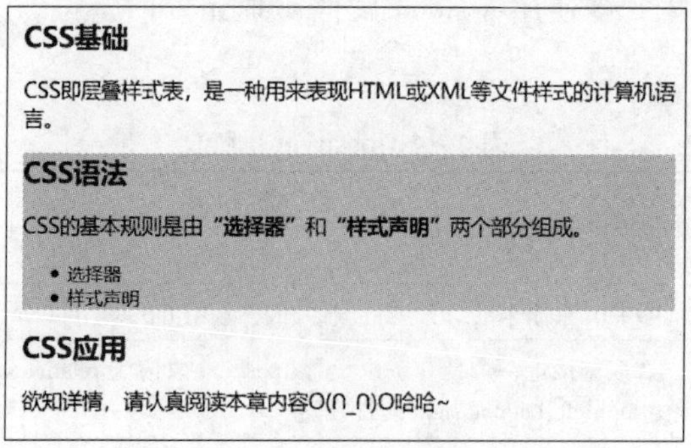

图 4 - 35　position 取值 static

由图 4 - 35 可见,虽然设置了样式规则:

```
.one{position:static;}
.two{position:static;}
.three{position:static;}
```

但并没有影响 < h1 > 、< p > 、< div > 等元素所在的位置。

4.5.2　相对定位

当 position 取值 relative 时,元素将会实现相对定位。

将例 4.29 中的代码 . two｛position：static；｝更改为 . two｛position：relative；top：50px；left：50px；｝,则得到如图 4 - 36 所示效果。

relative 所产生的定位是参照元素原来的位置进行的,如图 4 - 37 所示。当设置"top：50px；left：50px；"时,元素上边距离原位置偏移 50px,左边距距离原位置偏移 50px。

请注意:relative 定位并不会清除元素原来的占位,由图 4 - 37 可见,元素虽然从原来的位置移到了新的位置,但原来所占据的位置依然存在。这一点与"绝对定位"明显不同。

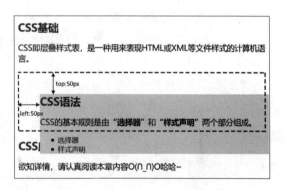

图 4 - 36　position 取值 relative　　　　　图 4 - 37　relative 参照原位置偏移

4.5.3　绝对定位

当 position 取值 absolute 时,元素将会实现绝对定位。

将例 4.29 中的代码 . two｛position：static；｝更改为 . two｛position：absolute；top：50px；left：50px；｝,则得到如图 4 - 38 所示效果。

首先,absolute 所实现的定位是参照离元素最近的"具有定位设置"的父级元素进行偏移,此处的"具有定位设置"是指必须包含 position 属性且值为 relative,或 absolute,或 fixed。本例由于没有符合条件的父级元素存在,因此参照 < body > 的位置进行偏移。

其次,absolute 定位会将元素原来的占位清除掉,由图 4 - 38 可见,下面的内容自动向上移动挤掉了 < div > 原来的占位。

4.5.4　固定定位

当 position 取值 fixed 时,元素将会实现固定定位。将例 4.29 中的代码 . two｛position：static；｝

更改为 . two{position:fixed；top:50px；left:50px；},则得到如图 4-39 所示效果。

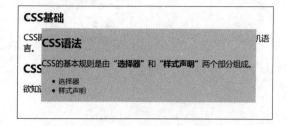

图 4-38　position 取值 absolute　　　　　图 4-39　position 取值 fixed

fixed 定位的参照物是浏览器。

可以发现图 4-38 与图 4-39 的页面效果一样。其实,在 absolute 绝对定位处已经提过:由于本例 <div> 元素没有"具有定位设置"的父元素,因此虽然代码部分一个是". two{position:absolute；top:50px；left:50px；}",另一个是". two{position:fixed；top:50px；left:50px；}",但页面效果其实是一样的。

下面修改一下代码,体会 absolute 定位和 fixed 定位的不同。

首先,为元素们增加一级可以进行定位设置的父元素 <div>,示例代码如例 4.30,运行效果如图 4-40 所示。

【例 4.30】增加父级元素 <div>。

```
1.  <html >
2.  <head >
3.  <style type = "text/css" >
4.  h1{font - size:24px;color:DarkBlue;}
5.  p{font - size:18px;}
6.  div.two{background - color:LightGrey;}
7.  .father{position:fixed; top:50px; left:50px;}
8.  .one{position:static;}
9.  .two{position:static; top:50px; left:50px;}
10. .three{position:static;}
11. </style >
12. </head >
13. <body >
14. <div class = "father" >
15. <h1 class = "one" >CSS 基础 </h1 >
16. <p class = "one" >CSS 即层叠样式表,是一种用来表现 HTML 或 XML 等文件样式的计算机语言。
</p >
17. <div class = "two" >
18. <h1 >CSS 语法 </h1 >
19. <p >CSS 的基本规则是由 <b >"选择器" </b >和 <b >"样式声明" </b >两个部分组成。</p >
20. <ul >
21. <li >选择器 </li >
22. <li >样式声明 </li >
23. </ul >
```

```
24. </div >
25. <h1 class = "three">CSS 应用 </h1 >
26. <p class = "three">欲知详情,请认真阅读本章内容O(∩_∩)O哈哈 ~ </p >
27. <div >
28. </body >
29. </html >
```

新增的 < div > 元素设置 class = " father" ,并在 < style > 元素内新增". father{position:fixed;top:50px;left:50px;}",让父级元素符合"具有定位设置"的条件。

由于. father 设置了偏移,因此页面的内容距上边框有 50px 的空白,距左边框也有 50px 的空白。同时为了保持浅灰色底纹的应用效果不变,代码中将具有浅灰色背景的选择器由 div 改为 div. two。

为了看出 absolute 定位和 fixed 定位的区别,所以例 4.30 中暂时先设置 class = " father" 的 < div > 元素有偏移,其他元素的 position 属性均为 static,即先不进行移动。

接下来,修改". two{position:static;}"为 absolute 定位,将代码更改为. two{position:absolute;top:50px;left:50px;},产生效果如图 4 – 41 所示。

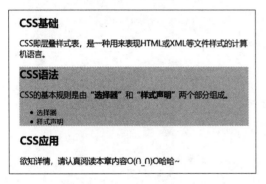

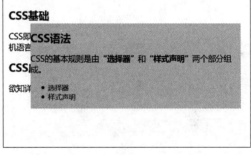

图 4 – 40　增加父级元素 < div >　　　　　　　图 4 – 41　absolute 定位

再修改此代码为 fixed 定位,即:. two{position:fixed; top:50px; left:50px;},产生效果如图 4 – 42 所示。

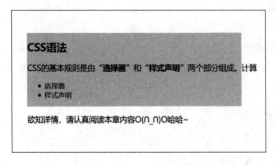

图 4 – 42　fixed 定位

由图 4 – 41 和图 4 – 42 比较可见,absolute 定位所参照的是离指定元素最近的具有定位设置的父级元素,而 fixed 定位所参照的是浏览器,这是两者的区别。

4.5.5　z－index 属性和浮动

从前面的实例可见,当元素可以在页面中灵活定位时,就会出现一个元素的内容覆盖另一个元素内容的情况,因此需要进一步介绍 CSS 的两个属性:z－index 属性和浮动。

1. z－index 属性

定位使元素产生了"堆叠",如图 4－41 中 class = "two" 的元素实施定位后,移动到了 class = "one" 及 class = "three" 的元素的上方,如此即产生了堆叠。CSS 的 z－index 属性则可以实现堆叠顺序的调整。

例如要将 class = "two" 的元素由上方移到 class = "one" 及 class = "three" 元素的下方,如图 4－43 所示。

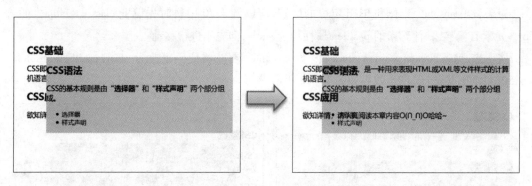

图 4－43　z－index 应用

则修改". two{position:absolute; top:50px; left:50px;}"为:

```
. two{position:absolute; top:50px; left:50px; z－index:－1;}
```

也就是为其增加一个 z－index 样式声明,并设置其值为一个负数即可。因为 class = "one" 及 class = "three" 元素没有特别指定 z－index 值,其所继承的元素中也无特别指定,所以 class = "one" 及 class = "three" 元素的堆叠顺序按默认值 0 处理。

说明:z－index 属性的值可正可负,该值表明元素堆叠的顺序,数值大的位于数值小的元素的上方。

2. 浮动

元素堆叠总是会产生遮盖,这并不是我们预期的结果。CSS 可否实现环绕布局呢? 答案是肯定的。通过"浮动"即可实现环绕布局,CSS 通过 float 属性来实现该效果,如图 4－44 所示。

【例 4.31】float 属性实现"浮动"布局。

```
1.  < html >
2.  < head >
3.  < style type = "text/css" >
4.  h1{font － size:24px;color:DarkBlue;}
5.  p{font － size:18px;}
6.  div. two{background － color:LightGrey;}
7.  . father{position:fixed; top:50px; left:50px;}
8.  . one{position:static;}
```

```
9. .two{position:static; top:50px; left:50px; float:right;}
10. .three{position:static;}
11. </style>
12. </head>
13. <body>
14. <div class="father">
15. <h1 class="one">CSS 基础</h1>
16. <p class="one">CSS 即层叠样式表,是一种用来表现 HTML 或 XML 等文件样式的计算机语言。
</p>
17. <div class="two">
18. <h1>CSS 语法</h1>
19. <p>CSS 的基本规则是由<b>"选择器"</b>和<b>"样式声明"</b>两个部分组
成。</p>
20. <ul>
21. <li>选择器</li>
22. <li>样式声明</li>
23. </ul>
24. </div>
25. <h1 class="three">CSS 应用</h1>
26. <p class="three">欲知详情,请认真阅读本章内容 O(∩_∩)O 哈哈~</p>
27. <div>
28. </body>
29. </html>
```

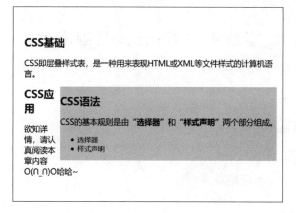

图 4-44 float 属性实现"浮动"布局

说明:

(1)float 属性的取值可以为 left 或 right。

(2)float 脱离了普通文档流控制,与 position 属性取值 absolute/fixed 相类似,因此若元素已设置 position 属性且取值为 absolute 或 fixed,再设置 float 属性将不会产生"浮动"效果。

本 章 小 结

本章由 CSS 诞生的历史背景入手,介绍了 CSS 的特点、基本语法、页面引入方式、继承与层叠、CSS 的优先级以及 CSS 的定位。通过大量的 CSS 样式代码及其产生的页面效果，重点阐述了以下内容。

（1）CSS 的选择器，选择器是用来指明实施样式之对象的一种模式，大类包括：基础选择器（元素选择器、类选择器、id 选择器）；复合型选择器（群组选择器、派生选择器、子元素选择器、紧邻元素选择器、标签指定式选择器）；其他类型（属性选择器、伪类选择器、伪元素选择器）。

（2）CSS 的三种引入方式。

①行内样式表，利用 HTML 元素的 style 属性实现样式设置，常用于为单个元素提供少量样式设置。

②内部样式表，利用 < style > 元素将 CSS 代码集中在 HTML 文档 < head > 标签，实现"表现"与"内容"简单分离。

③外部样式表，将 CSS 代码放在一个或多个 .css 样式表文件，可跨文档实施样式设置，实现"表现"与"内容"完全分离。

（3）CSS 的继承与层叠，继承是后代元素会自然继承所选元素的样式设置（个别样式属性无继承特性），层叠是对元素可进行多次选择并设置样式，若样式冲突，则启用优先级规则予以确定最终样式。继承与层叠是 CSS 的核心特征。

（4）CSS 的定位，CSS 通过 position 属性可实现多种定位效果。

实验4　CSS 样式基础应用

一、实验目的

（1）掌握 CSS 创建样式的基本方法。
（2）掌握 CSS 三种页面引入方式。
（3）掌握 CSS 定位的基本应用。

二、实验内容与要求

视　频

操作演示——
CSS样式的
基础应用

（1）创建一个站点，内容包括 index. html、css 目录以及 images 目录。
（2）对 index. html 进行整体布局，并填入相应内容。
（3）创建 3 个 CSS 文件，实践"外部样式表"引入 CSS 样式。
（4）使用"内部样式表"的方式对元素设置 CSS 样式。
（5）实践"行内样式表"的应用，体会 CSS 层叠样式的特性。
（6）设置定位属性实现悬浮框效果，如图 4 - 45 所示。

图 4 - 45　CSS 样式基础应用

三、实验主要步骤

（1）完成站点创建，站点结构如图 4 - 46 所示。

内容包括主页 index. html、目录 css（含三个 CSS 文件）以及目录 images（含两张图片）。

（2）对 index. html 进行整体布局，并填入相应内容。index 页由 4 个区域组成：header（头部）、introduction（简介）、content（画展）以及 footer（页脚）。

■ **提示**：在主页设置 4 个 < div > 元素（块），并分别为其设置 class 属性以便进行 CSS 样式处理。

图 4 - 46　网站结构

（3）创建 3 个 CSS 文件，并存储在 css 目录下。其中 style. css 用于网站整体样式设置，style_ header. css 用于网站页面头部的样式设置，style_footer. css 用于网站页面页脚部分的样式设置。3 个 CSS 文件的内容如图 4 - 47 所示。

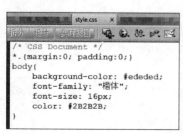

图 4 - 47　css 文件及内容

■ **提示**:外部样式表可以被网站中所有的页面引入并应用。在网站设计及建设中,通常为了网站风格统一,会将头部及页脚部分的样式设置单独存放在 css 文件中,采用外部样式表的方式引入页面应用。

（4）对页面中 introduction 部分以及 content 部分的内容采用"内部样式表"的方式进行设置,可以实现站点内各页面独具风格。CSS 代码如图 4 – 48 所示。

（5）对个别元素应用"行内样式表"设置。

（6）在页面中插入图片"小画家 . png",将其作为网站 logo 并设置为悬浮框效果。悬浮框实现代码及悬浮效果如图 4 – 49 所示。

```
<style>
.introduction{
    width:1000px;
    margin:0 auto;
}
.introduction p{
    font-size:18px;
}
.content{
    width:800px;
    margin:0 auto;
}
.content img{
    width:800px;
}
</style>
```

图 4 – 48　内部样式表

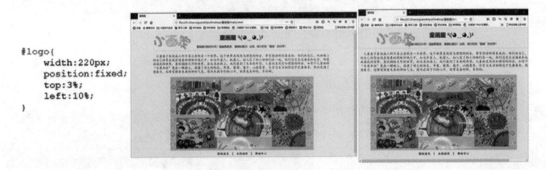

```
#logo{
    width:220px;
    position:fixed;
    top:3%;
    left:10%;
}
```

图 4 – 49　用 position 实现悬浮框效果

■ **提示**:悬浮框的实现通过使用 position 属性,并设置其值为 fixed,即固定定位。top 和 left 采用百分比值。

index. html 完整代码如下:

```
1.  <!DOCTYPE html PUBLIC " - //W3C//DTD XHTML 1.0 Transitional//EN"
2.  "http://www.w3.org/TR/xhtml1/DTD/xhtml1 - transitional.dtd">
3.  <html xmlns = "http://www.w3.org/1999/xhtml">
4.    <head>
5.      <meta http - equiv = "Content - Type" content = "text/html; charset =utf -8" />
6.      <title>童画屋</title>
7.      <link href = "css/style.css" type = "text/css" rel = "stylesheet" />
8.      <link href = "css/style_header.css" type = "text/css" rel = "stylesheet" />
9.      <link href = "css/style_footer.css" type = "text/css" rel = "stylesheet" />
10.     <style>
11.     .introduction{
12.         width:1000px;
13.         margin:0 auto;
14.     }
15.     .introduction p{
16.         font - size:18px;
17.     }
```

```
18.     .content{
19.         width:800px;
20.         margin:0 auto;
21.     }
22.     .content img{
23.         width:800px;
24.     }
25.     #logo{
26.         width:220px;
27.         position:fixed;
28.         top:3% ;
29.         left:10% ;
30.     }
31.     </style>
32.     </head>
33.     <body>
34.     <!--标题-->
35.     <div class = "header">
36.         <h1> <strong>童画屋</strong> ? (濡├濡? )? </h1>
37.         <h2>童画像闪烁的珍珠!蕴藏着童真、童趣和童话!....</h2>
38.         <hr size = "2" color = "#d1d1d1" width = "1000px" />
39.         <img id = "logo" src = "images/小画家.png" alt = "小画家" name = "xiao" />
40.     </div>
41.     <!--简介-->
42.     <div class = "introduction">
43.     <p>  
44.     儿童善于表现成人所不易注意的另一个世界.......</p>
45.     </div>
46.     <!--作品展-->
47.     <div class = "content">
48.     <img src = "images/童画展.jpg" alt = "童画展"/>
49.     </div>
50.     <!--页脚-->
51.     <div class = "footer">
52.     您的意见    |  共同创作    |  帮助中心
53.     </div>
54.     </body>
55. </html>
```

四、实验总结与拓展

　　应用 CSS 规则就是灵活运用"选择器"和"样式声明",其引入页面的方式有 3 种:外部样式表、内部样式表以及行内样式表。在实际应用中:整体框架部分常使用外部样式表,因为其可以应用于多个网页;网页内容使用内部样式表,可以进行较为自由的设置;另外一些小细节,由行内样式表润色填补。CSS 继承与层叠的特性,使得元素样式即使有冲突,也可以完美解决。

　　CSS 的定位属性在该实验中仅设置了 fixed 值,其他值可以尝试并设计到网站中。有关 z-index 及浮动效果也可以尝试应用。

习题与思考

1. 判断题

(1)类选择器用"."进行标识,后面紧跟类名。 (   )

(2)text-decoration 是文本修饰属性,其属性值 overline 用来设置下划线。 (   )

(3)书写 CSS 代码,空格不被解析,所以属性值和单位之间可以有空格。 (   )

(4)在编写 CSS 代码时,为了提高代码的可读性,通常需要加入 CSS 注释。 (   )

(5)使用外部样式表引入样式,一个网页可以引入多个外部样式表。 (   )

(6)在 CSS 中,元素的边框属性不具有继承性。 (   )

(7)实现元素相对定位是设置 position 属性值为 absolute。 (   )

(8)! important 可以使样式优先级提到最高。 (   )

(9)#id 选择器的优先级高于. class 选择器。 (   )

(10)z-index 可指明样式层叠顺序,即样式冲突时,z-index 值大的样式被应用。 (   )

2. 选择题

(1)使用内部样式表引入 CSS 样式时,通常 < style > 元素放置在_____元素的 < title > 元素之后。

A. < html >   B. < head >   C. < body >   D. < p >

(2)下列 CSS 样式书写正确的是_____。

A. h1{font-size :16px ;text-color :red ;}   B. h1{font-size :16 ;color :red ;}

C. h1{font-size =16px ;color = red ;}   D. h1{font-size :16px ;color :red ;}

(3)background-color 用于设置元素背景色,下述颜色值应用不正确的是_____。

A. h1{background-color:blue ;}   B. h1{ background-color:#00f ;}

C. h1{ background-color: " blue " ;}   D. h1{ background-color:#0000ff ;}

(4)下列对"子元素选择器"应用正确的是_____。

A. div p{font-style:italic;}   B. div,p{font-style:italic;}

C. div > p{font-style:italic;}   D. div + p{font-style:italic;}

(5)在 CSS 中,用于设置文本对齐的属性是_____。

A. text-indent   B. text-align   C. text-transform   D. text-decoration

(6)id 选择器使用_____进行标识,后面紧跟 id 名。

A. 点号(.)   B. 星号(*)   C. 井号(#)   D. 逗号(,)

(7)下列不属于 CSS 属性的是_____。

A. font-size   B. font-style   C. text-align   D. line-through

(8)下列 CSS 属性可以设置元素字体颜色的是_____。

A. text-color   B. font-color   C. color   D. fgcolor

(9)下列能够实现 p 元素内文字加粗样式的是_____。

A. < p style = " text-size :bold" >   B. p{font-style:bold;}

C.　< p style = "font – size :bold" >　　　　　　D.　p{font – weight:bold;}

(10)下述有关 position 属性设置错误的是_____。

A.　positon :static ;　　　B.　position :relative ;　　　C.　position :left ;　　　D.　position :fixed ;

3. 思考题

(1)谈一谈你所理解的 CSS 层叠。

(2)CSS 的定位(position)与浮动(float)有怎样的区别与联系？

(3)CSS 并非所有属性都具有继承特性,哪些属性无继承特性？

第5章

渲染的新纪元——CSS3

　　CSS3 的产生大大简化了编程模型,它不仅仅是对已有功能的扩展和延伸,更多的是对 Web UI 设计理念和方法的革新,让开发者不必再依赖图片或者 JavaScript 去完成提高 Web 设计质量的特色应用,从而开辟了 CSS 的新纪元,让 CSS 脱离了“静止”这一约定俗成的前提。本章将介绍 CSS3 中的盒模型、样式表达、变换、动画和多媒体查询等功能。通过本章的学习,读者能够熟练地使用相关属性实现元素的布局、美化、过渡、平移、缩放、倾斜、旋转、动画及自适应等特效。

本章学习目标

> 掌握盒子的相关属性,能够制造常见的盒模型效果;

> 熟悉 CSS3 在样式表达方面的高级应用;

> 掌握 CSS3 中的渐变、过渡和变形等变换功能的实现方法;

> 掌握 CSS3 中的动画,能够熟练制作网页中常见的动画效果;

> 了解自适应布局的方法。

　　CSS3 给人们带来了众多全新的设计体验,但并不是所有的浏览器都完全支持它。由于各浏览器厂商对 CSS3 各属性的支持程度不一样,因此在标准尚未明确的情况下,会用厂商的前缀加以区分,通常把这些加上私有前缀的属性称之为“私有属性”。各主流浏览器都定义了自己的私有属性,以便让用户更好地体验 CSS3 的新特性,表 5 - 1 中列举了各主流浏览器的私有前缀。

表 5 - 1　主流浏览器私有属性

内核类型	相关浏览器	私有前缀
Trident	IE 8/ IE 9/ IE 10	– ms
Webkit	谷歌(Chrome)/Safari	– webkit
Gecko	火狐(Firefox)	– moz
Blink	Opera	– o

5.1　工笔之境——CSS3 的盒模型

　　CSS3 的盒模型,引入了全新的布局概念,对实现各种布局,特别是移动端的布局,做到了精准而灵活,犹如绘画技法中的工笔技艺——工整、细腻、严谨,能够惟妙惟肖地通过线、形传神地描摹世间万物。

5.1.1　初识盒模型

在 Web 页面中,"盒子"的结构包括厚度、边距(边缘与其他物体的距离)、填充(填充厚度)。盒模型将页面中的每个元素看作一个矩形框,这个框由元素的内容、内边距(padding)、边框(border)和外边距(margin)组成,如图 5-1 所示。对象的尺寸与边框等样式表属性的关系,如图 5-2 所示。

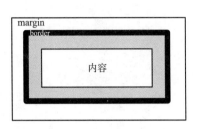

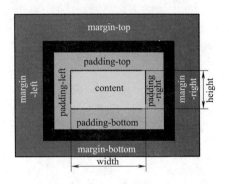

图 5-1　CSS 盒模型　　　　　　　　　图 5-2　尺寸与边框等样式表属性的关系

盒模型最里面的部分就是实际的内容,内边距紧紧包围在内容区域的周围,如果给某个元素添加背景色或背景图像,那么该元素的背景色或背景图像也将出现在内边距中。

5.1.2　盒模型的属性

1. 边框

边框一般用于分隔不同元素,边框的外围即为元素的最外围。边框是围绕元素内容和内边距的一条或多条线,border 属性允许规定元素边框的宽度、颜色和样式。

(1)所有边框宽度(border-width)

语法:border-width：medium | thin | thick | length

(2)上边框宽度(border-top)

语法:border-top：border-width || border-style || border-color

(3)右边框宽度(border-right)

语法:border-right：border-width || border-style || border-color

(4)下边框宽度(border-bottom)

语法:border-bottom：border-width || border-style || border-color

(5)左边框宽度(border-left)

语法:border-left：border-width || border-style || border-color

(6)边框颜色(border-color)

语法:border-color：color

(7)边框样式(border-style)

语法:border-style：none | hidden | dotted | dashed | solid | double | groove | ridge | inset | outset

【**例 5.1**】边框样式设置实例。

```
1.   <html>
2.   <head>
3.   <style>
4.   p. none {border - style:none;}
5.   p. dotted {border - style:dotted;}
6.   p. dashed {border - style:dashed;}
7.   p. solid {border - style:solid;}
8.   p. double {border - style:double;}
9.   p. groove {border - style:groove;}
10.  p. ridge {border - style:ridge;}
11.  p. inset {border - style:inset;}
12.  p. outset {border - style:outset;}
13.  p. hidden {border - style:hidden;}
14.  </style>
15.  </head>
16.  <body>
17.  <p class = "none">无边框</p>
18.  <p class = "dotted">虚线边框</p>
19.  <p class = "dashed">虚线边框</p>
20.  <p class = "solid">实线边框</p>
21.  <p class = "double">双边框</p>
22.  <p class = "groove">凹槽边框</p>
23.  <p class = "ridge">垄状边框</p>
24.  <p class = "inset">嵌入边框</p>
25.  <p class = "outset">外凸边框</p>
26.  <p class = "hidden">隐藏边框</p>
27.  </body>
28.  </html>
```

该实例的运行结果如图 5-3 所示,分别为 P 元素设置不同类型的边框。

图 5-3　边框样式设置效果

（8）圆角边框（border－radius）

CSS3 中的 border－radius 出现后，让用户就没有那么多的烦恼了，不仅制作圆角图片的时间省了，而且还有多个优点：①减少网站维护的工作量，少了对图片的更新制作，代码的替换等；②提高网站的性能，少了对图片进行 http 的请求，网页的载入速度将变快；③增加视觉美观性。

语法：border－radius：none ｜ ＜length＞｛1,4｝［／＜length＞｛1,4｝］

其中，＜length＞：由浮点数字和单位标识符组成的长度值，不可为负值。

border－radius 是一种缩写方法。如果斜杠符号"／"存在，"／"前面的值是设置元素圆角的水平方向半径，"／"后面的值是设置元素圆角的垂直方向的半径；如果没有"／"，则元素圆角的水平和垂直方向的半径值相等。另外 4 个值是按照 top－left、top－right、bottom－right 和 bottom－left 顺序来设置的。

2. 外边距

外边距指的是元素与元素之间的距离，外边距设置属性有：margin－top、margin－right、margin－bottom、margin－left，可分别设置，也可以用 margin 属性一次设置所有边距。

（1）上外边距（margin－top）

语法：margin－top ：length ｜ auto

（2）右外边距（margin－right）

语法：margin－right ：length ｜ auto

（3）下外边距（margin－bottom）

语法：margin－bottom ：length ｜ auto

（4）左外边距（margin－left）

语法：margin－left ：length ｜ auto

（5）外边距（margin）

语法：margin ：length ｜ auto

参数：length 是由数字和单位标识符组成的长度值或百分数，百分数是基于父对象的高度；对于行级元素来说，左右外边距可以是负数值。auto 值被设置为对边的值。

说明：设置对象 4 边的外边距，如图 5－2 所示，位于盒模型的最外层，包括 4 项属性：margin－top（上外边距）、margin－right（右外边距）、margin－bottom（下外边距）、margin－left（左外边距），外延边距始终是透明的。

如果提供全部 4 个参数值，将按 margin－top（上）、margin－right（右）、margin－bottom（下）、margin－left（左）的顺序作用于 4 边（顺时针）。每个参数中间用空格分隔。

3. 内边距

内边距用于控制内容与边框之间的距离，padding 属性定义元素内容与元素边框之间的空白区域。内边距包括了 4 项属性：padding－top（上内边距）、padding－right（右内边距）、padding－bottom（下内边距）、padding－left（左内边距），内边距属性不允许负值。

讲解了盒模型的 border、margin 和 padding 属性之后，需要说明的是，各种元素盒子属性的默认值不尽相同，区别如下：

（1）大部分 html 元素的盒子属性(margin、padding)默认值都为 0。

（2）有少数 html 元素的盒子属性(margin、padding)浏览器默认值不为 0,例如 < body >、< p >、< ul >、< li >、< form > 标签等,有时有必要先设置它们的这些属性为 0。

（3）< input > 元素的边框属性默认不为 0,可以设置为 0 达到美化输入框和按钮的目的。

5.1.3　盒模型的宽度与高度

在 CSS 中 width 和 height 属性也经常用到,它们分别表示内容区域的宽度和高度。盒模型的宽度和高度要在 width 和 height 属性值基础上加上内边距、边框和外边距。

1. 盒模型的宽度

盒模型的宽度 = 左外边距(margin – left) + 左边框(border – left) + 左内边距(padding – left) + 内容宽度(width) + 右内边距(padding – right) + 右边框(border – right) + 右外边距(margin – right)

2. 盒模型的高度

盒模型的高度 = 上外边距(margin – top) + 上边框(border – top) + 上内边距(padding – top) + 内容高度(height) + 下内边距(padding – bottom) + 下边框(border – bottom) + 下外边距(margin – bottom)

5.2　他山之石——CSS3 的样式表达

"他山之石可以攻玉",CSS3 在样式表达方面,充分吸收和借鉴了 CSS1.0、CSS2.0 标准的语法特色,同时对此进行了丰富与增强,在诸多方面实现了表示效果与表示性能的质的飞跃。

5.2.1　CSS3 背景

CSS3 更新了几个新的背景属性,提供更大背景元素控制,通过这几个背景属性能够做出更加精美的样式。

1. background – image 属性

CSS3 中可以通过 background – image 属性添加背景图片。不同的背景图像和图像用逗号隔开,所有的图片中显示在最顶端的为第一张。例如,下面的 CSS3 代码所设置的多背景图片效果如图 5 – 4 所示。

图 5 – 4　多张背景图片设置效果

```
1. #example1
2. {
3.  background - image: url(img_flwr. gif), url(paper. gif);
4. background - position: right bottom, left top;
5.  background - repeat: no - repeat, repeat;
6. }
```

2. background – size 属性

background – size 指定背景图像的大小。在 CSS3 以前,背景图像大小由图像的实际大小决定。其语法格式为:

background – size:[＜length＞ | ＜percentage＞ | auto] | cover | contain

（1）length,percentage:根据给定长度值或者百分比来调整背景图片大小。auto 为默认值,这 3 个值最小可重复一次,最大重复两次。对于这些值有以下解释。第一个值为设置图片宽度,第二个值为图片的高度;但是不管是用什么值,都不能为负值。假如只给定一个值,那么第二个自动的为 auto。

（2）contain:按比例调整背景图片,使得其图片宽高比自适应整个元素的背景区域的宽高比,因此假如指定的图片尺寸过大,而背景区域的整体宽高不能恰好包含背景图片的话,那么其背景某些区域可能会有空白。

（3）cover:按比例调整背景图片,这个属性值跟 contain 正好相反,背景图片会按照比例自适应铺满整个背景区域。假如背景区域不足以包含背景图片的话,那么背景图片就会被剪切。

例如,下面的 CSS3 代码将原有图片大小指定为 80 像素 ×60 像素的效果,如图 5 – 5 所示。

```
1.  div
2.  {
3.  background:url(img_flwr. gif);
4.  background - size:80px 60px;
5.  background - repeat:no - repeat;
6.  padding - top:40px;
7.  }
```

图 5 – 5　指定背景图片大小设置效果

3. background – origin 属性

background – origin 属性指定了背景图像的位置区域。content – box、padding – box 和 border – box 区域内可以放置背景图像。以下 CSS3 代码所放置的背景图像效果如图 5 – 6 所示。

```
1.   div
2.   {
3.   border:1px solid black;
4.   padding:35px;
5.   background - image:url('flower. gif');
6.   background - repeat:no - repeat;
7.   background - position:left;
8.   }
9.   #div1
10.  {
11.    background - origin:border - box;
12.  }
13.  #div2
14.  {
15.   background - origin:content - box;
16.  }
```

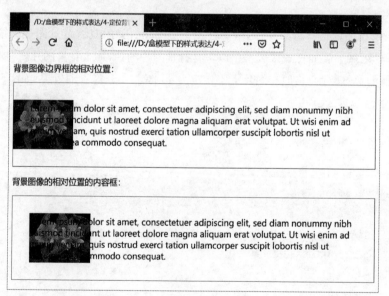

图 5 – 6　背景图像放置在不同区域效果图

4. background – clip 属性

CSS3 中 background – clip 背景剪裁属性是从指定位置开始绘制。例如，以下代码的背景剪裁效果如图 5 – 7 所示。

```
1.   #example2 {
2.   border: 10px dotted black;
3.   padding:35px;
4.   background: yellow;
```

```
5.    background-clip: padding-box;
6.    }
7.    #example3 {
8.    border: 10px dotted black;
9.     padding:35px;
10.   background: yellow;
11.   background-clip: content-box;
12.   }
```

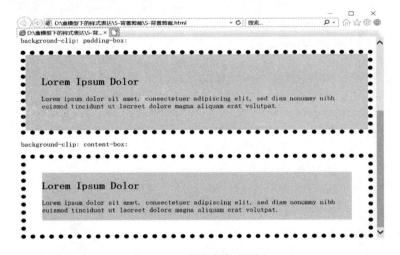

图 5 - 7　背景剪裁效果图

5.2.2　CSS3 文本高级样式

CSS3 中包含几个新的文本特征。

1. 阴影文本 text - shadow 属性

在显示字体时,有时根据要求需要给文字添加阴影效果并为文字阴影添加颜色,以增强网页整体表现力,这时就需要用到 CSS3 样式中的 text - shadow 属性。

text - shadow 属性有 4 个属性值,最后两个是可选的,第一个属性值表示阴影的水平位移,可取正负值;第二个值表示阴影垂直位移,可取正负值;第三个值表示阴影模糊半径,不可为负值,该值可选;第四个值表示阴影颜色值,该值可选。语法格式如下:

text - shadow:length length opacity color

【例 5.2】阴影文本设置实例。

```
1.    <!DOCTYPE html >
2.    <html >
3.    <head >
4.    <style >
5.    h1 {text - shadow: 5px 5px 5px #FF0000; }
6.    </style >
7.    </head >
8.    <body >
```

```
9.    < h1 > Text - shadow effect! < /h1 >
10.    < p > < b >注意: < /b > Internet Explorer 9 以及更早版本的浏览器不支持 text -
shadow属性. < /p >
11.    < /body >
12.    < /html >
```

该实例对文本设置了水平 5 像素、垂直 5 像素、模糊半径 5 像素、颜色为红色的阴影,在浏览器中显示效果如图 5 – 8 所示。

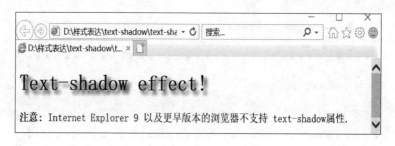

图 5 – 8   文本阴影显示效果

■ **提示**:模糊半径是一个长度值,它支持了模糊效果的范围,但如何计算效果的具体算法并没有指定。在阴影效果的长度值之前或之后,还可以指定一个颜色值。颜色值会被用作阴影效果的基础,如果没有指定颜色,那么将使用文本颜色来替代。

2. 文本溢出省略 text – overflow 属性

在网页显示信息时,如果指定显示区域宽度,而显示信息过长,其结果就是信息会撑破指定的信息区域,进而破坏整个网页布局。如果设定的信息显示区域过长,就会影响整体网页显示。以前遇到这样的情况,通常使用 JavaScript 将超出的信息进行省略。现在,只需要使用 CSS3 新增的 text – overflow 属性就可以解决这个问题。

text – overflow 属性用来定义当文本溢出时是否显示省略标记,即定义省略文本的显示方式,并不具备其他的样式属性定义。要实现溢出时产生省略号的效果还须定义强制文本在一行内显示(white – space:nowrap)及溢出内容为隐藏(overflow:hidden),只有这样才能实现溢出文本显示省略号的效果。

其语法如下:

text – overflow: clip | ellipsis | string;

其属性值如表 5 –2 所示。

表 5 –2   text – overflow 的属性值

属 性 值	描　　述
clip	修剪文本
ellipsis	显示省略符号来代表被修剪的文本
string	使用给定的字符串来代表被修剪的文本

【例 5.3】文本溢出设置实例。

```
1.   <!DOCTYPE html>
2.   <html>
3.   <head>
4.   <style>
5.   div.test
6.   { white - space:nowrap;
7.     width:12em;
8.     overflow:hidden;
9.     border:1px solid #000000;}
10.  </style>
11.  </head>
12.  <body>
13.  <p>以下 div 容器内的文本无法完全显示,可以看到它被裁剪了。</p>
14.  <p>div 使用"text - overflow:ellipsis":</p>
15.  <div class = "test" style = "text - overflow:ellipsis;">This is some long text
that will not fit in the box</div>
16.  <p>div 使用 "text - overflow:clip":</p>
17.  <div class = "test" style = "text - overflow:clip;">This is some long text that
will not fit in the box</div>
18.  <p>div 使用自定义字符串 "text - overflow: &gt;&gt; " (只在 Firefox 浏览器下有
效):</p>
19.  <div class = "test" style = "text - overflow:' > > ';">This is some long text
that will not fit in the box</div>
20.  </body>
21.  </html>
```

该实例在浏览器中显示效果如图 5-9 所示。

图 5-9　文本溢出显示效果

3. 文本自动换行 word - wrap 属性

在 CSS3 中,word - wrap 属性允许对文本强制进行换行,有时在进行网页版块设计时会出现文本内容超出区域的情况,这时利用文本自动换行 word - wrap 属性可以很好地解决这个问题,当然有时候也意味着会对单词进行拆分,如单词太长的话允许对长单词进行拆分,并换行到下一行。其语法格式如下：

```
word-wrap:normal |break-word
```

其属性值比较简单，如表 5 – 3 所示：

表 5 – 3　word – wrap 属性值

属 性 值	描　　述
normal	允许内容顶开指定的边界
break – word	内容将在边界内换行。如果需要，词内换行（word – break）也会发生

4. 保持字体尺寸不变 font – size – adjust 属性

有时候在同一行的文字，由于所采用字体种类不一样或者修饰样式不一样，而导致其字体尺寸不一样，整行文字看起来就显得杂乱。此时需要 CSS3 属性 font – size – adjust 来处理。

font – size – adjust 用来定义整个字体序列中所有字体的大小是否保持同一个尺寸，其语法如下：

```
font-size-adjust:none |number
```

其属性值含义如表 5 – 4 所示。

表 5 – 4　font – size – adjust 属性值

属 性 值	描　　述
none	默认值。允许字体序列中每一字体遵守它自己的尺寸
number	为字体序列中所有字体强迫指定同一尺寸

5.3　佳境天成——CSS3 变换

在 CSS3 之前，如果需要为页面设置平稳过渡、移动、倾斜、缩放以及翻转元素等变换效果，需要依赖于图片、Flash 或者 JavaScript 才能完成。CSS3 出现后，通过渐变属性和 transform 属性就可以实现。本节将对 CSS3 中的 background – image 属性、transform 属性、2D 及 3D 转换进行详细讲解。

5.3.1　CSS3 渐变

1. 线性渐变

在线性渐变过程中，起始颜色会沿着一条直线按顺序过渡到结束颜色。运用 CSS3 中的"background – image:linear – gradient（参数值）;"样式可以实现线性渐变效果，其基本语法格式如下：

```
background-image:linear-gradient(渐变角度,颜色值1,颜色值2...,颜色值n);
```

2. 径向渐变

在径向渐变过程中，起始颜色会从一个中心点开始，依据椭圆或圆形形状进行扩张渐变。运用 CSS3 中的"background – image:radial – gradient（参数值）;"样式可以实现径向渐变效果，其基本语法格式如下：

```
background-image:radial-gradient(渐变形状 圆心位置,颜色值1,颜色值2...,颜色值n);
```

3. 重复渐变

（1）重复线性渐变

在 CSS3 中，通过"background-image:repeating-linear-gradient(参数值);"样式可以实现重复线性渐变的效果，其基本语法格式如下：

```
background-image:repeating-linear-gradient(渐变角度,颜色值1,颜色值2...,颜色值n);
```

（2）重复径向渐变

在 CSS3 中，通过"background-image:repeating-radial-gradient(参数值);"样式可以实现重复经向渐变的效果，其基本语法格式如下：

```
background-image:repeating-radial-gradient(渐变形状 圆心位置,颜色值1,颜色值2...,颜色值n);
```

5.3.2　CSS3 过渡

1. transition-property 属性

transition-property 属性用于指定应用过渡效果的 CSS 属性名称，其过渡效果通常在用户将指针移动到元素上时发生。当指定的 CSS 属性改变时，过渡效果才开始。其基本语法格式如下：

```
transition-property: none | all | property;
```

在上面的语法格式中，transition-property 属性的取值包括 none、all 和 property 三个，具体说明如表 5-5 所示。

表 5-5　transition-property 属性值

属 性 值	描　　　述
none	没有属性会获得过渡效果
all	所有属性都将获得过渡效果
property	定义应用过渡效果的 CSS 属性名称，多个名称之间以逗号分隔

2. transition-duration 属性

transition-duration 属性用于定义过渡效果花费的时间，默认值为 0，常用单位是秒（s）或者毫秒（ms）。其基本语法格式如下：

```
transition-duration:time;
```

3. transition-timing-function 属性

transition-timing-function 属性规定过渡效果的速度曲线，默认值为 ease，其基本语法格式如下：

```
transition-timing-function:linear |ease |ease-in |ease-out |ease-in-out |cubic-bezier(n,n,n,n);
```

transition-timing-function 属性的取值有很多，常见属性值及说明如表 5-6 所示。

表5-6　**transition-timing-function 属性值**

属 性 值	描　　述
linear	指定以相同速度开始至结束的过渡效果, 等同于 cubic-bezier(0,0,1,1))
ease	指定以慢速开始, 然后加快, 最后慢慢结束的过渡效果, 等同于 cubic-bezier(0.25,0.1,0.25,1)
ease-in	指定以慢速开始, 然后逐渐加快(淡入效果)的过渡效果, 等同于 cubic-bezier(0.42,0,1,1)
ease-out	指定以慢速结束(淡出效果)的过渡效果, 等同于 cubic-bezier(0,0,0.58,1)
ease-in-out	指定以慢速开始和结束的过渡效果, 等同于 cubic-bezier(0.42,0,0.58,1)
cubic-bezier(n,n,n,n)	定义用于加速或者减速的贝塞尔曲线的形状, 它们的值在 0~1 之间

4. transition-delay 属性

transition-delay 属性规定过渡效果何时开始, 默认值为0, 常用单位是秒(s)或者毫秒(ms)。transition-delay 的属性值可以为正整数、负整数和0。当设置为负数时, 过渡动作会从该时间点开始, 之前的动作被截断; 设置为正数时, 过渡动作会延迟触发。其基本语法格式如下:

```
transition-delay:time;
```

5. transition 属性

transition 属性是一个复合属性, 用于在一个属性中设置 transition-property、transition-duration、transition-timing-function、transition-delay 四个过渡属性。其基本语法格式如下:

```
transition:property duration timing-function delay;
```

在使用 transition 属性设置多个过渡效果时, 它的各个参数必须按照顺序进行定义, 不能颠倒。

5.3.3　CSS3 变形

1. 认识 transform

2012 年9 月, W3C 组织发布了 CSS3 变形工作草案, 这个草案包括了 CSS3 2D 变形和 CSS3 3D 变形。

CSS3 变形是一系列效果的集合, 比如平移、旋转、缩放和倾斜, 每个效果都被称为变形函数(Transform Function), 它们可以操控元素发生平移、旋转、缩放和倾斜等变化。这些效果在 CSS3 之前都需要依赖图片、Flash 或 JavaScript 才能完成。现在, 使用纯 CSS3 就可以实现这些变形效果, 而无须加载额外的文件, 这极大地提高了网页开发者的工作效率, 提高了页面的执行速度。

2. 2D 转换

（1）平移

使用 translate() 方法能够重新定义元素的坐标, 实现平移的效果。该函数包含两个参数值, 分别用于定义 X 轴和 Y 轴坐标, 其基本语法格式如下:

```
transform:translate(x-value,y-value);
```

在上述语法中, x-value 指元素在水平方向上移动的距离, y-value 指元素在垂直方向上移动的距离。如果省略了第二个参数, 则取默认值0。当值为负数时, 表示反方向移动元素。

（2）缩放

scale（）方法用于缩放元素大小，该函数包含两个参数值，分别用来定义宽度和高度的缩放比例。元素尺寸的增加或减少，由定义的宽度（X 轴）和高度（Y 轴）参数控制。其基本语法格式如下：

```
transform:scale(x-axis,y-axis);
```

在上述语法中，x-axis 和 y-axis 参数值可以是正数、负数和小数。正数值表示基于指定的宽度和高度放大元素。负数值不会缩小元素，而是翻转元素（如文字被反转），然后再缩放元素。

（3）倾斜

skew（）方法能够让元素倾斜显示，该函数包含两个参数值，分别用来定义 X 轴和 Y 轴坐标倾斜的角度。skew（）可以将一个对象围绕着 X 轴和 Y 轴按照一定的角度倾斜，其基本语法格式如下：

```
transform:skew(x-angle,y-angle);
```

在上述语法中，参数 x-angle 和 y-angle 表示角度值，第一个参数表示相对于 X 轴进行倾斜，第二个参数表示相对于 Y 轴进行倾斜，如果省略了第二个参数，则取默认值0。

（4）旋转

rotate（）方法能够旋转指定的元素对象，主要在二维空间内进行操作。该方法中的参数允许为负值，这时元素将逆时针旋转。其基本语法格式如下：

```
transform:rotate(angle);
```

在上述语法中，参数 angle 表示要旋转的角度值。如果角度为正数值，则按照顺时针进行旋转，否则，按照逆时针旋转。

（5）更改变换的中心点

通过 transform 属性可以实现元素的平移、缩放、倾斜以及旋转效果，这些变形操作都是以元素的中心点为基准进行的，如果需要改变这个中心点，可以使用 transform-origin 属性，其基本语法格式如下：

```
transform-origin: x-axis y-axis z-axis;
```

在上述语法中，transform-origin 属性包含 3 个参数，其默认值分别为50%、50%、0，各参数的具体含义如表 5-7 所示。

表 5-7　transform-origin 属性值

参　　数	描　　述
x-axis	定义视图被置于 X 轴的何处。可能的值有： • left、center、right、length、%
y-axis	定义视图被置于 Y 轴的何处。可能的值有： • top、center、bottom、length、%
z-axis	定义视图被置于 Z 轴的何处。可能的值有：length

3. 3D 转换

（1）rotateX 方法

rotateX( )函数用于指定元素围绕 X 轴旋转，其基本语法格式如下：

```
transform:rotateX(a);
```

在上述语法格式中，参数 a 用于定义旋转的角度值，单位为 deg，其值可以是正数也可以是负数。如果值为正，元素将围绕 X 轴顺时针旋转；反之，如果值为负，元素围绕 X 轴逆时针旋转。

（2）rotateY 方法

rotateY( )函数指定一个元素围绕 Y 轴旋转，其基本语法格式如下：

```
transform:rotateY(a);
```

在上述语法中，参数 a 与 rotateX(a)中的 a 含义相同，用于定义旋转的角度。如果值为正，元素围绕 Y 轴顺时针旋转；反之，如果值为负，元素围绕 Y 轴逆时针旋转。

（3）rotate3d 方法

在三维空间里，除了 rotateX( )、rotateY( )和 rotateZ( )函数可以让元素在三维空间中旋转之外，还有一个 rotate3d( )函数。在 3D 空间，3 个维度也就是 3 个坐标，即长、宽、高。轴的旋转是围绕一个[x,y,z]向量并经过元素原点。其基本语法格式如下。

```
rotate3d(x,y,z,angle);
```

在上述语法格式中，各参数属性值的取值说明如下。

①x：代表横向坐标位移向量的长度。

②y：代表纵向坐标位移向量的长度。

③z：代表 Z 轴位移向量的长度。此值不能是一个百分比值，否则将会视为无效值。

④angle：角度值，主要用来指定元素在 3D 空间旋转的角度，如果其值为正，元素顺时针旋转，反之元素逆时针旋转。

需要说明的是，在 CSS3 中包含很多转换的属性，通过这些属性可以设置不同的转换效果，具体属性如表 5-8 所示。

表 5-8　CSS3 转换属性

属性名称	描　　述
transform	向元素应用 2D 或 3D 转换
transform-origin	允许改变被转换元素的位置
transform-style	规定被嵌套元素如何在 3D 空间中显示
perspective	规定 3D 元素的透视效果
perspective-origin	规定 3D 元素的底部位置
backface-visibility	定义元素在不面对屏幕时是否可见

另外,CSS3 中还包含很多转换的方法,运用这些方法可以实现不同的转换效果,具体方法如表 5-9 所示。

表 5 - 9　CSS3 转换方法

方法名称	描　　述
matrix3d(n,n,n,n,n,n,n,n,n,n,n,n,n,n,n,n)	定义 3D 转换,使用 16 个值的 4 × 4 矩阵
translate3d(x,y,z)	定义 3D 转换
translateX(x)	定义 3D 转换,仅使用用于 X 轴的值
translateY(y)	定义 3D 转换,仅使用用于 Y 轴的值
translateZ(z)	定义 3D 转换,仅使用用于 Z 轴的值
scale3d(x,y,z)	定义 3D 缩放转换
scaleX(x)	定义 3D 缩放转换,通过给定一个 X 轴的值
scaleY(y)	定义 3D 缩放转换,通过给定一个 Y 轴的值
scaleZ(z)	定义 3D 缩放转换,通过给定一个 Z 轴的值
rotate3d(x,y,z,angle)	定义 3D 旋转
rotateX(angle)	定义沿 X 轴的 3D 旋转
rotateY(angle)	定义沿 Y 轴的 3D 旋转
rotateZ(angle)	定义沿 Z 轴的 3D 旋转
perspective(n)	定义 3D 转换元素的透视视图

5.4　幻彩表达——CSS3 动画

CSS3 能够创建动画及交互,可以在许多网页中取代动画图片、Flash 动画以及 JavaScript。

1. @keyframes 规则

在 CSS3 中,@keyframes 规则用于创建动画。在@keyframes 中规定某项 CSS 样式,就能创建由当前样式逐渐变为新样式的动画效果。@keyframes 属性的语法格式如下:

```
@ keyframes animationname {
keyframes - selector{css - styles;}
}
```

在上面的语法格式中,@keyframes 属性包含的参数的具体含义如下。

(1)animationname:表示当前动画的名称。作为引用时的唯一标识,该值不能为空。

(2)keyframes - selector:关键帧选择器,即指定当前关键帧要应用到整个动画过程中的位置,值可以是一个百分比、from 或者 to。其中,from 和 0% 效果相同表示动画的开始,to 和 100% 效果相同表示动画的结束。

(3)css – styles:定义执行到当前关键帧时对应的动画状态,由 CSS 样式属性进行定义,多个属性之间用分号分隔,不能为空。

2. animation – name 属性

animation – name 属性用于定义要应用的动画名称,为@ keyframes 动画规定名称。其基本语法格式如下:

```
animation-name: keyframename | none;
```

在上述语法中,animation – name 属性初始值为 none,适用于所有块元素和行内元素。keyframename 参数用于规定需要绑定到选择器的 keyframe 的名称,如果值为 none,则表示不应用任何动画,通常用于覆盖或者取消动画。

3. animation – duration 属性

animation – duration 属性用于定义整个动画效果完成所需要的时间,以秒或毫秒计。其基本语法格式如下:

```
animation-duration: time;
```

在上述语法中,animation – duration 属性初始值为 0,适用于所有块元素和行内元素。time 参数是以秒(s)或者毫秒(ms)为单位的时间,默认值为 0,表示没有任何动画效果。当值为负数时,则被视为 0。

4. animation – timing – function 属性

animation – timing – function 用来规定动画的速度曲线,可以定义使用哪种方式来执行动画效果。其基本语法格式如下:

```
animation-timing-function:value;
```

在上述语法中,animation – timing – function 的默认属性值为 ease,适用于所有的块元素和行内元素。

animation – timing – function 还包括 linear、ease – in、ease – out、ease – in – out、cubic – bezier(n,n,n,n)等常用属性值。具体如表 5 – 10 所示。

表 5 – 10　animation – timing – function 属性值

属 性 值	描　　述
linear	动画从头到尾的速度是相同的
ease	默认。动画以低速开始,然后加快,在结束前变慢
ease – in	动画以低速开始
ease – out	动画以低速结束
ease – in – out	动画以低速开始和结束
cubic – bezier(n,n,n,n)	在 cubic – bezier 函数中自己的值。可能的值是从 0 到 1 的数值

5. animation – delay 属性

animation – delay 属性用于定义执行动画效果之前延迟的时间,即规定动画什么时候开始。其基本语法格式如下:

```
animation-delay:time;
```

在上述语法中,参数 time 用于定义动画开始前等待的时间,其单位是秒或者毫秒,默认属性值为 0。animation – delay 属性适用于所有的块元素和行内元素。

6. animation – iteration – count 属性

animation – iteration – count 属性用于定义动画的播放次数。其基本语法格式如下:

```
animation-iteration-count: number | infinite;
```

在上述语法格式中,animation – iteration – count 属性初始值为 1,适用于所有的块元素和行内元素。如果属性值为 number,则用于定义播放动画的次数;如果是 infinite,则指定动画循环播放。

7. animation – direction 属性

animation – direction 属性定义当前动画播放的方向,即动画播放完成后是否逆向交替循环。其基本语法格式如下:

视 频

操作演示——
CSS3动画
效果制作

```
animation-direction: normal | alternate;
```

在上述语法格式中,animation – direction 属性初始值为 normal,适用于所有的块元素和行内元素。该属性包括两个值,默认值 normal 表示动画每次都会正常显示。如果属性值是" alternate",则动画会在奇数次数(1、3、5 等)正常播放,而在偶数次数(2、4、6 等)逆向播放。

8. animation 属性

animation 属性是一个简写属性,用于在一个属性中设置 animation – name、animation – duration、animation – timing – function、animation – delay、animation – iteration – count 和 animation – direction 六个动画属性。其基本语法格式如下:

```
animation: animation-name animation-duration animation-timing-function
animation-delay animation-iteration-count animation-direction;
```

在上述语法中,使用 animation 属性时必须指定 animation – name 和 animation – duration 属性,否则持续的时间为 0,并且永远不会播放动画。

5.5 新 UI 设计——CSS3 弹性盒布局

CSS3 弹性盒(flexible box 或 flex box),是一种当页面需要适应不同的屏幕大小以及设备类型时确保元素拥有恰当的行为的布局方式。引入弹性盒布局模型的目的是提供一种更加有效的方式来对一个容器中的子元素进行排列、对齐和分配空白空间。

各浏览器对弹性盒布局的支持情况如表 5 – 11 所示。

表 5 – 11　各浏览器对弹性盒布局的支持情况

属性	![Chrome]	![Edge]	![Firefox]	![Safari]	![Opera]
Basic support (single-line flexbox)	29.0 21.0-webkit-	11.0	22.0 18.0-moz-	6.1　-webkit-	12.1　-webkit-
Multi-line flexbox	29.0 21.0-webkit-	11.0	28.0	6.1　-webkit-	17.0 15.0 -webkit- 12.1

　　弹性盒子由弹性容器（flex container）和弹性子元素（flex item）组成。弹性容器通过设置 display 属性的值为 flex 或 inline – flex 将其定义为弹性容器。弹性容器内包含了一个或多个弹性子元素，其组成如图 5 – 10 所示。

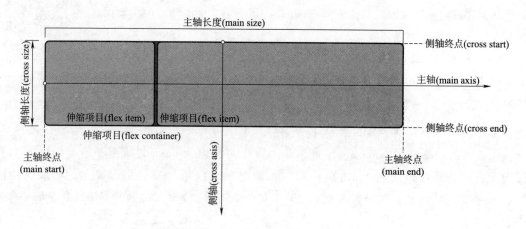

图 5 – 10　flex box（弹性盒子）示意图

■　**注意**：弹性容器外及弹性子元素内是正常渲染的。弹性盒子只定义了弹性子元素如何在弹性容器内布局。

　　弹性子元素通常在弹性盒子内一行显示。默认情况每个容器只有一行。

1. flex – direction 属性

flex – direction 属性指定了弹性子元素在父容器中的位置。该属性语法如下：

```
flex - direction: row | row - reverse | column | column - reverse
```

flex – direction 的值有以下几个。

（1）row：横向从左到右排列（左对齐），默认的排列方式。

（2）row – reverse：反转横向排列（右对齐），从后往前排，最后一项排在最前面。

（3）column：纵向排列。

（4）column – reverse：反转纵向排列，从后往前排，最后一项排在最上面。

2. justify – content 属性

内容对齐（justify – content）属性应用在弹性容器上，把弹性项沿着弹性容器的主轴线（main

axis)对齐。该属性语法如下：

```
justify-content: flex-start | flex-end | center | space-between | space-around
```

各个值的解析如下。

(1) flex-start:弹性项目紧靠行头填充。这个是默认值。第一个弹性项的 main-start 外边距边线被放置在该行的 main-start 边线,而后续弹性项依次平齐摆放。

(2) flex-end:弹性项目紧靠行尾填充。第一个弹性项的 main-end 外边距边线被放置在该行的 main-end 边线,而后续弹性项依次平齐摆放。

(3) center:弹性项目居中填充(如果剩余的自由空间是负的,则弹性项目将在两个方向上同时溢出)。

(4) space-between:弹性项目平均分布在该行上。如果剩余空间为负或者只有一个弹性项,则该值等同于 flex-start。否则,第一个弹性项的外边距和行的 main-start 边线对齐,而最后一个弹性项的外边距和行的 main-end 边线对齐,然后剩余的弹性项分布在该行上,相邻项目的间隔相等。

(5) space-around:弹性项目平均分布在该行上,两边留有一半的间隔空间。如果剩余空间为负或者只有一个弹性项,则该值等同于 center。否则,弹性项目沿该行分布,且彼此间隔相等(比如是 20px),同时首尾两边和弹性容器之间留有一半的间隔(1/2 * 20px = 10px)。

3. align-items 属性

align-items 设置或检索弹性盒子元素在侧轴(纵轴)方向上的对齐方式。该属性语法如下：

```
align-items: flex-start | flex-end | center | baseline | stretch
```

各个值的解析如下。

(1) flex-start:弹性盒子元素的侧轴(纵轴)起始位置的边界紧靠该行的侧轴起始边界。

(2) flex-end:弹性盒子元素的侧轴(纵轴)起始位置的边界紧靠该行的侧轴结束边界。

(3) center:弹性盒子元素在该行的侧轴(纵轴)上居中放置(如果该行的尺寸小于弹性盒子元素的尺寸,则会向两个方向溢出相同的长度)。

(4) baseline:如弹性盒子元素的行内轴与侧轴为同一条,则该值与 flex-start 等效。其他情况下,该值将参与基线对齐。

(5) stretch:如果指定侧轴大小的属性值为 auto,则其值会使项目的边距盒的尺寸尽可能接近所在行的尺寸,但同时会遵照 min/max-width/height 属性的限制。

4. flex-wrap 属性

flex-wrap 属性用于指定弹性盒子的子元素换行方式。该属性语法如下：

```
flex-wrap: nowrap |wrap |wrap-reverse |initial |inherit;
```

各个值的解析如下。

(1) nowrap:默认,弹性容器为单行。该情况下弹性子项可能会溢出容器。

(2) wrap:弹性容器为多行。该情况下弹性子项溢出的部分会被放置到新行,子项内部会发生断行。

(3) wrap-reverse:反转 wrap 排列。

5. align – content 属性

align – content 属性用于修改 flex – wrap 属性的行为。类似于 align – items,但它不是设置弹性子元素的对齐,而是设置各个行的对齐。

该属性语法如下:

```
align - content: flex - start | flex - end | center | stretch | space - between | space -
around
```

各个值的解析如下。

(1)flex – start :各行向弹性盒容器的起始位置堆叠。

(2)flex – end :各行向弹性盒容器的结束位置堆叠。

(3)center :各行向弹性盒容器的中间位置堆叠。

(4)stretch :默认。各行将会伸展以占用剩余的空间。

(5)space – between :各行在弹性盒容器中平均分布。

(6)space – around :各行在弹性盒容器中平均分布,两端保留子元素与子元素之间间距大小的一半。

综上所述,弹性盒子的核心概念是父容器拥有能够改变其子元素的宽度/高度和排列顺序,使得子元素能够以最佳的尺寸填充整个父容器的可用空间。简单来说,一个弹性盒子能够充分扩展它的子元素尺寸使其填满自身的可用空间,或者收缩子元素来防止溢出。

■ **提示:**弹性盒子布局适合作用在一个应用的组件和小范围的布局,例如一个歌曲列表或一个导航条等。

5.6　自适应页面——CSS3 多媒体查询

● **视频**

操作演示——多媒体查询

CSS3 的多媒体查询继承了 CSS2 多媒体类型的所有思想:取代了查找设备的类型,CSS3 根据设置自适应显示。多媒体查询可用于检测很多事情,例如:viewport(视窗)的宽度与高度、设备的宽度与高度、朝向(智能手机横屏,竖屏)、分辨率。

目前苹果手机、Android 手机、平板等设备都会使用到多媒体查询。

1. 多媒体查询语法

多媒体查询由多种媒体组成,可以包含一个或多个表达式,表达式根据条件是否成立返回 true 或 false。其语法格式为如下:

```
@ media not |only mediatype and (expressions) {
CSS - Code;
}
```

如果指定的多媒体类型匹配设备类型则查询结果返回 true,文档会在匹配的设备上显示指定样式效果。除非使用了 not 或 only 操作符,否则所有的样式会适应在所有设备上显示效果。

(1)not: not 是用来排除某些特定的设备的,比如 @ media not print(非打印设备)。

（2）only：用来指定某种特别的媒体类型。对于支持 Media Queries 的移动设备来说，如果存在 only 关键字，移动设备的 Web 浏览器会忽略 only 关键字并直接根据后面的表达式应用样式文件。对于不支持 Media Queries 的设备但能够读取 Media Type 类型的 Web 浏览器，遇到 only 关键字时会忽略这个样式文件。

（3）all：所有设备。

■ 提示：也可以在不同的媒体上使用不同的样式文件。

```
<link rel = "stylesheet" media = "mediatype and |not |only (expressions)" href = "
print.css">
```

2. CSS3 多媒体类型

CSS3 多媒体类型如表 5 – 12 所示。

表 5 – 12　CSS3 多媒体类型

属 性 值	描　　述
all	用于所有多媒体类型设备
print	用于打印机
screen	用于电脑屏幕、平板、智能手机等
speech	用于屏幕阅读器

3. 多媒体查询简单实例

使用多媒体查询可以在指定的设备上使用对应的样式替代原有的样式。

（1）以下实例可实现在屏幕可视窗口宽度大于 480 像素的设备上修改背景颜色。

```
1. @ media screen and (min - width: 480px){
2.   body{
3. background - color: lightgreen;
4.     }
5.   }
```

（2）以下实例在屏幕可视窗口宽度大于 480 像素时将菜单浮动到页面左侧。

```
1. @ media screen and (min - width: 480px) {
2. #leftsidebar {width: 200px; float: left;}
3. #main {margin - left:216px;}
4. }
```

（3）使用 @ media 查询来制作响应式设计。

```
1. @ media only screen and (max - width: 500px) {
2. .gridmenu {
3.     width:100% ;    }
4. .gridmain {
5.     width:100% ;    }
6. .gridright {
7.     width:100% ;    }
8. }
```

本 章 小 结

本章介绍了盒模型的概念,重点讲解了 CSS3 样式表达、变换和动画,最后涉及了弹性盒布局和多媒体查询。

通过本章的学习,读者能够掌握 CSS3 的一些高级渲染方法,并能够熟练地使用相关属性实现元素的特效制作。

实验 5　织梦平台下 CSS3 综合渲染

一、实验目的

运用 CSS3 高级样式制作四季色彩主题页面。

二、实验内容与要求

制作如图 5 – 11 所示的四季色彩主题页面。当鼠标移上网页中的圆形花叶图标时,图标中的图片将会变亮。当鼠标单击网页中的花叶图标时,网页中的背景图片将发生改变,且切换背景图片时会产生不同的动画效果。

图 5 – 11　四季色彩主题页面

三、实验主要步骤

1. 效果图结构分析

观察效果图不难看出,整个页面可以分为背景图片和花叶图标两部分,这两部分内容均嵌套在 < section > 标记内部,其中背景图片模块由 < img > 标记定义。花叶图标模块整体上由无序列表 < ul > 布局,并由 < li > 标记嵌套 < a > 标记构成,每个 < a > 标记代表季节图标中的圆角矩形模块。效果图 5 – 11 对应的结构如图 5 – 12 所示。

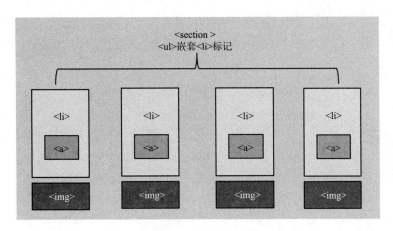

图 5 – 12 四季色彩主题页面结构图

2. 样式分析

控制图 5 – 12 页面结构的样式比较复杂,主要分为 6 个部分,具体如下。

(1)整体控制背景图片的样式,需要对其设置宽高 100%,固定定位、层叠性最低。

(2)整体控制 < ul > 元素,需要设置宽度 100%,绝对定位方式、文字居中及层叠性最高。

(3)控制每个 < li > 标记的样式,需要转化为行内块元素,并设置宽高、外边距样式。

(4)控制每个 < a > 标记的样式,需要设置文本及边框样式,并设置为相对定位。另外,需要单独控制每个 < a > 元素的背景色。

(5)通过 :after 伪元素选择器在 < a > 标记之后插入 4 张不同的天气图片,设置为圆形图标。同时,使用绝对定位方式控制其位置、层叠性。

(6)通过 :before 伪元素选择器为圆形图标添加不透明度并设置鼠标移上时的不透明度为 0。

3. 动画分析

通过案例演示可以看出,第一张背景图片的切换效果为从左向右移动;第二张背景图片的切换效果为从下向上移动;第三张背景图片的切换效果为由小变大展开;第四张背景图片的切换效果为由大变小缩放。具体实现步骤如下。

(1)通过 @ keyframes 属性分别设置每一个背景图切换时的动画效果。并分别设置元素在 0% 和 100% 处的动画状态。

(2)通过使用 :target 选择器控制 animation 属性来定义背景图切换动画播放的时间和次数。

4. 制作页面结构

根据上面的分析,使用相应的 HTML 标记搭建网页结构,页面 index. html 代码如下:

```
1. <!doctype html >
2. <html >
3. <head >
4. <meta charset = "utf - 8" >
5. <title >一年四季</title >
6. <link rel = "stylesheet" href = "style. css" >
7. </head >
```

```
8.  <body>
9.  <section>
10.    <ul class="slider">
11.        <li><a href="#bg1">春季是粉色的</a></li>
12.        <li><a href="#bg2">夏季是绿色的</a></li>
13.        <li><a href="#bg3">秋季是金色的</a></li>
14.        <li><a href="#bg4">冬季是白色的</a></li>
15.     </ul>
16.    <img src="images/bg1.jpg" alt="春季" class="bg slideLeft" id="bg1" />
17.    <img src="images/bg2.jpg" alt="夏季" class="bg slideBottom" id="bg2" />
18.    <img src="images/bg3.jpg" alt="秋季" class="bg zoomIn" id="bg3" />
19.    <img src="images/bg4.jpg" alt="冬季" class="bg zoomOut" id="bg4" />
20.  </section>
21.  </body>
22.  </html>
```

● 视 频

操作演示——
四季色彩主题
页面制作

最外层使用 <section> 标记对页面进行整体控制。另外,分别定义 class 为 slider 的 <ul> 标记,来搭建季节图标模块的结构。同时,通过 <li> 标记控制每一个具体的季节图标,并嵌套 <a> 标记来制作季节图标中的圆角矩形模块。此外,分别添加 4 个 <img> 标记来搭建背景图片的结构。

5. 定义 CSS 样式

搭建完页面的结构,接下来为页面添加 CSS 样式,具体操作如下。

(1)定义基础样式

首先定义页面的全局样式,具体 CSS 代码如下:

```
1. /* 重置浏览器的默认样式*/
2. body,ul,li,p,h1,h2,h3,img {margin:0; padding:0; border:0; list-style:none;}
3. /* 全局控制*/
4. body{font-family:'微软雅黑';}
5. a:link,a:visited{text-decoration:none;}
```

(2)控制背景图片的样式

制作页面结构时,将 4 个 <img> 定义为同一个类名 bg,来实现对网页背景图片的统一控制。通过 CSS 样式设置其宽度和高度 100% 显示,并设置"min-width"为 1024 像素。另外,设置背景图片依据浏览器窗口来定义自己的显示位置,同时定义层叠性为 1。具体 CSS 代码如下:

```
1. img.bg {
2. width:100%;
3. height:auto!important;
4. min-width:1024px;
5. position:fixed;              /* 固定定位*/
6. z-index:1;                   /* 设置 z-index 层叠等级为1;*/
7. }
```

(3)整体控制每个季节图标的样式

观察效果图 5-11 可以看出,页面上包含 4 个样式相同的季节图标,分别由 4 个 <li> 标记搭建结构。由于 4 个天气图标在一行内并列显示,需要将 <li> 标记转化为行内块元素并设置宽高属性。另外，为了使各个季节图标间拉开一定的距离，需要设置合适的外边距。具体 CSS 代码如下：

```
1.  .slider li {
2.  display: inline - block;        /* 将块元素转化为行内块元素* /
3.  width: 170px;
4.  height: 130px;
5.  margin - right: 15px;
6.  }
```

（4）绘制季节图标的圆角矩形

每个季节图标由一个圆形图标和一个圆角矩形组成。对于圆角矩形模块，可以将 < a > 元素转化为行内块元素来设置宽度和不同的背景色，并且通过边框属性设置圆角效果。另外，由于每个圆角矩形模块中都包含说明性的文字，需要设置文本样式，并通过 text - shadow 属性设置文字阴影效果。此外，圆形图标需要依据圆角矩形进行定位，所以将圆角矩形设置为相对定位。具体CSS 代码如下：

```
1.  .slider a {
2.   width: 170px;
3.   font - size:22px;
4.   color:#fff;
5.   display:inline - block;      /* 将行内元素转化为行内块元素* /
6.   padding - top:70px;
7.   padding - bottom:20px;
8.   border:2px solid #fff;
9.   border - radius:5px;         /* 设置圆角边框* /
10.  position:relative;          /* 相对定位* /
11.  cursor:pointer;             /* 光标呈现为指示链接的手型指针* /
12.  text - shadow: - 1px - 1px 1px rgba(0,0,0,0.8), - 2px - 2px 1px rgba(0,0,0,0.3), -
3px - 3px 1px rgba(0,0,0,0.3);
13.  }
14.  /* 分别控制每个季节图标圆角矩形的背景色* /
15.   .slider li:nth - of - type(1) a {background - color:#ff95ff;}
16.   .slider li:nth - of - type(2) a {background - color:#19fd5e;}
17.   .slider li:nth - of - type(3) a {background - color:#ff6600;}
18.   .slider li:nth - of - type(4) a {background - color:#ffffff;}
```

（5）设置季节图标的圆形图标

对于季节图标的圆形图标，是将季节图片设置为圆角效果形成的，所以需要在结构中插入季节图片。首先，使用 after 伪元素可以在 < a > 标记之后插入季节图片。然后，通过 CSS3 中的边框属性设置季节图片显示为圆形。最后，设置圆形季节图标相对于圆角矩形模块绝对定位。具体CSS 代码如下：

```
1.  /* 设置 after 伪元素选择器的样式* /
2.  .slider a::after {
3.   content:"";
4.   display: block;
5.   height: 120px;
6.   width: 120px;
```

```
7.    border: 5px solid #fff;
8.    border-radius: 50% ;
9.    position: absolute;    /* 相对与<a>元素绝对定位*/
10.   left: 50% ;
11.   top: -80px;
12.   z-index: 9999; /* 设置 z-index 层叠等级为 9999;*/
13.   margin-left: -60px;
14.   }
15.   /* 使用 after 伪元素在<a>标记之后插入内容*/
16.   . slider li:nth-of-type(1) a::after {
17.   background:url(images/sbg1.jpg) no-repeat center;
18.   }
19.   . slider li:nth-of-type(2) a::after {
20.   background:url(images/sbg2.jpg) no-repeat center;
21.   }
22.   . slider li:nth-of-type(3) a::after {
23.    background:url(images/sbg3.jpg) no-repeat center;
24.   }
25.   . slider li:nth-of-type(4) a::after {
26.   background:url(images/bg4.jpg) no-repeat center;
27.   }
```

(6)设置圆形季节图标鼠标移上状态

当鼠标移上网页中的季节图标时,季节图标中的图片将会变亮,需要使用 before 伪元素在<a>标记之前插入一个和圆形季节图标大小、位置相同的盒子,并且设置其背景的不透明度为 0.3。当鼠标移上时,将其不透明度设置为 0,以实现图片变亮的效果。具体 CSS 代码如下:

```
1.    /* 设置 before 伪元素选择器的样式*/
2.    . slider a::before {
3.    content:"";
4.    display: block;
5.    height: 120px;
6.    width: 120px;
7.    border: 5px solid #fff;
8.    border-radius: 50% ;
9.    position: absolute;    /* 相对与<a>元素绝对定位*/
10.   left: 50% ;
11.   top: -80px;
12.    margin-left: -60px;
13.   z-index: 99999;         /* 设置 z-index 层叠等级为 9999;*/
14.    background: rgba(0,0,0,0.3);
15.   }
16.   /* 设置鼠标移上时 before 伪元素的样式*/
17.   . slider a:hover::before {opacity:0;}
```

至此,完成了效果图 5-11 所示的一年四季颜色页面的 CSS 样式部分,将该样式应用于网页后,当鼠标移上网页中的圆形季节图标时,季节图标中的图片将会变亮。

6. 制作 CSS3 动画

下面分步骤来实现效果图 5-11 中所示的各个背景图切换的动画效果,继续在 CSS 样式中添加代码,具体操作如下。

(1)设置第一个背景图切换的动画效果

通过案例演示可以看出,第一个背景图片切换效果为从左向右移动,可以通过@ keyframes 属性设置元素在 0% 和 100% 处的 left 属性值,指定当前关键帧在应用动画过程中的位置。另外,使用:target 选择器控制 animation 属性来定义单击链接时执行 1 秒钟播放完成 1 次切换动画。同时,设置其 z-index 层叠性为 100,具体代码如下:

```
1.  @ keyframes 'slideLeft' {
2.  0% { left: -500px; }
3.     100% { left: 0; }
4.   }
5.  @ -webkit-keyframes 'slideLeft' {
6.  0% { left: -500px; }
7.  100% { left: 0; }
8.   }
9.  @ -moz-keyframes 'slideLeft' {
10. 0% { left: -500px; }
11. 100% { left: 0; }
12.  }
13.  @ -o-keyframes 'slideLeft' {
14.    0% { left: -500px; }
15.     100% { left: 0; }
16.   }
17.  @ -ms-keyframes 'slideLeft' {
18. 0% { left: -500px; }
19. 100% { left: 0; }
20.   }
21.  /* 当单击链接时,为所链接到的内容指定样式* /
22.  .slideLeft:target {
23.  z-index: 100;
24.  animation: slideLeft 1s 1;
25.   -webkit-animation: slideLeft 1s 1;
26.   -moz-animation: slideLeft 1s 1;
27.   -ms-animation: slideLeft 1s 1;
28.   -o-animation: slideLeft 1s 1;
29.   }
```

(2)设置第二个背景图切换的动画效果

第二个背景图片切换效果为从下向上移动,可以通过@ keyframes 属性设置元素在 0% 和 100% 处的 top 属性值,指定当前关键帧在应用动画过程中的位置。另外,使用:target 选择器控制 animation 属性来定义单击链接时切换动画播放的时间和次数。具体代码如下:

```
1.  @ keyframes 'slideBottom' {
2.     0% { top: 350px; }
3.     100% { top: 0; }
4.   }
5.  @ -webkit-keyframes 'slideBottom' {
6.     0% { top: 350px; }
```

```
7.      100% { top: 0; }
8.    }
9.  @ - moz - keyframes 'slideBottom' {
10.     0% { top: 350px; }
11.     100% { top: 0; }
12.   }
13. @ - ms - keyframes 'slideBottom' {
14.     0% { top: 350px; }
15.     100% { top: 0; }
16. }
17. @ - o - keyframes 'slideBottom' {
18.     0% { top: 350px; }
19.     100% { top: 0; }
20.   }
21.   /* 当单击链接时,为所链接到的内容指定样式* /
22.   . slideBottom:target {
23.     z - index: 100;                              /* 设置 z - index 层叠等级 100;* /
24.     animation: slideBottom 1s 1;                 /* 定义动画播放时间和次数* /
25.     - webkit - animation: slideBottom 1s 1;
26.     - moz - animation: slideBottom 1s 1;
27.     - ms - animation: slideBottom 1s 1;
28.     - o - animation: slideBottom 1s 1;
29.   }
```

（3）设置第三个背景图切换的动画效果

第三个背景图片切换效果为由小变大展开,需要通过@ keyframes 属性设置元素在 0% 处的动画状态为元素缩小为 10%,100% 处的动画状态为元素正常显示。并且,使用 animation 属性来定义单击链接时切换动画播放的时间和次数。具体代码如下:

```
1.  @ keyframes 'zoomIn' {
2.      0% { - webkit - transform: scale (0.1); }
3.      100% { - webkit - transform: none; }
4.    }
5.  @ - webkit - keyframes 'zoomIn' {
6.      0% { - webkit - transform: scale (0.1); }
7.      100% { - webkit - transform: none; }
8.    }
9.  @ - moz - keyframes 'zoomIn' {
10.     0% { - moz - transform: scale (0.1); }
11.     100% { - moz - transform: none; }
12. }
13. @ - ms - keyframes 'zoomIn' {
14.      0% { - ms - transform: scale (0.1); }
15.     100% { - ms - transform: none; }
16.   }
17.  @ - o - keyframes 'zoomIn' {
18.     0% { - o - transform: scale (0.1); }
19.     100% { - o - transform: none; }
20.   }
```

```
21.    .zoomIn:target {              /* 当单击链接时,为所链接到的内容指定样式* /
22.       z-index:100;               /* 设置 z-index 层叠等级为100;* /
23.       animation: zoomIn 1s 1;
24.       -webkit-animation: zoomIn 1s 1;
25.       -moz-animation: zoomIn 1s 1;
26.       -ms-animation: zoomIn 1s 1;
27.       -o-animation: zoomIn 1s 1;
28.    }
```

（4）设置第四个背景图切换的动画效果

第四个背景图片切换效果为由大变小缩放,需要通过@keyframes 属性设置元素在 0% 处的动画状态为元素放大两倍,100% 处的动画状态为元素正常显示。具体代码如下：

```
1.   @ keyframes 'zoomOut' {
2.       0%  {-webkit-transform: scale(2); }
3.       100%  {-webkit-transform: none; }
4.   }
5.   @ -webkit-keyframes 'zoomOut' {
6.       0%  {-webkit-transform: scale(2); }
7.       100%  {-webkit-transform: none; }
8.  }
9.   @ -moz-keyframes 'zoomOut' {
10.       0%  {-moz-transform: scale(2); }
11.       100%  {-moz-transform: none; }
12.  }
13. @ -ms-keyframes 'zoomOut' {
14.       0%  {-ms-transform: scale(2); }
15.       100%  {-ms-transform: none; }
16.  }
17. @ -o-keyframes 'zoomOut' {
18.       0%  {-o-transform: scale(2); }
19.       100%  {-o-transform: none; }
20.  }
21.  .zoomOut:target {              /* 当单击链接时,为所链接到的内容指定样式* /
22.       z-index:100;              /* 设置 z-index 层叠等级100;* /
23.       animation: zoomOut 1s 1;
24.       -webkit-animation: zoomOut 1s 1;
25.       -moz-animation: zoomOut 1s 1;
26.       -ms-animation: zoomOut 1s 1;
27.       -o-animation: zoomOut 1s 1;
28.    }
```

（5）实现背景图交互性切换效果

为了使背景图可以有序地进行切换,需要排除当前单击链接时的元素,并为其他元素执行 1 秒钟播放完成 1 次的背景切换动画。另外,通过@keyframes 属性定义元素在 0% 和 100% 处的层叠性,设置单击链接后的背景图处于当前背景图片的下一层,实现背景图交互性切换效果。具体代码如下：

```
1.   @ keyframes 'notTarget' {
```

```
2.      0% { z - index: 75; }          /* 动画开始时的状态 */
3.      100% { z - index: 75; }        /* 动画结束时的状态 */
4.   }
5.   @ - webkit - keyframes 'notTarget' {
6.      0% { z - index: 75; }
7.      100% { z - index: 75; }
8.   }
9.   @ - moz - keyframes 'notTarget' {
10.     0% { z - index: 75; }
11.     100% { z - index: 75; }
12.  }
13.  @ - ms - keyframes 'notTarget' {
14.     0% { z - index: 75; }
15.     100% { z - index: 75; }
16.  }
17.  @ - o - keyframes 'notTarget' {
18.     0% { z - index: 75; }
19.     100% { z - index: 75; }
20.  }
21.  .bg:not(:target) {    /* 排除当前单击链接时的 target 元素,为其他 target 元素指定
动画样式 */
22.     animation: notTarget 1s 1;
23.     - webkit - animation: notTarget 1s 1;
24.     - moz - animation: notTarget 1s 1;
25.     - ms - animation: notTarget 1s 1;
26.     - o - animation: notTarget 1s 1;
27.  }
```

保存 CSS 样式文件,刷新页面,单击季节图标时,背景图片发生改变,效果如图 5 - 13 所示。

图 5 - 13   背景动画切换效果

四、实验总结与拓展

至此,一年四季颜色主题页面的 HTML 结构、CSS 样式以及动画特效已经全部制作完成。通

过本案例的制作,相信读者已经对 CSS3 高级样式、过渡和动画有了更深的认识,并能够在实际项目开发中熟练运用。

习题与思考

1. 判断题

(1)行内元素可以设置元素的宽和高。　　　　　　　　　　　　　　　　　　(　　)

(2)书写一个元素 2D 转换的复合样式时,对应属性和取值的书写顺序不会影响元素的最终状态。　　　　　　　　　　　　　　　　　　　　　　　　　　　　　　(　　)

(3)浮动后的元素将会覆盖没有浮动元素的内容。　　　　　　　　　　　　(　　)

(4)想要让一个盒子相对自己移动,只需要设置 position:relative;就可以了。　(　　)

(5)以下代码中 transition 的写法是否正确。　　　　　　　　　　　　　　(　　)

```
div{
width: 100px;
height: 100px;
background: red;
transition:width background,2s 4s;}
div:hover{
width: 500px;
background: blue;}
```

(6)如需定义元素内容与边框间的空间,可使用 padding 属性,并可使用负值。(　　)

(7)align–items 设置或检索弹性盒子元素在侧轴(纵轴)方向上的对齐方式。(　　)

(8)@ keyframes 规则用于创建动画。　　　　　　　　　　　　　　　　　　(　　)

(9)font–size–adjust 用来定义整个字体序列中所有字体的大小保持同一个尺寸。(　　)

(10)background–image 属性只能添加一张背景图片。　　　　　　　　　　(　　)

2. 选择题

(1)有一个盒子的 CSS 样式代码如下:

```
<style>
* {margin:0;padding:0;}
width:100px;
height:100px;
margin:50px 100px;
position:relative;
top:50px;
</style>
```

这个盒子离浏览器顶部距离为_____。

A. 50px　　　　　　B. 100px　　　　　　C. 150px　　　　　　D. 200px

(2)_____属性可以指定背景图像的大小。

A. background–image　　　　　　　B.　background–size

C. background–origin　　　　　　　D.　background–clip

（3）背景图片的大小不能设置为_____。

A．具体像素(px)　　　　B．百分比(%)　　　　C．repeat　　　　　D．cover/contain

（4）_____属性用于定义过渡效果花费的时间。

A．transition – property　　　　　　　　B．transition – duration

C．transition – timing – function　　　　D．transition – delay

（5）如何显示这样一个边框：上边框 10 像素、下边框 5 像素、左边框 20 像素、右边框 1 像素？_____

A．border – width：10px 5px 20px 1px

B．border – width：10px 20px 5px 1px

C．border – width：5px 20px 10px 1px

D．border – width：10px 1px 5px 20px

（6）如何改变元素的左边距？_____

A．text – indent：　　B．indent：　　　　C．margin：　　　　D．margin – left：

（7）_____方法能够让元素倾斜显示。

A．translate( )　　　　B．scale( )　　　　C．skew( )　　　　D．rotate( )

（8）_____属性用于为@keyframes 动画规定名称。

A．animation – name　　　　　　　　B．animation – duration

C．animation – direction　　　　　　D．animation – delay

（9）_____是弹性子元素在父容器中的位置的默认排列方式。

A．row　　　　　　B．row – reverse　　C．column　　　　D．column – reverse

（10）在 CSS3 多媒体类型中，_____用于屏幕阅读器。

A．all　　　　　　B．print　　　　　　C．screen　　　　D．speech

3. 思考题

（1）盒子模型有哪些？简述它们的概念、宽度的计算方式，并说明通过什么属性可以改变盒模型。

（2）简述 CSS3 动画与过渡效果的区别。

（3）如何理解响应式布局？

第6章

舞台背后的故事——JavaScript

随着 Web 技术的发展,拥有能与用户交互的界面逐渐成为所有网页设计者的愿望,JavaScript 语言由此诞生。自 Netscape 公司发明了 JavaScript 以来,其逐渐演化,如今已成为 Web 前端编程语言的唯一标准。在本章学习中,我们将了解 JavaScript 是什么,并学习它的相关知识并进行应用。

本章学习目标

➤ 了解 JavaScript 基础知识;

➤ 能够编写简单的脚本并完成一些简单的任务;

➤ 熟悉并掌握事件模型;

➤ 了解并能够使用 jQuery 框架。

6.1 JavaScript 基础——初识 JavaScript

6.1.1 什么是 JavaScript

JavaScript 最初是为了在 HTML 页面中增加交互功能而设计的。其语言风格与 Java、C#等高级语言相似,但与它们有本质上的不同。

JavaScript 通常简称 JS,是一种广泛用于 Web 开发的脚本语言。JavaScript 既可用于客户端 Web 开发,也可以在服务器端承担与其他应用程序通信等任务。JavaScript 是一种直译式、动态类型、弱类型、基于原型的语言,具体说明如下。

所谓"直译式",是指 JavaScript 程序不需进行编译,可由内嵌于浏览器中的解释器负责解释执行,JavaScript 程序解释器通常又称为"JavaScript 引擎",目前的主流浏览器均已内置。

动态类型是指程序中的变量可以动态地改变数据类型;而弱类型则指变量没有严格的类型声明和赋值限定。

此外,"基于原型"是指 JavaScript 程序是基于对象的,和面向对象的程序设计语言不同,JavaScript 不需先创建类,便可使用内置对象或创建自己的对象。

简单地说,JavaScript 语言具有以下主要特征。

(1) JavaScript 是一种脚本语言,与 HTML 控制页面结构、CSS 控制页面外观相类比,JavaScript 主要用于控制页面的行为。

(2) JavaScript 是一种解释型语言,这也意味着脚本在执行时无须编译。

（3）JavaScript 是一种动态语言,即符号的类型不是必须声明的,可以根据需要在运行时动态改变符号类型。

（4）JavaScript 既可以嵌入在 HTML 页面里运行,也可以以独立文件的形式被页面所引用。

JavaScript 的作用概括起来主要有以下几点:

（1）可动态改变网页的内容和样式。

（2）在客户端验证数据的合法性。

（3）对用户或浏览器事件做出反应。

可见,JavaScript 是一种基于“对象”和“事件驱动”并具有相对安全性的客户端脚本语言。用户访问带有 JavaScript 脚本的网页,浏览器会自动解释和处理网页里的 JavaScript 程序,进行表单数据有效性验证等交互功能,减少和 Web 服务器交换数据的次数,降低服务器的负担。

6.1.2　JavaScript 的发展历程

1995 年,Netscape 公司的 Brendan Eich 为当年即将发行的 Netscape Navigator 2.0 浏览器开发了一个称之为 LiveScript 的脚本语言,当时的目的是在浏览器和服务器端使用它。随后 Netscape 公司与 Sun 公司联手及时完善了 LiveScript 。在 Netscape Navigator 2.0 即将正式发布前,Netscape 将其更名为 JavaScript,目的是为了利用 Java 这个因特网时髦词汇。

因为 JavaScript 1.0 的成功,Netscape 在 Netscape Navigator 3.0 中发布了 1.1 版。此时微软决定进军浏览器,发布了 IE 3.0,开发并搭载了一个与 JavaScript 类似设计思想和方法的脚本语言,命名为 JScript。在微软进入后,有 3 种不同的 JavaScript 版本同时存在,即 Netscape Navigator 3.0 中的 JavaScript、IE 中的 JScript 以及 CEnvi 中的 ScriptEase。当时 JavaScript 并没有一个标准来统一其语法或特性,而这 3 种不同的版本突出了这个问题。

1997 年,Netscape 公司将 JavaScript 1.1 提交给欧洲计算机制造商协会(ECMA),希望借助该组织来完成 JavaScript 脚本语言的标准化。ECMA 最终确立了以 ECMA 组织名为前缀的 ECMAScript 的全新脚本语言。在接下来的几年里,国际标准化组织及国际电工委员会(ISO/IEC)采纳 ECMAScript 作为标准(ISO/IEC - 16262)。自此,JavaScript 踏入了标准时代。

6.1.3　Java 与 JavaScript 的区别

虽然在名称上,Java 与 JavaScript 很相似,也容易引起混淆,但实际上,两者没有任何本质上的联系,只不过 JavaScript 在命名时借用了当时 Java 的热度而已。

Java 与 JavaScript 是两个公司的不同产品。Java 是 SUN 公司开发的新一代面向对象语言,适用于 Internet 应用程序开发;JavaScript 是 Netscape 公司的产品,是为了扩展浏览器功能而开发的一种可以嵌入 Web 页面的基于对象和事件驱动的解释性语言。其主要区别如下。

1. 基于对象与面向对象

Java 是一种面向对象语言,无论开发怎样的程序,都必须要设计对象。

JavaScript 是一种基于对象语言,其本身提供了丰富的内部对象供设计人员使用。

2. 解释与编译

Java 是编译性语言,其在传递给客户端执行之前必须先经过编译,因此平台上必须具有相应的仿真器或解释器。

JavaScript 是解释性语言,可以无须编译而直接把源码发给客户端或浏览器解释执行。

3. 静态与动态

Java 是一种静态语言,即在编译时变量的数据类型即可确定的语言,要求在使用变量之前必须声明数据类型。

JavaScript 是一种动态语言,即在运行时确定数据类型的语言。变量使用之前不需要类型声明,而是基于为变量赋值的类型进行判断并动态修改变量类型。

6.1.4　JavaScript 的引入

在网页中嵌入 JavaScript 脚本代码,可使用 script 标签,将 JavaScript 代码封闭其中,并整体放置在 HTML 页面的 < head > 或 < body > 部分。

```
1.   <!DOCTYPE html >
2.   < html >
3.   < head >
4.   < meta charset = "UTF - 8" >
5.   < title > </title >
6.   </head >
7.   < body >
8.   < script >
9.   <!-- 在这里写入 JavaScript 代码 -->
10.   </script >
11.   </body >
12.   </html >
```

■ **提示**:完整的 HTML 文件格式如上例所示。基于简化考虑,本章后续示例将省略 < head > 部分与 < html > 标签部分。

由于 JavaScript 已成为现代浏览器及 HTML 5 的默认脚本语言,因此可采用示例的简化形式。但对于 HTML 5.0 版本以前的网页,需指明 < script > 标记的 type 属性为"text/javascript"。

JavaScript 代码放在 < body > 或 < head > 部分一般并无大的区别,浏览器会按照页面加载顺序解释执行。一般来说,封装成"函数"的 JavaScript 代码习惯统一放在 < head > 部分或放在 < body > 部分的最后,未封装的代码要特别注意放置位置。有关 JavaScript 函数的知识会在后面章节进一步学习。

在网页中引入 JavaScript 通常有 3 种方式。

1. 行内式

< 开始标签 on + 事件类型 = "JS 代码" > </结束标签 >

行内引入方式必须结合事件来使用,但是内部 JS 和外部 JS 可以不结合事件。

```
1. < body >
2. < input type = "button" onclick = "alert ('行内引入')" value = "button" name = "button" >
3. < button onclick = "alert (123)" > 点击我 </button >
4. </body >
```

2. 嵌入式

在 head 或 body 中,定义 script 标签,然后在 script 标签里面写 JS 代码。

```
<script>
    JS 代码
</script>
```

```
1.   <script>
2.     alert("这是 js 的内部引入");
3.   </script>
```

3. 外链式（大型工程以及 JavaScript 代码较多时）

在 html 文档中写一个 script 标签,并且设置 src 属性,src 的属性值引用一个 JS 文件资源,而 JS 代码写在 JS 文件中。

```
<script type="text/javascript" src="XXX.js"></script>
```

该方法通常用于 JavaScript 代码较多或代码被多个网页共同使用的情况。此时,需单独编写扩展名为 .js 的脚本文件,并在 HTML 页面的 <head> 或 <body> 部分使用 <script> 标签,同时指定 src 属性为 JS 文件的路径和名称。

在 head 或者 body 中,添加以下代码以引用 JS 代码:

```
<script  type="text/javascript" src="XXX.js"></script>
```

在 HTML5 版本中,可简化为:

```
<script src="xxx.js">
</script>
```

使用外链式引入 JS 文件时,有以下几点需要注意。

(1) script 标签里面不能再写 JS 代码了,即使写了也不会执行。

(2) 在 <head> 或 <body> 部分引用外部脚本文件都可以,实际运行效果与嵌入式一样。

(3) 在编写外部 JavaScript 文件时,不必再使用 <script> 标记。

【例 6.1】Hello JavaScript 示例。

运行后弹出警告框,如图 6-1 所示。单击"确定"按钮后效果如图 6-2 所示。对于不同的浏览器,页面以及对话框的格式各有不同。本章中示例的运行环境通常为 Chrome 或 Microsoft Edge 浏览器。

```
1.   <!doctype html>
2.   <html>
3.   <head>
4.   <meta charset="utf-8">
5.   <title>Hello JavaScript</title>
6.    <script>
7.      alert('弹出 Hello JavaScript!');
8.    </script>
9.   </head>
10.  <body>
11.  <p>Hello JavaScript!</p>
12.  </body>
13.  </html>
```

图 6-1 页面运行效果 1　　　　　　图 6-2 页面运行效果 2

6.2 JavaScript 基础——语法基础与流程控制

JavaScript 的基本语法规则和目前主流的编程语言(例如 C、Java 等)非常相似,只要有一定编程基础,学习起来将非常轻松。

JavaScript 的语法具有以下几项基本特征。

(1)JavaScript 语言严格区分大小写,并会忽略多余的空格。因此,编程中要特别注意字母大小写,并可通过代码缩进提高程序的可读性。

(2)JavaScript 语句以分号(;)结束,也可不带分号。但为了程序编写的通用习惯,建议均加上分号,并尽可能在一行只写一条语句。

(3)可将多条语句用花括号"{}"对进行封闭构成"语句块"。

(4)JavaScript 采用主流注释方法,即以双反斜杠"//"开头表示单行注释,而"/*"和"*/"则用于多行注释。

(5)采用和 C、Java 一样的标识符命名规则,即以字母(或 $ 号、下划线)开头,可以包括字母和数字,不能使用保留关键字。

(6)允许在文本字符串中使用反斜杠(\)进行换行。要注意的是,不能在空格处换行,若在 write 后使用反斜杠,代码将无法正确解析。

6.2.1 JavaScript 的变量声明与数据类型

1. 常量与变量

ES6 之前,JavaScript 不支持 constant 关键字,不允许用户自定义常量,但提供了几个默认常量,这些常量主要是数学与数值常量。

(1) Math. E:常量 e,自然对数的底数。

(2) Math. LN10:10 的自然对数。

(3) Math. PI:常量 π。

(4) Number. NEGATIVE_INFINITY:负无穷大;溢出时返回该值。

(5) Number. POSITIVE_INFINITY:正无穷大;溢出时返回该值。

JavaScript 是一种动态语言,采用弱类型变量,即不用事先声明变量类型就可以直接使用变量。

JavaScript 使用 var 关键字声明变量。5 种常规声明变量的方法如下：

```
var a;                    //声明单个变量
var b,c;                  //声明多个变量,中间以逗号分隔
var d=1;                  //声明单个变量并对其赋值
var e=1,f=2;              //声明多个变量并分别赋值,中间以逗号分隔
var g=h=1;                //声明多个变量并赋值,且值相等
```

JavaScript 也可以不使用 var 命令，直接使用未声明的变量，但建议遵循"先声明后使用"的原则。

JavaScript 的变量命名遵循下列规则。

（1）可以使用字母、下划线或美元符（$）作为变量名的开头，但不能使用数字或者其他特殊字符作为开头。

（2）JavaScript 区分大小写，即 a 与 A 是两个不同的变量。

（3）变量名称不能是 JavaScript 的关键字或保留字，如 var、int、if 等。

除此之外，还有一些不成文的约束：

（1）变量应集中声明在代码段的前面或函数的上面。

（2）变量名称应易于理解。

（3）对于较长的变量名或函数名，使用驼峰式命名法。如 getData、StudentNumber。

JavaScript 中的变量按作用域可分为全局变量和局部变量。全局变量指定义在所有函数体之外，作用域为整个 JavaScript 文件的变量；而局部变量定义在函数体内，只在定义它的函数中生效。

2. 数据类型

JavaScript 支持多种数据类型，包括基本类型、复合类型和特殊类型，如图 6-3 所示。这些指定类型的数据，可以存放到相应类型变量中。常用的有"数值型""字符型""布尔型"等。

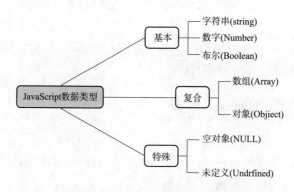

图 6-3　JavaScript 数据类型

（1）数值型（Number）

与其他高级语言不同，JavaScript 将整数和实数都归到数值型数据中，也就是说，不管是整数还是实数都可以归类到数值型数据中。除此之外，JavaScript 中还有一个特殊的数值型变量 NaN，表示"不是数字"。

```
var a=1;
var b=0.1;
```

（2）字符型（String）

对于字符型而言，既可以使用双引号也可以使用单引号封闭常量，但若常量中包含双引号或单引号，则只能用另外一种符号封闭。

```
var a = "I say:'Hello,Javascript'";
var b = 'Hello,Javascript';
```

（3）布尔型（Boolean）

布尔型变量只有两个取值：true 和 false，一般用于条件的判断。当条件为"真"时为 true，否则为 false。当然也可以直接为变量赋值为 true 或 false。

需要注意的是，在 JavaScript 中，不能使用 1 和 0 来定义布尔类型。

```
var a = true;
var b = false;
```

（4）特殊类型

除了以上提及的几种类型以外，JavaScript 还支持几种特殊类型字符，如 undefined 与 null。undefined 表示一个变量未赋初值或未定义；null 代表空值，即无任何内容。

Null 类型和 Undefined 类型变量的逻辑值均为 false，但它们分属于不同类型，并不完全等价。

6.2.2　JavaScript 的表达式与运算符

表达式指可以运算且必须返回一个确定值的式子，其一般由常量、变量、运算符等构成。

最简单的表达式可以是一个简单的值、常量、变量，也可以由运算符将简单的值表达式合并为一个复杂的表达式。

```
1.  var  a = 0, b = 1;
2.  var  c = a + b;
```

该示例中，a、b、c 是最简单的变量表达式，而 0、1 是最简单的值表达式。而运算符"＋""＝"将这些表达式连接在一起，构成稍微复杂的表达式。

JavaScript 支持的运算符主要有以下几种。

（1）算术运算符：＋，－，＊，／，％，＋＋，－－

（2）赋值运算符：＝，＋＝，－＝，＊＝，／＝，％＝

（3）关系运算符：＝＝，！＝，＝＝＝（恒等于，值和类型相等），＞，＜，＞＝，＜＝

（4）逻辑运算符：&&，||，！

（5）条件运算符：（条件）？ 值 1：值 2

（6）字符串连接：＋

JavaScript 语言的运算符和 C、Java 语言类似，都包括算术、赋值、关系、逻辑、条件、字符串连接等运算符，且其优先级也类似，此处不做详述。

6.2.3　JavaScript 的输入与输出

JavaScript 一般采用 window 对象的 prompt 输入提示对话框进行输入，而输出则有 4 种方法：一是使用 alert 警告对话框进行输出；二是使用 document 对象的 write 方法直接将内容写到 HTML

文档中；三是使用 HTML 元素的 innerHTML 属性进行内容改写；四是使用 console. log 方法向控制台输出调试信息，使用该方法可通过浏览器自带的"开发者工具"查看到相应的输出信息。

输入：

```
window. prompt()
```

输出：

```
window. alert()
document. write()
使用 innerHTML 属性
console. log()
```

6.2.4　JavaScript 的流程控制语句

JavaScript 的流程控制语句和主流高级编程语言一样，主要包括：条件选择语句、循环语句和跳转语句。

1. 条件选择语句

（1）if 语句

if 语句基本格式如下：

```
if (判断条件)
    表达式1;
```

当判断条件为 true 时，表达式 1 将被执行。

表达式 1 也可被替换成用花括号（{}）括起来的多句表达式，即

```
if (判断条件){
    表达式1;
    表达式2;
    表达式3;
}
```

if 语句还可扩展成如下形式：

```
if (判断条件)
    表达式1;
else
    表达式2;
```

当判断条件为真时，执行表达式 1，否则执行表达式 2。

若是有多分支条件选择，还可以有类似如下形式的扩展：

```
if (判断条件1)
    表达式1;
else if(判断条件2)
    表达式2;
else
    表达式3;
```

当判断条件 1 为真时，执行表达式 1，否则判断条件 2，若条件 2 为真则执行表达式 2，若不为

真再执行表达式 3。

表达式同样也可以是条件判断语句，即 if 可以互相嵌套：

```
if (判断条件 1 ){
    if (判断条件 2 ){
        表达式 1;
    }
}
```

（2）switch 语句

对于多条件的嵌套结构，switch 语句无疑比 if 更为简洁。其可以根据一个变量的不同取值调用不同的方法。switch 语句基本格式如下：

```
switch(变量 1 ){
case 值 1:
    表达式 1;
    break;
case 值 2:
    表达式 2;
    break;
default:
    表达式 3;
    break;
}
```

switch 语句会对变量 1 进行值的判断。若变量 1 的值等于值 1，则执行表达式 1；若其值等于值 2，则执行表达式 2；若都不等于，则执行表达式 3。

2. 循环语句

（1）while 语句

while 语句的基本格式如下：

```
while(循环条件 ){
表达式 1;
}
```

while 在每次循环开始之前都要先对循环条件进行判断。若为 true，则执行循环体内的语句；若为 false，则跳出循环，接着执行后面的程序。

（2）do…while 语句

do…while 语句是 while 语句的一个变体，其与 while 语句的区别在于，其是先执行循环体内的语句，之后再进行循环条件的判断。do…while 语句的基本格式如下：

```
do{
    表达式 1;
}while(循环条件 );
```

（3）for 语句

与 while 和 do…while 语句相比，for 语句由于其更好的简洁性而被更广泛地使用。其基本格式如下：

```
for(初始化表达式；循环条件;更新表达式 ){
    表达式1;
}
```

for 语句首先初始化表达式(一般为初始化计数器变量),可以在该表达式中使用 var 来声明一个新变量。之后在每次的循环过程中判断循环条件,若为 true 则执行循环体内表达式。每执行完一次循环,就执行一次更新表达式(一般是对计数器变量进行更新)。

3. 跳转语句

（1）break 语句

break 语句用于退出循环或 switch 结构,其基本结构如下:

```
break;
```

在循环结构中插入 break 语句,无论循环条件为 true 还是 false,将立刻退出循环结构,执行循环结构后面的语句。

（2）continue 语句

continue 语句与 break 类似,但它不会跳出循环,而是结束本次循环,转而进行下一次循环。其基本结构如下:

```
continue;
```

（3）return 语句

return 语句用于退出函数并返回一个值,其只能用在函数或闭包中。其基本结构如下:

```
return 返回值;
```

有关函数的知识将在下一节内进行讲解。

【例 6.2】密码验证。分别验证用户所输入的"用户名"和"密码"是否正确。

思路分析:采用 prompt 方法输入用户名,通过 if 语句进行判断;若用户名正确,进一步输入密码进行验证。以下仅列出 JavaScript 代码部分。

● 视频

操作示例——
密码验证

```
1.      <script>
2.          var username = prompt("请输入用户名:");
3.          if(username == "JavaScript"){
4.              var password = prompt("请输入密码: ");
5.              if (password == "123456"){
6.                  document.write("你输入的用户名和密码正确。");
7.              }
8.              else{
9.                  document.write("你输入的密码错误。");
10.             }
11.         }
12.         else{
13.             document.write("你输入的用户名错误。");
14.         }
15.     </script>
```

示例运行结果如图 6-4 所示。

图 6 - 4　密码验证运行结果集

　　输入时用户名为 JavaScript，密码为 123456，请注意大小写一致。当用户名和密码都正确时才显示第三个页面，否则会提示相应错误。

6.3　JavaScript 基础——函数

　　"函数"是用来完成一定功能的模块，它可以在满足一定条件下触发执行。或者说，函数就是在调用时才会执行的一段代码块。

　　函数的好处很多。使用函数便于控制"代码块"何时执行，从而改变传统按照代码出现顺序的执行方式。除此之外，将代码块封装成"函数"，可以多次重复使用，减少代码量。同时也可以调用大量功能强大的"内置函数"解决实际问题。

6.3.1　函数的定义

　　定义函数有以下两种方式。

```
//命名函数
function 函数名(){
}
//匿名函数
var f = function(){
}
```

　　命名函数又叫声明式函数，而匿名函数也被称为引用式函数或函数表达式，也就是把函数看作复杂的表达式并赋予变量。

　　return 语句用于从函数返回一个值。当某个函数要返回某个值时必须要使用 return 函数。函数的返回值没有类型限制，它可以返回任何类型的值。

值得注意的是，function 语句对于大小写敏感，函数 a 与函数 A 是两个不同的函数。同样的，Function 与 function 也是两个不同的语句。

```
1.    <script>
2.    function add(){
3.     var a = 5 + 1 ;
4.     return a;
5.    }
6.    </script>
```

这段实例定义了一个加法函数，并返回了 5 + 1 的值。

那么应该如何使用这个函数呢？

6.3.2　函数的调用

调用函数使用小括号运算符，即函数名加一对小括号。函数可以单独作为表达式使用，即在调用函数位置执行一遍函数体内的语句；有返回值的函数也可以作为值使用，即将返回值赋给一个变量或者直接使用。

【例 6.3】JavaScript 的函数调用。

```
1.    <script>
2.    function add(){
3.        var a = 5 + 1 ;
4.        return a;
5.    }
6.    document.writeln("作为值直接使用: ");
7.    document.writeln(add());
8.    var b = add();
9.    document.writeln("赋值给变量: ");
10.   document.writeln(b);
11.   </script>
```

该实例的运行结果如图 6 - 5 所示。

除此之外，也可以在事件中调用函数，有关事件的知识将在后续章节讲到。

作为值直接使用: 6 赋值给变量: 6

图 6 - 5　函数演示实例

6.3.3　函数的参数

在知道了函数的使用方法后，我们希望函数可以更加的多样化，比如上述的 add 函数不再只能对 5 和 1 进行相加，而是能对任意两个数进行加法运算，这时应该怎么做呢？

JavaScript 的函数允许使用参数。具体见如下实例。

```
1.    function add(a,b){
2.     var c = a + b ;
3.     return c;
4.    }
```

在本实例中，为 add 函数定义了两个参数 a 和 b，在函数体中对 a 和 b 进行相加，并返回它们的和。

拥有参数的函数实际上相当于一个框架,对于输入的不同的参数值进行相同的运算。

实例中的函数调用,需要在小括号之中加入输入参数的值。

例如需要用上述定义的函数计算 4 和 6 的和,则可以如此调用:

```
var d = add(4,6);
```

在本实例中,将 4 赋值给参数 a,6 赋值给参数 b,并在 add 函数中将其相加,返回它们的和并赋值给变量 d。

上述实例中,a 和 b 被称为形参,即函数在定义时传递给函数的参数;4 和 6 被称为实参,即函数在被调用时,实际上传递给函数的参数。

函数的形参没有限制,可以是零个或无数个。一般情况下,形参与实参是相等的,但在 JavaScript 中则没有此限制。若形参多于实参,则未被实参赋值的形参值为 undefinded;若实参多于形参,则多出的实参无法被函数所读取。

值得注意的一点是,实参可以是值、变量,或者有返回值的函数。同理,若函数有返回值,则调用函数时的实参也可以是它自身。

6.3.4　JavaScript 的内置函数

JavaScript 的内置函数无须定义就可以直接使用,列举如下。

(1)Number():将括号内的字符串转换为数值类型。

(2)isNaN():判断括号内的指定的表达式是不是数值,不是数值返回 true,是数值则返回 false。

(3)parseInt():将字符串转换为指定进制的整数。

(4)eval():将括号内指定的字符串作为代码在上下文环境中执行,并返回执行的结果。

6.4　JavaScript 基础——对象

对象是拥有属性和方法的数据。其中,属性是与对象相关的值,而方法是指对象的行为,也即对象可执行的动作。实际上,对象只是带有属性和方法的特殊数据类型。

在 JavaScript 中,按对象性质不同可将对象分为四类。第一类对象称为内置对象,如 Global 和 Math,这类对象在 JavaScript 代码运行前就已创建,程序开发者不需要实例化就可使用;第二类对象称为本地对象,如 Object、Array、String、Date 等,这类对象由 ECMAScript 实现提供,需要先定义对象,实例化后再通过对象名进行引用;第三类对象是宿主对象,主要指 BOM 和 DOM 提供的对象,这些对象提供了与 HTML 文档和浏览器环境进行交互的途径和方法;第四类对象是自定义对象,是由编程者根据实际需要自行创建的对象。

本讲重点介绍 JavaScript 中常用的内置和本地对象,以及自定义对象的方法。

6.4.1　创建对象

创建自定义对象的第一种方法是使用花括号对,对象的属性则通过"属性名 – 冒号 – 属性值"的形式来定义,多个属性之间用逗号分隔。

```
1.   var person = {
2.     id:1001,
3.     name:"Zhang Wei",
4.     age:20};
```

除此之外，还可以使用 new 运算符生成原型变量。

```
1.   var person = new Object();
2.   person. id = 1002;
3.   person. name = "Wang Feng";
4.   person. age = 20;
```

对象的属性由一个列表构成，其元素是由冒号分隔的键值对，元素之间由逗号隔开。

对象的属性值可以是值，也可以是复杂的函数、对象等。

```
1.   var person = {
2.       Jump:function(){
3.           Document. writeln(" Jump ~ ");
4.       }
5.   };
```

以上实例便给 person 对象定义了一个函数属性 Jump，当访问它时会在网页上输出一句
"Jump ~"。

6.4.2　访问对象

对于对象属性的访问有如下几种方法。

一种是通过点号运算符(.)来访问对象的属性，即对象. 属性名。

```
var a = person. name;
```

例如该实例就访问了 person 对象的 name 属性，并赋值给了变量 a。

```
var a = person["name"];
```

当对象的属性值为函数时，该属性就被叫做对象的方法，可以通过小括号来访问该方法。

```
person. Jump();
```

该实例就调用了 person 类中的 Jump 方法，并在网页中输出一句"Jump ~"。

当在对象内需要使用对象的值时，可以使用关键字 this 来代表当前对象。这里的 this 总指向
当前方法的对象。

【例 6.4】JavaScript 对象的调用。

```
1.   < script >
2.   var  person = {
3.       name:"Lorina",
4.       Jump:function(){
5.           document. writeln(this. name +   ":" + "Jump ~ ");
6.       }
7.   };
8.   person. Jump();
9.   < /script >
```

该实例中,调用了 person 的方法 Jump,而该方法又调用了 person 对象的 name 属性,最终输出结果如图 6-6 所示。

图 6-6　访问方法内属性演示实例

6.5　JavaScript 基础——事件

6.5.1　JavaScript 的事件

事件即可以通过脚本响应页面的动作。具体来说,就是浏览器在特定的 HTML 页面元素上可以响应用户的鼠标、键盘或其他操作。JavaScript 与用户之间的交互通过事件来实现,事件驱动是面向对象程序设计的重要概念。事件本质上是一种输入设备与页面之间的通信机制,通过它可实现更高效的用户交互能力。

如在网页中,当鼠标从某图片停留时,可触发"当鼠标指针移动到页面某元素上"的事件 onmouseover;而鼠标从此图片移出时,又触发了"当鼠标指针移出某元素"的事件 onmouseout。

6.5.2　JavaScript 事件的种类

JavaScript 可以响应的事件种类很多,这些事件大多数与 HTML 标记相关,都是在用户操作页面元素时被触发的。根据事件触发的来源和作用对象不同,常分为鼠标事件、键盘事件、窗口事件、表单事件等。

1. 鼠标事件

JavaScript 中的鼠标事件包括以下几种。

(1) onclick:单击鼠标。

(2) ondblclick:双击鼠标。

(3) onmousedown:鼠标按键被按下。

(4) onmouseup:鼠标按键被松开。

【例 6.5】JavaScript 事件的触发。

```
1.  < head >
2.  < script >
3.  function touch(){
4.  alert("surprise!");
5.  }
6.  </script >
7.  </head >
8.  < body >
9.  < input type = "button" value = "点我!" onClick = "touch()">
10.  </body >
```

以上实例中，单击按钮，将触发 onclick 事件，并调用 touch 函数。运行结果如图 6－7 所示。

2. 键盘事件

JavaScript 中的键盘事件包括以下几种。

（1）onkeyup：键盘某个键被松开。

（2）onkeydown：键盘某个键被按下。

（3）onkeypress：键盘某个键被按下又松开。

图 6－7 鼠标事件演示实例

■ **提示：** onkeypress 事件只响应字符键的处理，而 onkeydown 和 onkeyup 事件同时也可以响应功能键一类的处理。

【例 6.6】 键盘响应事件。

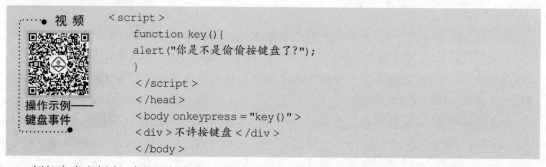

```
<script>
    function key(){
    alert("你是不是偷偷按键盘了?");
    }
</script>
</head>
<body onkeypress = "key()">
<div>不许按键盘</div>
</body>
```

例如在本实例中，当按下键盘任一键后，网页将自动弹出文本框。运行结果如图 6－8 所示。

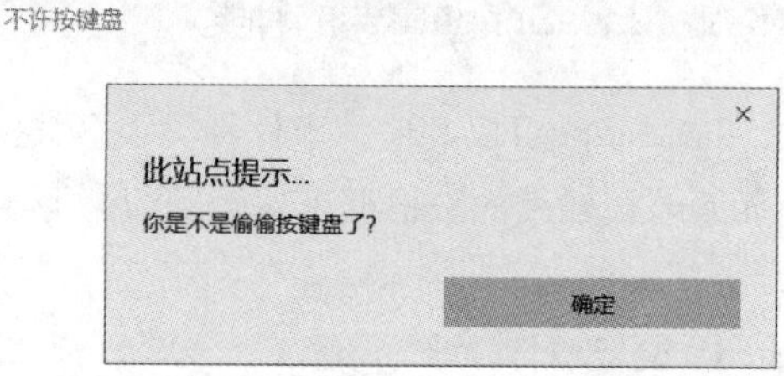

3. 窗口事件与表单事件

窗口事件与表单事件大致包含以下几种。

（1）窗口事件

①onload：网页被完全载入。

②onunload：网页被关闭或试图加载新页面来替换当前页面。

（2）表单事件

①onchange：输入字段被改变。

②onblur：元素失去焦点。

③onsubmit：表单被提交。

图 6－8 键盘事件演示实例

6.5.3 JavaScript 的事件处理

JavaScript 是一种事件驱动的编程语言，具有监听、捕获并处理在 HTML 文档对象上所定义的事件的行为。

当 HTML 文档对象满足事件触发条件时（如用户操作、页面/图像加载完毕等），将产生相应的事件对象，浏览器捕获到该事件对象后，调用相应的 JavaScript 事件处理函数进行处理，并将结果反馈给用户，从而完成"交互"过程，如图 6－9 所示。

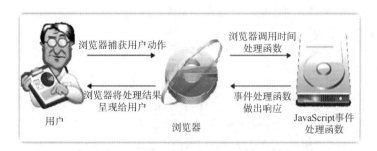

图 6 - 9 JavaScript 对事件的处理

要实现这样的交互,通常包括"定义事件"和"编写事件处理函数"两个步骤。

事件处理函数实际上是一种特殊的函数,主要任务是实现事件处理,由事件触发响应。而所谓的"定义事件",是指给 HTML 元素的事件属性绑定事件处理代码。在 JavaScript 中,定义事件通常有静态指定和动态指定两种方式。

1. 静态指定

静态指定即为将 JavaScript 脚本作为属性值,直接赋值给对象属性。可见,就是在开始标记中设置相关事件属性即可。一个标记可以设置一个或多个事件属性,并绑定事件处理程序。事件处理程序可以是 JavaScript 代码串或函数,但通常将事件处理程序定义为函数。

```
<标记 事件属性 1 = "事件处理程序 1"[事件属性 2 = "事件处理程序 2"…] >
…
</标记 >
```

2. 动态指定

事件处理的静态指定方式适用于大多数情况,但有时也需要在程序运行过程中动态指定(或分配)某一事件,这种方式允许程序像操作标记的属性一样来处理事件。这种方法的基本格式为:

```
<事件主角 - 对象 > . <事件属性 > = function(){          //事件处理代码}
```

例如,给 body 标记指定 onload 事件处理程序。

```
document. body. onload = function ( ){ alert ("欢迎光临本网站!"); }
```

在动态指定中,通过对一个对象的某个事件属性进行函数的赋值,来达到事件定义的效果。

除了这两种定义事件的方法外,还有一种为特定对象的特定事件进行指定的方法,其语法格式为:

```
<script for = "对象" event = "事件名">
</script >
```

■ 提示:这种方法在 HTML5 中已经过时,不鼓励使用,故而不再详细说明。

6.6 JavaScript 应用——环境检测

在 Web 前端设计中,老式浏览器对于 JavaScript、HTML5 等相对新一点的技术的支持度都不是很好,而这会导致网页效果并不能很好地表现出来。因此,使用 JavaScript 对浏览器的类型及版本进行检测是很有必要的。

6.6.1　浏览器

网页浏览器(Web Browser),常被简称为浏览器,是指可以显示网页服务器或者文件系统的 HTML 网页文件的内容,并让用户与这些文件进行交互的一种软件,也是日常使用频率非常高的一种客户端程序。它可以用来显示万维网或局域网中的文字、图像以及其他信息,它们由统一资源标志符标识,信息资源中的超链接可使用户方便地浏览相关信息。

浏览器种类繁多,目前常见的有 IE 系列浏览器、Chrome 浏览器、Safari 浏览器、猎豹浏览器、360 浏览器等,如图 6 - 10 所示。

图 6 - 10　多种浏览器

大部分的浏览器都可以支持 HTML 之外的多种格式,例如 JPEG、PNG、GIF 等图像格式,同时也能够支持许多的插件。另外,许多浏览器还支持其他的 URL 类型以及相应的协议,如 FTP、Gopher、HTTPS。这些协议允许在网页中嵌入图像、动画、视频、声音、流媒体等多种网页元素。

简单来说,浏览器可以分为两部分:shell + 内核。shell 是指浏览器的外壳,例如菜单、工具栏等,主要是提供给用户界面操作、参数设置等,它调用内核来实现各种功能。内核是浏览器的核心,其基于标记语言显示内容的程序或模块。

内核可以分成两部分:渲染引擎(layout engineer)和 JavaScript 引擎。内核负责取得网页的内容(HTML、XML、图像等)、整理信息(例如加入 CSS 等),以及计算网页的显示方式,然后会输出至显示器或打印机。浏览器内核的不同对于网页的语法解释会有不同,所以渲染的效果也不相同。所有网页浏览器、电子邮件客户端以及其他需要编辑、显示网络内容的应用程序都需要内核;JavaScript 引擎则负责解析 JavaScript 语言,执行 JavaScript 语言来实现网页的动态效果。目前,由于 JavaScript 引擎越来越独立,内核便倾向于只指渲染引擎。

虽然浏览器的种类很多,但是很多的浏览器是使用相同的浏览器内核技术。例如百度浏览器使用的就是 IE 浏览器的内核,而 360 浏览器则同时使用 IE 和 Chrome 浏览器的内核。相同内核的浏览器在显示效果上没有本质上的差别,仅仅是外观以及一些装饰性的功能上有差异,因此可以通过浏览器的内核来对其进行分类。

目前主流的浏览器内核大致有以下几种。

1. Trident

Trident 也可以称为 IE 内核,被微软公司的 IE 浏览器所使用。由于 Windows 系统绑定安装 IE 浏览器,因此市场占有率很高,对于大部分网站的支持性都很好。同时使用 IE 内核的浏览器也很多,比如搜狗、QQ、遨游等浏览器。不过,微软在最新的 Edge 浏览器中并没有使用 Trident,而是使用全新的 edgeHTML。但在 IE11 及之前的 IE 版本中仍然是使用 Trident。

2. Webkit

Webkit 由苹果公司开发,为 Safari 浏览器使用的内核。受限于 Mac OS 的使用率不高,Webkit 的市场占有率不如 IE。但由于谷歌公司也选用了 Webkit 作为 Chrome 浏览器的内核,Webkit 在手机系统中使用相对较多。

3. Blink

Blink 是由 Google 和 Opera Software 共同开发的浏览器排版引擎,Google 计划将这个渲染引擎作为 Chromium 计划的一部分,并且在 2013 年 4 月的时候公布了这一消息。这个渲染引擎是开源引擎 Webkit 中 WebCore 组件的一个分支,并且在 Chrome(28 及往后版本)、Opera(15 及往后版本)和 Yandex 浏览器中使用。

4. Gecko

Gecko 是网景公司的 Netscape6 开始使用的内核,后来的火狐浏览器也采用了这个内核,Gecko 的特点是代码完全公开,因此受到许多人的青睐,Gecko 内核的浏览器也很多。此外 Gecko 也是一个跨平台的内核,可以在 Windows、BSD、Linux 和 Mac OS 中使用。

6.6.2　通过 Navigator 对象查看浏览器信息

浏览器对象模型 BOM 中的 Navigator(浏览器对象,可以用于获取浏览器的相关信息)包含了浏览器的基本信息,可以用于获取用户浏览器的一系列信息,例如浏览器名称、版本号等。使用时通常可以省略 window 前缀,简写为 Navigator。但是需要注意的是 Navigator 对象的信息可以被使用者修改,所以有的时候并不是那么准确。

如果需要知道当前浏览器的设置,可以通过查询对应的属性值得到相应的结果。例如通过查询 cookieEnabled 属性,可以知道当前浏览器是否允许使用 cookies。通过 onLine 属性,可以查看浏览器是否处于联网状态。

需要注意的是,部分属性的结果并不能显示为预设结果。比如 appName 属性,用于返回浏览器的名称,但大部分时候结果都显示为 Netscape,也就是网景浏览器。这种显示并没有错误,因为这是 20 世纪末的主流浏览器,网景公司将 Netscape 浏览器的核心代码公开,同时创造了非正式组织 Mozilla,以及浏览器核心排版引擎 Gecko,而后期的浏览器很多都延续使用了这些核心代码,因此通过 Navigator 对象的 appName 属性查询到的结果大多为 Netscape。鉴于通过 appName 无法准确呈现 IE、火狐等浏览器名称,在实际判断浏览器类型时,经常使用的属性是 userAgent,即查询用户代理信息,并通过其中的数据来判断浏览器的名称等相关信息。

【例 6.7】浏览器属性信息的脚本提取。

```
1.    < script >
2.    var msg = "";
3.    msg += "<br>浏览器代码名:" + navigator. appCodeName;
4.    msg += "<br>浏览器的名称: " + navigator. appName;
5.    msg += "<br>浏览器的平台和版本信息:" + navigator. appVersion;
6.    msg += "<br>当前浏览器的语言: " + navigator. browserLanguage;
7.    msg += "<br>是否启用 cookie:" + navigator. cookieEnabled;
8.    msg += "<br>浏览器系统的 cpu 等级: " + navigator. cpuClass;
9.    msg += "<br>系统是否处于脱机状态   :" + navigator. onLine;
10.   msg += "<br>运行浏览器的操作系统平台: " + navigator. platform;
11.   document. write(msg);
12.   </script >
```

在这段实例中,创建了名为 msg 的变量,并将 navigator 的一些属性值添加给它,最后对其进行输出。在 Chrome 浏览器中运行输出结果如图 6 – 11 所示。

浏览器代码名: Mozilla
浏览器的名称: Netscape
浏览器的平台和版本信息: 5.0 (Windows NT 10.0; Win64; x64) AppleWebKit/537.36
(KHTML, like Gecko) Chrome/64.0.3282.140 Safari/537.36 Edge/17.17134
当前浏览器的语言: undefined
是否启用cookie: true
浏览器系统的cpu等级: undefined
系统是否处于脱机状态: true
运行浏览器的操作系统平台: Win32

图 6 – 11　通过 Navigator 对象查看浏览器信息

6.7　JavaScript 应用——表单验证

在网页设计当中,HTML 表单是很重要的一个部分,它主要用于收集用户输入或选择的数据,并将其作为参数提交给远程服务器,从而实现用户与 Web 服务器的交互。

如果在网页中直接对输入的数据进行简单的验证,有助于提高数据验证的效率,同时可以减轻服务器端的负担,提高数据检验效率,因此在本地进行表单验证是非常必要的。

表单是控件的容器,一个表单由 form 标签、表单控件两部分组成。一对 form 标签构成一个完整的表单,在 form 标签内可以包含各种表单组件,如文本框、单选按钮、多选框、按钮等。在同一个 Web 页面内,可以包含多组 form 标签。form 标签的常用属性值如下。

(1)method:规定发送表单数据的两种 http 方法:get 和 post,默认方法为 get。但由于其数据安全性不高,通常使用 post 来传输数据。

(2)action:规定表单提交数据的服务器地址。

(3)name:定义表单的名称,可以用于区分网页中的多个表单。

（4）onsubmit：监听提交表单的动作，一般用于调用 JavaScript 函数，进行表单数据的验证。如果函数返回 true，则继续提交表单，否则终止本次表单的提交。

使用 < input > 和 < button > 标签都可以定义"提交"按钮，只需把 type 属性定义为"submit"即可。要使用图像按钮提交表单，也只需把 < input > 标签的 type 属性定义为"image"。

submit 事件类型在表单内单击"提交"按钮或在文本框中输入文本时按 Enter 键触发。除此之外，调用 submit（ ）方法也可提交表单，但调用该方法并不会触发 submit 事件。表单在提交后会刷新页面，即在表单提交后，JavaScript 的其他操作都是无效的。要想阻止表单提交，需要在表单提交后调用的函数中返回"false"的布尔值。

【例 6.8】表单提交案例。

```
1.   < body >
2.   < form method = "post" action = "" onsubmit = "t()" >
3.   < input type = "text" id = "t1" >
4.   < button type = "submit" >提交 </button >
5.   </form >
6.   < script >
7.   function t(){
8.   alert("输入成功");
9.    return false;    }
10.   </script >
11.   </body >
```

本例中，若对表单进行提交，则会输出"输入成功"的对话框，同时阻止表单的提交。

在浏览器中，初步检查用户输入的表单数据是否符合要求，这比发送到服务器再返回结果来得快。

【例 6.9】综合案例：留学生情况问卷调查。要求用户完成 3 道单选题、2 道多选题，并填写自己的姓名、国家、专业，然后单击"提交"按钮，将数据提交到远程服务器中。

说明：页面的显示效果通过 CSS 设置，这里不做详细说明；表单的功能设计为必须完成全部问卷内容的选择或填写，当单击"提交问卷"按钮时，进行非空验证，并给出对应提示。

```
1.   <!DOCTYPE html >
2.   < html >
3.     < head >
4.       < meta charset = "utf-8" >
5.       < title >问卷调查页面示例 </title >
6.       < link rel = "stylesheet" href = "css/questionstyle.css" >
7.       < script >
8.   function selected(name){
9.     //用于统计被勾选的选项数量
10.     var j = 0;
11.     //获取指定 name 名称的同组所有复选框元素
12.     var selected = document.getElementsByName(name);
13.     //遍历选项组中的所有选项
14.     for(var i = 0; i < selected.length;i++){
15.       //判当前断是否有选中的选项
16.         if(selected[i].checked){
```

视　频

操作示例——
问卷调查

```
17.                    j + + ;
18.                    //如果有选项为选中状态直接跳出遍历循环
19.                    break;
20.                }
21.            }
22.        if(j ==0)return false;
23.        return true;
24.    }
25.
26.    function check(){
27.        //调用 selected(name)函数判断第 1 题的情况
28.        var q1 = selected("q1");
29.        if(q1 == false){
30.            alert("第 1 题必须选择一个选项.");
31.            return false;
32.        }
33.        //调用 selected(name)函数判断第 1 题的情况
34.        var q2 = selected("q2");
35.         if(q2 == false){
36.            alert("第 2 题必须选择一个选项.");
37.            return false;
38.        }
39.        //调用 selected(name)函数判断第 3 题的情况
40.        var q3 = selected("q3");
41.        if(q3 == false){
42.            alert("第 3 题必须选择一个选项.");
43.            return false;
44.        }
45.        //调用 selected(name)函数判断第 4 题的情况
46.        var q4 = selected("q4");
47.        if(q4 == false){
48.            alert("第 4 题必须选择至少一个选项.");
49.            return false;
50.        }
51.        //调用 selected(name)函数判断第 5 题的情况
52.        var q5 = selected("q5");
53.        if(q5 == false){
54.            alert("第 5 题必须选择至少一个选项.");
55.            return false;
56.        }
57.        return alert("感谢您的填写");
58.    }</script >
59.        </head >
60.        <body >
61.            <div id = "questionstyle" >
62.                <!--页面标题 -->
63.                <h1 >留学生情况问卷调查 </h1 >
64.                <!--水平线 -->
65.                <hr/>
```

```
66.              <!--表单-->
67.              <form method = "post" action = "URL" name = "survey" onsubmit = "return
check()">
68.                  <ol>
69.                      <li>您来学校的方式是?</li>
70.                      <label>
71.                          <input type = "radio" name = "q1" value = "q1_1"  />
72.                          原有学校与现就读学校的合作办学 </label>
73.                          <br/>
74.                      <label>
75.                          <input type = "radio" name = "q1" value = "q1_2"  />
76.                          交换学生 </label>
77.                          <br/>
78.                      <label>
79.                          <input type = "radio" name = "q1" value = "q1_3"  />
80.                          通过留学中介公司 </label>
81.                          <br/>
82.                      <label>
83.                          <input type = "radio" name = "q1" value = "q1_4"  />
84.                          单位派遣 </label>
85.                          <br/>
86.                      <label>
87.                          <input type = "radio" name = "q1" value = "q1_5"  />
88.                          其他 </label>
89.
90.                      <li>您的汉语水平?</li>
91.                      <label>
92.                          <input type = "radio" name = "q2" value = "q2_1"  />
93.                          非常好 </label>
94.                      <label>
95.                          <input type = "radio" name = "q2" value = "q2_2"/>
96.                          比较好 </label>
97.                      <label>
98.                          <input type = "radio" name = "q2" value = "q2_3"  />
99.                          一般 </label>
100.                      <label>
101.                          <input type = "radio" name = "q2" value = "q2_4"  />
102.                          不太好 </label>
103.                      <label>
104.                          <input type = "radio" name = "q2" value = "q2_5"  />
105.                          非常不好 </label>
106.
107.                      <li>您目前在哪居住?</li>
108.                      <label>
109.                          <input type = "radio" name = "q3" value = "q3_1"  />
110.                          学生宿舍 </label>
111.                      <label>
112.                          <input type = "radio" name = "q3" value = "q3_2"  />
113.                          校外租房 </label>
```

```
114.                    <label>
115.                        <input type = "radio" name = "q3" value = "q3_3"  />
116.                    朋友家 </label>
117.                    <label>
118.                        <input type = "radio" name = "q3" value = "q3_4"  />
119.                    其他 </label>
120.

121.        <li>您为什么选择昆明理工大学学习?(可多选) </li>
122.                    <label>
123.                        <input type = "checkbox" name = "q4" value = "q4_1"/>
124.                    喜欢昆明的气候 </label>
125.                        <br/>
126.                    <label>
127.                        <input type = "checkbox" name = "q4" value = "q4_2"/>
128.                    学校知名度高 </label>
129.                        <br/>
130.                    <label>
131.                        <input type = "checkbox" name = "q4" value = "q4_3"/>
132.                    所学专业教学水平高</label>
133.                        <br/>
134.                    <label>
135.                        <input type = "checkbox" name = "q4" value = "q4_4"/>
136.                    校园氛围好</label>
137.                        <br/>
138.                    <label>
139.                        <input type = "checkbox" name = "q4" value = "q4_5"/>
140.                    费用较低</label>
141.                        <br/>
142.                    <label>
143.                        <input type = "checkbox" name = "q4" value = "q4_6"/>
144.                    通过别人介绍</label>
145.

146.        <li>您希望学校增加或改善的设施?(可多选) </li>
147.                    <label>
148.                        <input type = "checkbox" name = "q5" value = "q5_1"/>
149.                    卫生设施 </label>
150.                    <br/>
151.                    <label>
152.                        <input type = "checkbox" name = "q5" value = "q5_2"/>
153.                    洗浴设施 </label>
154.                    <br/>
155.                    <label>
156.                        <input type = "checkbox" name = "q5" value = "q5_3"/>
157.                    教学设施 </label>
158.                    <br/>
159.                    <label>
160.                        <input type = "checkbox" name = "q5" value = "q5_4"/>
161.                    健身设施 </label>
162.                    <br/>
```

```
163.                    < input type = "checkbox" name = "q5" value = "q5_5"/ >
164.                      餐饮设施 </label >
165.                    <br/ >
166.                    < label >
167.                      < input type = "checkbox" name = "q5" value = "q5_6"/ >
168.                      超市、商店 </label >
169.                    <br/ >
170.                    < label >
171.                      < input type = "checkbox" name = "q5" value = "q5_7"/ >
172.                      以上均不感兴趣 </label >
173.                  </ol >
174.
175.                  < label >您的姓名
176.                    < input type = "text"  name = "name"  required/ >
177.                  </label >
178.                  < label >您的国家
179.                    < input type = "text" name = "country"  required/ >
180.                  </label >
181.                  < label >您的专业
182.                    < input type = "text" name = "major" required/ >
183.                  </label >
184.                   < div id = "btn" >
185.                   < button type = "submit" >提交问卷 </button >
186.                  </div >
187.              </form >
188.          </div >
189.      </body >
190.  </html >
```

案例运行效果如图 6 – 12 所示。

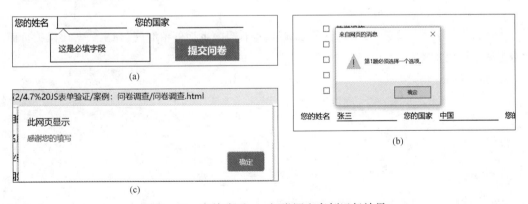

(a)

(b)

(c)

图 6 – 12　表单验证——问卷调查案例运行效果

表单设计如下。

（1）问卷调查的单选、多选和个人信息的填写部分使用 input 标签创建。

（2）3 道题为单选题，type 属性为 radio，后两题为多选题，type 属性为 checkbox。

（3）5 道题的 name 属性分别设置为 q1 到 q5。

（4）同时为了区分同一题中的不同选项，将 value 属性设置为不同的值，如第一题的 5 个选项的 value 属性分别设置为 q1 - 1 到 q1 - 5。

（5）信息输入部分为 3 个单行文本框，type 属性为 text，name 属性分别为 name、country、major。

（6）"提交"按钮使用 button 标签创建，type 属性为 submit，表示单击该按钮，会将当前表单中的所有数据整理成 name 和 value 的形式提交给服务器处理。

表单在提交后，会将表单控件的值传递给 action 规定的地址。通常来说，需要对表单进行格式与值的验证。一般验证表单是否为空的方法有两种。

（1）通过 input 标签的 required 属性判断。

（2）通过 JS 代码判断控件的状态，如选项的 checked 属性。

非空验证具体实施如下。

（1）对"姓名""国家""专业"3 个文本框，添加 required 属性，要求此三项必填，也属于优先检验，如图 6.12（a）所示。

（2）其他 5 道题目（单选和多选）的非空验证通过 JS 自定义函数 check( ) 来实现。

（3）在 check 函数进行非空检验时，调用了自定义函数 selected(name)，分别对此 5 道题目的答案选项是否选中进行遍历检查。

（4）如某一题目未答，则通过 alert("第 N 题必须选择至少一个选项") 提示用户完成相应题目的回答，如图 6 - 12（b）所示。

（5）直至所有题目和 3 个个人信息都填完，才允许此表单完成提交，如图 6 - 12（c）所示。

6.8　JavaScript 应用——页面特效

JavaScript 可以实现各种网页特效，本节将结合前面介绍的 JavaScript 基本知识，通过综合案例来详细介绍 JavaScript 网页特效的实现过程。

【例 6.10】页面综合特效案例

本例包括以下 3 个部分：改变网页背景颜色；查看当前页面停留时间；弹出式密码保护页面。要分为两个网页实现。

1. JavaScript 特效

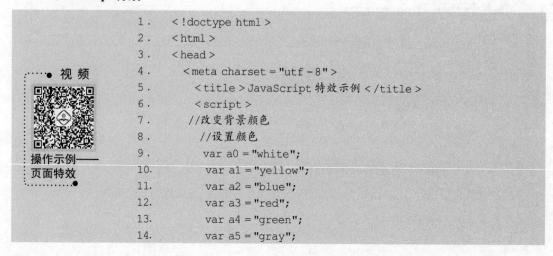

```
1.    <!doctype html >
2.    <html >
3.    <head >
4.      <meta charset = "utf - 8">
5.      <title >JavaScript 特效示例</title >
6.      <script >
7.      //改变背景颜色
8.        //设置颜色
9.        var a0 = "white";
10.       var a1 = "yellow";
11.       var a2 = "blue";
12.       var a3 = "red";
13.       var a4 = "green";
14.       var a5 = "gray";
```

视　频

操作示例——
页面特效

```
15.        //改变背景颜色
16.          function changebg(type){
17.            document.bgColor = type;
18.          }
19.    ////////////////////////////////////////////////
20.      //显示停留时间
21.          pageOpen = new Date();
22.          function stay(){
23.            pageNow = new Date();
24.            minutes = pageNow.getMinutes() - pageOpen.getMinutes();
25.            seconds = pageNow.getSeconds() - pageOpen.getSeconds();
26.            time = seconds + minutes* 60;
27.            alert("你在本页面停留了" + time + "秒钟!");
28.          }
29.      </script>
30.   </head>
31.
32.   <body>
33.      <h1 align = center>JavaScript 特效 </h1>
34.      <hr>
35.      <div>
36.       <h3>单击下面按钮改变背景颜色(六种): </h3>
37.         <form name = "color">
38.            <input type = "button" onClick = "changebg(a0)" style = "background -
color:rgb(255,255,255)">
39.            <input type = "button" onClick = "changebg(a1)" style = "background -
color:rgb(255,255,0)">
40.            <input type = "button" onClick = "changebg(a2)" style = "background -
color:rgb(0,0,255)">
41.            <input type = "button" onClick = "changebg(a3)" style = "background -
color:rgb(255,0,0)">
42.            <input type = "button" onClick = "changebg(a4)" style = "background -
color:rgb(0,255,0)">
43.            <input type = "button" onClick = "changebg(a5)" style = "background -
color:rgb(102,102,102)">
44.         </form>
45.      </div>
46.      <div>
47.       <h3>单击下面按钮查看当前页面停留时间: </h3>
48.         <form name = "time">
49.            <input type = "button" name = "button" id = "button" value = "停留时间"
onClick = "stay()">
50.         </form>
51.      </div>
52.      <div>
53.       <h3>单击下面按钮进入密码保护页面: </h3>
54.         <form name = "psw">
55.            <input type = "button" name = "button" id = "button" value = "进入密码保
护页面" onClick = window.open("密码保护页面.html","_self")>
```

```
56.        </form>
57.      </div>
58.    </body>
59.  </html>
```

2. 密码保护页面

```
1.   <!doctype html>
2.   <html>
3.   <head>
4.   <meta charset = "utf-8">
5.   <title>密码保护页面</title>
6.     <script>
7.     //弹出式密码保护
8.        function password(){
9.            var trytime =1;
10.           var correct = "123456";
11.           var pass = prompt("请输入密码(密码为123456)","");
12.           while(trytime<3){
13.               if(!pass){
14.                   history.go(-1);
15.               }
16.               if(pass == correct){
17.                   break;
18.               }
19.               trytime += 1;
20.               var pass = prompt("密码错误,请重新输入!");
21.           }
22.           if(pass != correct &trytime == 3){
23.               alert("3次密码输入错误,无法进入!");
24.               history.go(-1);
25.           }
26.           return " ";
27.       }
28.       document.write(password());
29.     </script>
30.   </head>
31.
32.   <body>
33.   恭喜,密码正确!
34.   </body>
35.   </html>
```

案例运行效果如图 6-13 所示。

功能 1:改变网页背景颜色。

（1）document. bgColor:设置页面的背景色。

（2）< input type = "button" onClick = "changebg(xx)":用来触发用户的单击按钮事件,当事件触发时,调用 changebg( )函数,并传递对应的参数用于设置背景色。

（3）changebg(type)¦¦函数:用于改变页面背景颜色。

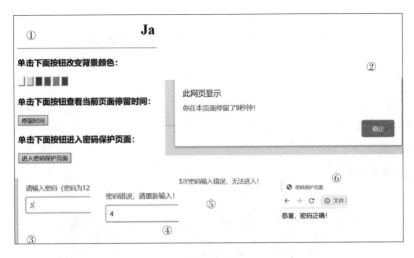

图 6-13 页面特效案例运行效果

功能 2:查看当前页面停留时间。

(1)pageOpen = new Date();:创建一个时间对象,用于存储浏览页面的开始时间。

(2)function stay()||函数:用于计算在本页面的停留时间。

(3)pageNow = new Date();:创建一个时间对象,用于存储页面的当前时间。

(4)minutes = pageNow. getMinutes() – pageOpen. getMinutes();:当前时间的分钟数减去开始时间的分钟数,得出停留的分钟数。

(5)seconds = pageNow. getSeconds() – pageOpen. getSeconds();:计算出停留的秒数差。

(6)time = seconds + minutes ＊ 60;:总停留的秒数。

(7)alert("你在本页面停留了" + time + "秒钟!");:弹出提示框,提示浏览者停留的时间。

功能 3:弹出式密码保护页面。

(1)password() 函数:用来进行密码保护的程序。

(2)var trytime = 1;:trytime 变量记录密码输入次数。

(3)var correct = "123456":correct 变量用于存储正确密码。

(4)prompt('请输入密码(密码是 123456):',"");:使用 prompt 方法提示用户输入一个密码(一个字符串),并赋给 pass 变量。

(5)while (trytime < 3)||:用于限制用户输入错误密码的次数。输入次数小于三次,判断是否与设定的密码相同,输入大于三次则返回上一页。

(6)if (pass == correct)|break;|trytime += 1;var pass = prompt('密码错误,请重新输入!');:判断输入的密码和设定的密码是否相同,如果相同,则执行 break 语句退出循环;如果不相同,trytime 加 1,并使用 prompt 方法提示用户再次输入密码,重复上述 while 操作。

(7)if (pass = correct&trytime == 3):用来判断最后一次输入的密码是否正确。如果密码正确,此条件为假,跳过 if 语句后面的代码,直接加载页面,就达到了通过密码验证的效果。如果密码不正确,同时输入错误次数也达到了 3,则执行 if 后面的语句,弹出出错提示,并用 history. go(–1)跳回此前的链接,达到了保护页面的作用。

6.9　兵器库——jQuery 探秘

6.9.1　jQuery 简介

jQuery 是一个快速、简洁的 JavaScript 框架，其设计的宗旨是"Write Less，Do More"，即倡导写更少的代码，做更多的事情。它封装 JavaScript 常用的功能代码，提供一种简便的 JavaScript 设计模式，优化 HTML 文档操作、事件处理、动画设计和 Ajax 交互，jQuery 官网如图 6 – 14 所示。

图 6 – 14　jQuery 官网

jQuery 的核心特性可以总结为：具有独特的链式语法和短小清晰的多功能接口；封装了大量的 DOM 操作，可以简单方便地操作 DOM；支持 CSS 中几乎所有的选择器，还包括 jQuery 特有的选择器，也支持用户自己编写选择器；把 Ajax 封装到一个函数中，大大简化了 Ajax 交互的编写难度；支持链式操作、隐式迭代，还支持丰富的插件。

jQuery 是开源免费的。截止至本书编写时间，最新发布版本为 3.4.1。jQuery 可供下载的版本分为 production 压缩版和 development 完整版。其中压缩版体积较小，常用于网站运行；完整版则主要用于产品的开发与测试。考虑浏览器及插件的兼容性，本章使用 1.12.4 完整版进行代码编写。

6.9.2　jQuery 的使用

jQuery 的使用很简单，无须安装，只需要将下载的 js 库文件复制到网站的公共位置，如 js 文件夹中，然后在 head 标签中使用 script 标签声明即可。

```
<script src = "js/jquery - 1.12.4.min.js">
</script>
```

jQuery 的语法结构如下：

```
$(selector).action();
```

jQuery 的语法是专门为 HTML 元素的选取编制的，可以对元素执行操作。语法格式中美元符号 $ 表示 jQuery 语句，选择符 selector，用于查询 HTML 元素，action() 根据需要替换为对元素某种具体操作的方法名。

例如，$("p").hide();表示隐藏所有段落。

为了避免文档在加载完成前，就运行 jQuery 代码导致出现潜在错误，所有的 jQuery 函数都需要写在一个文档就绪函数中。该函数的功能与 JavaScript 的 window.onload()方法类似，在页面被载入时自动执行。具体格式如下：

```
$ (document). ready (function (){ ……});
```

【例 6.11】jQuery 应用引例。

```
1.    <html >
2.    <head >
3.       <script src = "js/jquery - 1.12.4.js" > </script >
4.       <title >第一个 jQuery 文档 </title >
5.       <script >
6.              $ (document). ready (function (){
7.                      alert("Hello jQuery!");  });
8.       </script >
9.    </head >
10.   <body >
11.   </body >
12.   </html >
```

上述实例中，第一对 script 标签声明了 jQuery 库文件的存储位置，库文件保存在当前路径的 js 子文件夹中。

在第二对 script 标签中，$ 符号开头表示这是一个 jQuery 函数。编写 document.ready 函数，使用 alert 方法显示信息。当在浏览器中打开网页时，页面载入执行 ready 函数，弹出对话框显示"hello jQuery!"。该实例的运行结果如图 6 - 15 所示。

图 6 - 15　jQuery 使用实例

6.9.3　jQuery 选择器和事件处理机制

1. 选择器

使用 JavaScript 的大多数时候要做的第一件事就是选择将被操作的页面元素。直接使用原生 JavaScript 来进行会比较麻烦，而 jQuery 提供了非常健壮的选择器，让人们可以轻松地选择几乎任何元素集合。jQuery 选择器继承了 CSS 的风格，可用于快速选定需要的 HTML 元素，并为其进行后续处理。

jQuery 提供了 9 个选择器来定位 HTML 控件。通过这 9 种选择器，可以定位 Web 页面中任何位置的标签。

（1）基本选择器：直接定位 id、类修饰器、标签。

（2）层次选择器：有父子、兄弟关系的标签。

（3）增强基本选择器：大于、小于、等于、奇偶数的标签。

（4）内容选择器：定义内容为 XXX、内容中是否有标签器、含有子元素或者文本的标签。

（5）可见性选择器：可见或不可见的标签。

（6）属性选择器：与属性的值相关。

（7）子元素选择器：匹配父标签下的子标签。

（8）表单选择器：匹配表单对应的控件属性。

（9）表单对象属性选择器：匹配表单属性具体的值。

【例 6.12】jQuery 选择器实例。

```
1.    <html>
2.    <head>
3.        <script src="js/jquery-1.12.4.js"></script>
4.        <title>jQuery 选择器</title>
5.        <script>
6.            $(document).ready(function(){
7.                $("button").click(function(){
8.                    $("p").css("background-color","red");  });
9.            });
10.       </script>
11.   </head>
12.   <body>
13.       <h2>标题</h2>
14.       <p>段落1</p>
15.       <p>段落2</p>
16.       <button type="button">Click me</button>
17.   </body>
18.   </html>
```

此例中，单击按钮可以将网页文本的背景颜色设置为红色。<script>代码部分为 jQuery 的文档就绪函数，函数中嵌套了一个按钮点击函数，使用 jQuery CSS 选择器，将所有段落标签 p 中的内容的背景颜色设置为红色，代码里的 $ 符号表示 jQuery 语句，CSS 表示采用 CSS 选择器。实际运行效果如图 6-16 所示。

图 6-16　jQuery 选择器实例

2. jQuery 的事件处理机制

当页面中的元素由于用户的操作或其他原因发生改变时，浏览器会生成对应的事件，这时就需要编写相应的事件处理程序来响应这些事件。用 JavaScript 虽然也可以实现这些交互，但 jQuery 的事件处理机制使得程序的编写更为简单方便。

常用的 jQuery 事件主要有四类：文档/窗口事件、键盘事件、鼠标事件和表单事件。

（1）文档/窗口事件是页面文档，或浏览器窗口发生变化时所触发的事件，常见事件有 ready、load 事件。ready 事件又称文档就绪事件。一般来说，所有的 jQuery 函数都要写到 ready 函数中。而 load 事件，当页面中指定的元素被加载完毕时会触发 load() 事件。该事件通常用于监听具有可加载内容的元素，例如图像元素 <img>、内联框架 <iframe> 等。

（2）键盘事件是用户操作键盘所触发的事件，常见事件有以下几种。

● keydown：键盘按下触发该事件。

● keypress：键盘按下并快速放开触发该事件。

● keyup：键盘被释放时触发该事件。

以上 3 种键盘事件的选择器均可为 $ (document)，或者文档中的 HTML 元素。

（3）鼠标事件是用户操作鼠标所触发的事件，可以看到鼠标事件很多，分别对应鼠标的各种操作，如单击、双击、鼠标经过、鼠标移动等。最常用的有以下几种。

● click：当鼠标单击选中元素时触发。

● hover：当鼠标悬停在选中元素上时触发。

鼠标事件的选择器可以是文档中的任意 html 元素。

（4）表单事件是用户操作表单所触发的事件，包括表单元素获得焦点的 focus 事件、内容发生改变的 change 事件、提交表单触发的 submit 事件等。表单事件的选择器大多为文档中的表单元素。

除了上述事件，还可以使用 jQuery 给指定元素的子元素绑定或解绑一个或多个事件。为元素绑定事件可以使用 on 函数，而给指定元素的子元素解除事件可以使用 off 函数。除此之外，绑定与解绑也有其他函数，如 bind 和 unbind，但 jQuery3.0 之后的版本不支持这些函数，因此不再做介绍。

【例 6.13】 jQuery 事件处理。

```
1.    <html>
2.    <head>
3.       <script src = "js/jquery-1.12.4.js"></script>
4.       <title>jQuery 事件处理</title>
5.       <script>
6.       $(document).ready(function(){
7.        var i = 0;
8.         $("p").click(function(){
9.          if(i==0) $("p").hide();
10.          i = 1;
11.        });
12.         $("#bn1").click(function(){
13.          if(i==1) $("p").show();
14.          i = 0;
15.        });
16.       });
17.     </script>
18.    </head>
19.    <body>
20.       <h3>jQuery 事件的测试页面</h3>
21.       <p>单击我可以隐藏文字</p>
22.       <p>单击我也可以......</p>
23.       <button id = "bn1">恢复</button>
24.    </body>
25.    </html>
```

功能：测试鼠标的单击事件 click，当单击文字时文字隐藏，单击按钮时文字出现。在浏览器中运行网页，首先单击文字，可以看到文字消失。接着单击"恢复"按钮，文字再次出现，可以看到并非只有按钮可以响应 click 事件。

实现方法如下。

（1）使用了文档事件中的 ready 事件，鼠标事件中的 click 事件，以及 hide 和 show 方法，隐藏和显示指定元素。

（2）在 ready 函数中，先定义变量 i，当文本出现时为 0，隐藏时为 1。

（3）再编写两个 click 事件分别响应段落文字和按钮的单击事件。在文字的 click 事件中，$（"p"）. hide（），表示隐藏所有段落文字。在按钮的 click 事件中，$（"p"）. show（），表示显示所有段落文字。同时更改 i 的值，记录文字状态。该实例的运行效果如图 6-17 所示。

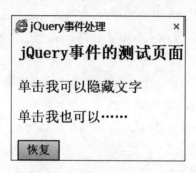

图 6-17　jQuery 事件处理实例

本 章 小 结

本章从 JavaScript 的发展入手，通过语法、流程控制、函数、对象及事件，从而实现了 JavaScript 的应用，具体应用包括环境检测、表单验证、页面特效，并对"兵器库"—jQuery 进行了探秘。重点讲述了以下内容。

（1）JavaScript 的定义与发展历程。

（2）JavaScript 的基础，具体包括语法、流程控制、函数、对象及事件。

（3）在具体应用中，首先进行环境检测，其次是表单验证，最后学习页面特效。

（4）学习了 jQuery 框架的使用。

实验 6　jQuery Ajax 实现

一、实验目的

理解并运用 jQuery Ajax；尤其是常用的 Ajax 方法。

二、实验内容与要求

（1）load 方法加载数据。

（2）get、post 方法请求数据。

（3）Ajax 方法载入外部文件。

（4）清除数据。

三、实验主要步骤

（1）运行环境准备：下载 jQuery v1.12.4，并放入相应文件夹中以备调用。

（2）编写文本文件 ajaxtest. txt。可参考如下代码。

```
<h3>OUTER FILE</h3>
some text......
<br>
```

编写外部 JS 文件：ajaxScript. js。文件内容为：alert("js file")；

（3）编写 style. css 文件，源代码如下：

```
1.   div{
2.       width:200 px;
3.       height:100 px;
4.       text-align:center;
5.       border:1 px solid;
6.       margin:20 px;
7.   }
8.   button{
9.       width:150 px;
10.      height:30 px;
11.  }
```

（4）编写 ajax. html 文件。

首先，在网页 body 区的代码中定义 7 个按钮，id 设为 btn1 到 btn7；定义一个 div，用于显示方框，div 格式在外部 CSS 文件中设置。作用如图 6 - 18 所示。

然后，在 head 区添加 JS 代码。

①在 $(document). ready 函数中，编写 7 个按钮的 click 函数。

②第一、二个按钮使用 load 方法，第三个按钮使用 get 方法，第四个按钮使用 post 方法，第五个按钮使用 Ajax 方法，第六个按钮使用 getscript 方法。

③后一个按钮使用 jQuery 的 empty 方法，清空 div 中的数据。

④第一、二个按钮均使用 load 方法获取数据，不同的是第二个 load 方法中，在要读取的文件名后加上 h3，表示只读取文件中的 h3 元素。

（5）运行效果。

单击第一个按钮，在方框中显示文件内容；单击第二个按钮，可以看到只显示了 h3 标题。如图 6 - 19 所示。

第三、四个按钮分别调用 get 方法和 post 方法，获取数据并在 div 区块中显示。在 post 方法中，添加了提交给服务器的数据 name 和 key，如图 6 - 20 所示。

第五个按钮通过 Ajax 方法获取数据，如图 6 - 21 所示。

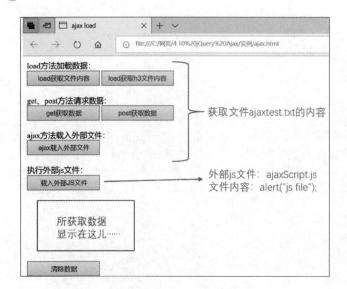

图 6-18 jQuery Ajax 的作用 · 图 6-19 第二按钮的效果

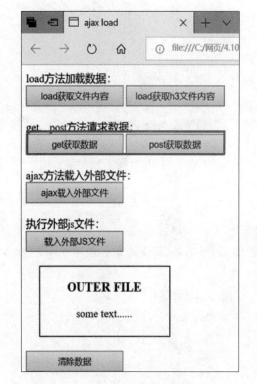

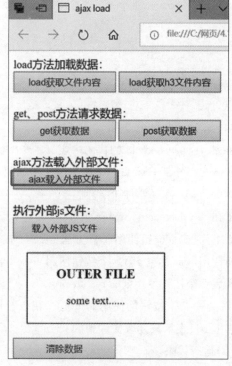

图 6-20 第三、四个按钮的效果 · · · · · · · · · · · 图 6-21 第五个按钮的效果

第六个按钮通过 getScript 方法获取外部 JS 文件,执行其中的 JS 代码,如图 6-22 所示。最后一个按钮则清除方框中显示的内容。

图 6 - 22　第六按钮效果

源代码如下：

```
1.    < !doctype html >
2.    < html >
3.    < head >
4.     < meta charset = "utf - 8" >
5.     < title > ajax load </title >
6.     < link rel = "stylesheet" href = "css/style. css" >
7.     < script src = "js/jquery - 1. 12. 4. js" > </script >
8.     < script >
9.       $ (document). ready(function(){
10.          $ ("#btn1"). click(function(){
11.              $ ("#box"). load("ajaxtest. txt");          //获取整个文件
12.          })
13.          $ ("#btn2"). click(function(){
14.              $ ("#box"). load("ajaxtest. txt h3");        //获取文件中的 h3 元素
15.
16.          })
17.          $ ("#btn3"). click(function(){
18.              $. get("ajaxtest. txt",function(data){ //get 方法获取数据
19.                  $ ("#box"). html(data);//在 id 为 box 的 div 元素中显示数据
20.              })
21.          })
22.          $ ("#btn4"). click(function(){
23.  $. post("ajaxtest. txt",{name:"zhang",key:"123"},function(data){
                                         //将 name 和 key 返回服务器
24.                  $ ("#box"). html(data);        //在 id 为 box 的 div 元素中显示数据
25.              })
26.          })
27.          $ ("#btn5"). click(function(){
```

```
28.        htmlobj = $.ajax({url:"ajaxtest.txt",async:false});
                                    //在 id 为 box 的 div 中显示数据
29.            $("#box").html(htmlobj.responseText);
30.        })
31.        $("#btn6").click(function(){
32.            $("#box").html("ajaxScript.js");
33.            $.getScript("js/ajaxScript.js");
                        //getScript 方法获取外部 js 文件,执行其中的 js 代码
34.        })
35.        $("#btn7").click(function(){
36.            $("#box").empty();
37.        })
38.    })
39.    </script>
40.    </head>
41.    <body>
42.    <label>load 方法加载数据: </label>
43.    <br/>
44.    <button id="btn1">load 获取文件内容</button>
45.    <button id="btn2">load 获取 h3 文件内容</button>
46.    <br/> <br/>
47.    <label>get、post 方法请求数据: </label>
48.    <br/>
49.    <button id="btn3">get 获取数据</button>
50.    <button id="btn4">post 获取数据</button>
51.    <br/> <br/>
52.    <label>ajax 方法载入外部文件: </label>
53.    <br/>
54.    <button id="btn5">ajax 载入外部文件</button>
55.    <br/> <br/>
56.    <label>执行外部 js 文件: </label>
57.    <br/>
58.    <button id="btn6">载入外部 JS 文件</button>
59.    <br/>
60.    <div id="box"> </div>
61.    <button id="btn7">清除数据</button>
62.    </body>
63.    </html>
```

■ 提示:对 load、get、post、ajax 方法获取数据进行了验证,按钮功能为读取文本文件的内容。载入外部 JS 文件使用 getScript 方法,获取 ajaxScript.js 文件的内容并执行。

四、实验总结与拓展

Ajax = 异步 JavaScript 和 XML

Ajax 是一种在无须重新加载整个网页的情况下,能够更新部分网页的技术。

$.load( )方法:jQuery 中最常用的 Ajax 方法,该方法通过 Ajax 请求从服务器加载数据,并把返回的数据放置到指定的元素中。

$.get()方法:用于通过 HTTP GET 请求从服务器请求数据。

$.post()方法:用于通过 HTTP POST 请求从服务器请求数据。

$.ajax()方法:用于通过 HTTP 请求加载远程数据返回其创建的 XMLHttpRequest 对象。

习题与思考

1.判断题

(1)浏览器名称可通过 Navigator 对象的 appName 属性获取,如 Netscape 表示 IE 浏览器。

(　　)

(2)IE 浏览器的内核是 Trident。　　　　　　　　　　　　　　　　　　(　　)

(3)< input > 标签的 required 属性可以用于判断复选按钮组的完成情况。(　　)

(4)JavaScript 中的 window. history 对象可用于获取当前页面的网址。(　　)

(5)设置网页的背景颜色可以通过修改 document 对象的 bgColor 属性值来实现。(　　)

(6)jQuery 是 JavaScript 库。　　　　　　　　　　　　　　　　　　　(　　)

(7)jQuery 使用 CSS 选择器来选取元素。　　　　　　　　　　　　　　(　　)

(8)$("p"). css("background – color","red");把所有 p 元素的背景色设置为红色。

(　　)

(9)Ajax 是 Asynchronous JavaScript and XML 的缩写。它是指一种创建交互式网页应用的网页开发技术。　　　　　　　　　　　　　　　　　　　　　　　　　(　　)

(10)Ajax 不可以实现动态不刷新(局部刷新)。　　　　　　　　　　　(　　)

(11)在 HTML 中嵌入 JavaScript 代码时,需使用 script 标记。(　　)

(12)JavaScript 是基于对象和事件驱动并具有相对安全性的客户端脚本语言。(　　)

(13)JavaScript 程序不能独立运行,必须依赖于 HTML 文件。(　　)

(14)当页面载入时,会自动执行位于 body 部分的 JavaScript 代码。(　　)

(15)外部 JavaScript 文件的扩展名为 . jsp。　　　　　　　　　　　(　　)

(16)可将 JavaScript 代码放置在 HTML 文档的 body 区,但不能放置在 head 区。(　　)

(17)JavaScript 代码的每条语句必须以分号结束。(　　)

(18)alert( ) 函数的功能是显示一个警告对话框。(　　)

(19)事件是一些可以通过脚本响应的页面动作。(　　)

(20)只要给特定的事件句柄绑定事件处理代码就可以响应事件。(　　)

2.选择题

(1)不是 JavaScript 特点的是_____。

A. 跨平台性　　　　B. 动态性　　　　C. 编译型语言　　　　D. 解释型语言

(2)在 JavaScript 中,能正确调用对象属性的语句是_____。

A. 对象名(属性名)　B. 对象名 –> 属性名　C. 对象名属性名　　D. 对象名. 属性名

(3)下列定义函数 show( )语法正确的是_____。

A. function show( ){　}　　　　　　　　B. function:show( ){　}

C. function = show( ) { }   D. Show( ) { }

(4) 引用外部 show. js 文件正确的方法是_____。

A. < script src = " show" >   B. < script name = " show. js" >

C. < script href = " show. js" >   D. < script src = " show. js" >

(5) 以下选项中, 鼠标单击事件对应的事件句柄是_____。

A. onChange   B. onLoad   C. onClick   D. onDblclick

(6) 以下事件中, 当页面中的文本输入框获得焦点时触发的事件是_____。

A. click   B. load   C. blur   D. focus

(7) 以下事件中, 不属于键盘事件的是_____。

A. KeyDown   B. KeyPress   C. KeyUp   D. KeyOver

(8) 以下选项中, 将 validate( ) 函数和按钮的单击事件关联起来正确的用法是_____。

A. < input type = " button" value = " 校验" onClick = " validate( )" >

B. < input type = " button" value = " 校验" onDbClick = " validate( )" >

C. < input type = " button" value = " 校验" onSubmit = " validate( )" >

D. < input type = " button" value = " 校验" onReset = " validate( )" >

(9) 关于文档对象模型(Document Object Model), 如下说法错误的是_____。

A. DOM 能够以编程方式访问和操作 Web 页面内容

B. DOM 允许通过对象的属性和方法访问页面中的对象

C. DOM 能够创建动态的文档内容, 但是不能删除文档对象

D. DOM 也提供了处理事件的接口, 它允许捕获和响应用户以及浏览器的动作

(10) 如何获得客户端浏览器的名称? _____

A. client. navName   B. navigator. appName

C. browser. name   D. navigator. name

(11) 能够在页面中正确输出 "Hello World" 的 Javascript 语法是_____。

A. ("Hello World")   B. Hello World

C. response. write("Hello World")   D. document. write("Hello World")

(12) 把所有 p 元素的背景色设置为红色的正确 jQuery 代码是_____。

A. $ ("p"). manipulate("background – color" , "red") ;

B. $ ("p"). layout("background – color" , "red") ;

C. $ ("p"). style("background – color" , "red") ;

D. $ ("p"). css("background – color" , "red") ;

(13) 在 jquery 中想要找到 div 元素的后辈 div 元素, 可以实现的选项是_____。

A. $ (div div)   B. $ (div. div)   C. $ (div ~ div)   D. $ (div + div)

(14) jQuery 的简写是_____。

A. ?   B. $ C. &   D. @

3. 思考题

(1) 简要描述一下 JavaScript 的三种引入方式。

(2) 简要描述事件处理的过程。

第 7 章

脚本与前端终极的对话——BOM与DOM

JavaScript 语言是前端技术中最为"纯正"的编程语言。通过 JavaScript 编程,可以让网页变得更加生动活泼,从表单验证到页面特效,例子不胜枚举。JavaScript 强大实用之处并不主要是它的语法,而是 JavaScript 操纵 HTML 文档的能力。这样的能力来源于浏览器提供的丰富而强大的 API(应用程序编程接口)。在本章的学习中,我们将换个角度看世界,了解面向对象思想在浏览器和网页文档操作中的应用。了解抽象浏览器和网页文档的对象模型结构组织、常用对象和编程接口等,为更加得心应手地通过脚本程序操控浏览器和 HTML 文档奠定基础。

本章学习目标

➢ 了解 BOM 模型;

➢ 了解 DOM 模型;

➢ 熟悉 BOM 模型重要对象及其应用;

➢ 理解和掌握 DOM 模型和编程方式。

7.1   BOM 模型简介

使用 JavaScript 操作 HTML 文档,在 Web 开发中是常见而且必要的。相比而言,操控浏览器的需求却显得没有那么迫切,这很大程度上得益于浏览器对标准的支持越来越好,以致于网页设计者和编程人员可以不关心浏览器的差异,而把开发的重点放在页面文档上。但当在 Web 开发中需要考虑浏览器的兼容性,或需利用脚本进行环境检测,亦或需要借助脚本对其所处的浏览器环境信息进行判断,从而决定页面包含什么内容或者做何种交互。凡此种种,解决问题的利器则是 BOM 模型。

BOM 是 Browser Object Model 的缩写,代表浏览器对象模型。BOM 模型提供了一组独立于内容而与浏览器窗口进行交互的对象。可以看出,BOM 模型是和浏览器紧密相关的。BOM 模型通常将浏览器窗口抽象为一个 Window 对象,并通过该对象的若干个属性进一步提供对浏览器的组件和控制功能的访问,如图 7 – 1 所示。

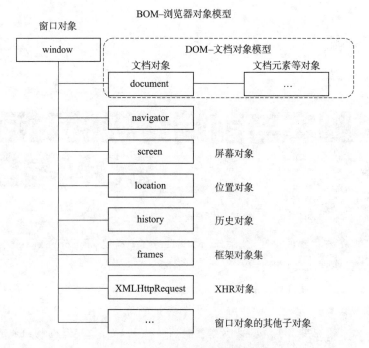

图 7 – 1　BOM 模型的对象层次结构

BOM 并不是一个正式术语，也没有独立的标准化进程，在 W3C 和 WHATWG 的标准中从未使用 BOM 一词。目前普遍使用"Web APIs"指代此类模型，因为 BOM 模型的内容实际上就是 Web 浏览器的编程接口，而且这样的编程接口随着时间的推移和技术的发展还不在断扩展（比如通过相应的 API 访问手机上的定位和照相机等接口）。理论上讲，各个浏览器产品可以用不同的方式、不同的对象集合来实现自己的 BOM 模型。虽然各种浏览器所提供的 BOM 略有差异，但它们之间仍然存在很多相同之处。正因为如此，本章所介绍的 BOM 相关编程接口仍然在各大浏览器上得到广泛的支持和应用。

BOM 模型中重要的常用对象以下几个。

视　频

MOOC讲解
——开发者工具和BOM

（1）Window 对象提供对浏览器窗口的访问。该对象提供了浏览器窗口的控制，也提供打开关闭窗口等方法。从图 7 – 1 中容易看出，Window 对象是 BOM 树的根节点。对 Window 对象的具体内容介绍会在 7.2 节中展开。

（2）Document 对象提供对浏览器窗口中加载的文档的访问。这正是在前面章节中大量使用的 Document 对象。类似于图 7 – 1 中的 BOM 树形结构组织，以 document 为根也组织了相应的对象模型——DOM（文档对象模型，Document Object Model）。由此可以看出 BOM 包含 DOM，即 DOM 是 BOM 的子集。DOM 将在 7.6 节等后续小节介绍。

（3）Navigator 对象提供对客户端浏览器和操作系统平台信息的访问，从而了解客户端浏览器和操作系统平台，例如浏览器软件的生产厂商以及浏览器软件的版本等，甚至还能够了解硬件的能力。对 Navigator 对象的应用参见 6.6 节。

（4）Screen 对象提供对窗口显示所位于的显示屏幕信息的访问。该对象提供了对显示屏技术指标的查询,例如可以查询显示屏的尺寸和颜色深度等。对 Screen 对象及相关内容的介绍属于 CSS 对象模型的一部分,本章不予介绍,感兴趣的读者可以自行查阅相关资料。

(5)Location 对象提供对浏览器中所显示 HTML 页面的 URL 地址的访问。该对象提供了访问当前网页的 URL 信息,借助该对象还可以加载新的文档到当前浏览器窗口中。

(6)History 对象提供对浏览器访问历史的操纵。该对象提供类似于手工操作的前进、后退等功能。

(7)XMLHttpRequest 对象提供异步获取服务器资源的手段。正是由于该对象的存在,使得当今 Web 应用中的 Ajax 技术得到广泛使用。Ajax 在异步获取资源的基础上,采用局部刷新而避免同步加载完整页面,在增强页面交互和节约网络带宽等方面有突出的贡献。

另外读者可能注意到,上述对象的表述中使用了大写首字母的形式,而在图 7 - 1 中所示的对象树结构组织中大都使用了小写首字母的形式。使用大写首字母的形式时表示的一种类型的名称,使用小写首字母的形式时表示的是一个实际的属性。比如说,window 对象是 Window 类的一个对象,window 对象的属性 location 又是一个 Location 类的对象。

7.2　Window 对象及其应用

Window 对象是 BOM 中最为重要和基础的对象,它是整个 BOM 树形结构的根节点。Window 对象表示了当前所加载 HTML 文档所处的窗口。当今的浏览器大都支持 Tab 选项卡式浏览界面,每一个 Tab 中打开的窗口分别对应于一个 Window 对象。如果当前加载的 HTML 文档中使用框架,则浏览器为每个框架也创建相应的 Window 对象。

7.2.1　作为全局对象的 Window 对象

Window 对象的特别之处还在于,它是 JavaScript 的全局对象。对于 JavaScript 而言,全局对象的属性是在全局范围内定义的可用符号。例如 alert( )函数的应用:

alert("Hello from JavaScript");

window. alert("Hello from JavaScript");

这两条语句执行时都会在浏览器中弹出一个含有"Hello from JavaScript"提示信息的警告对话框。实际上,它们是完全等价的。第一种形式中之所以能直呼其名地使用 alert( )函数,究其原因,是因为 alert( )是 Window 对象这一全局对象的方法,相应地 alert( )函数也成为了全局函数。第二种形式则能够更加清楚地表明调用 Window 对象的 alert( )方法。请注意 window 名称应使用小写 w 而非大写 W。之所以可以出现这样的代码是因为全局对象 Window 对象有一个属性 window,引用的就是全局对象自身。

图 7 - 2 形象地给出了 Window 对象作为全局对象,成为访问 BOM 的入口的特点。借助对象的属性可以访问其他对象。特别的,全局对象有一个属性 window 也指向了 Window 对象这个全局对象自身。按照这种组织特点,"location""window. location"甚至是"window. window. location"都能够访问到图 7 - 2 中的 Location 对象。

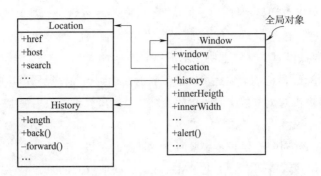

图 7 - 2   全局对象 Window 对象作为访问 BOM 的入口

7.2.2   窗口位置和尺寸相关的 Window 属性和方法

显示在桌面上的浏览器有它的尺寸和位置等属性。用户可以通过操作系统所支持的交互方式改变浏览器的尺寸和位置，例如通过鼠标操作拖动和缩放浏览器窗口。通过 window 对象的相关属性和方法，不仅可以获取这些位置信息，甚至可以通过编程产生位置移动和窗口缩放等窗口控制。

图 7 - 3 和表 7 - 1 给出了 Window 对象的位置和尺寸相关属性。可以看出，浏览器窗口在桌面显示时，相对于桌面左上角的偏移量即为位置信息。分别用 screenX 和 screenY 表示浏览器相对于屏幕左上角的横向偏移量和纵向偏移量。值得注意的是，关于窗口的尺寸，window 对象提供了两组属性，outerHeight 和 outerWidth 表示窗口的外部高度和宽度，innerHeight 和 innerWidth 返回窗口的内部宽度。所谓外部的高度和宽度是指浏览器窗口的尺寸，而内部的高度和宽度则是指用于显示文档区域的尺寸。在图 7 - 3 中，由于浏览器窗口打开了停靠在左侧的历史记录窗格，同时打开了停靠在右下角的开发者工具，从图中可以清楚地看到这些尺寸属性的意义和相互关系。

图 7 - 3   Window 对象的位置和尺寸属性示意图

表 7 – 1　Window 对象和浏览器窗口和尺寸相关的属性和方法

属性/方法	描　　述
screenX 或 screenLeft	返回窗口相对于屏幕左边的位置
screenY 或 screenTop	返回窗口相对于屏幕上边的位置
innerHeight	返回窗口的文档显示区的高度
innerWidth	返回窗口的文档显示区的宽度
outerHeight	返回窗口的外部高度
outerWidth	返回窗口的外部宽度
moveBy( )	以相对窗口的当前坐标把它移动指定的像素
moveTo( )	把窗口的左上角移动到一个指定的坐标
resizeBy( )	按照指定的像素调整窗口的大小
resizeTo( )	把窗口的大小调整到指定的宽度和高度

表 7 – 1 中给出 moveBy( )/moveTo( )方法用于调整浏览器窗口的位置,resizeBy( )/resizeTo( )方法用于调整浏览器窗口的(外部)尺寸。可以根据需要使用名称为 * By( )或 * To( )的方法,区别在于使用相对值或绝对值。举例如下:

```
//将窗口移动到屏幕左上角
window. moveTo(0,0);
//将窗向下移动 100 像素
window. moveBy(0,100);
//将窗口移动到(100,100)
window. moveTo(100,100);
//将窗口向左移动 100 像素
window. moveBy(-100,0);
```

另外需要注意,目前多数浏览器都不允许这样的代码对窗口自身产生位置和尺寸的影响。从安全的角度考虑,一种典型的规则是,如果当前窗口或标签页不是由 window. open( )方法(调用该方法可以由程序而非用户打开一个浏览器窗口或标签页,下一节介绍该方法)创建的,或者当前标签页所在的窗口包含有多个标签页,则普通网页中的 JavaScript 无法通过调用该函数来移动浏览器窗口。简单地说,谁打开谁负责,由用户操作所打开的窗口不应该由程序去控制位置尺寸。如果当前浏览器窗口中有多个标签页,此时也不应该控制位置尺寸,否则就相当于夺取了其他标签页中的窗口的控制权。

7.2.3　多窗口和框架相关属性和方法

Window 对象也提供打开和关闭窗口的方法,从而产生窗口之间的打开与被打开的关系。刚才也提到过,框架(例如使用 < iframe > 标签在页面中使用一个框架)从技术上讲,在 BOM 中也被看作一个 Window 对象。而框架既然置身于一个文档,代表框架的 Window 对象显然和框架元素所在文档的所处窗口存在着一定的联系。在这些方面,一些比较常用的属性和方法在表 7 – 2 中给出了一定的描述。

表 7 - 2 **Window 对象和多窗口和框架相关的属性和方法**

属性/方法	描　述
window	window 属性等价于 self 属性，它包含了对窗口自身的引用
self	返回对当前窗口的引用。等价于 window 属性
frames[ ]	窗口中的框架集合。多数浏览器中 frames 对象即为 window 对象
length	窗口中的框架数量。Window 对象类似于数组，提供索引访问
name	设置或返回窗口的名称
parent	返回父窗口
top	返回最顶层的先辈窗口
opener	返回对创建该窗口的 Window 对象的引用
open( )	打开一个新的浏览器窗口或查找一个已命名的窗口
close( )	关闭浏览器窗口

Window 对象的 window 属性在前面已经提过，指向窗口对象自身。此外，还有一个 self 属性，和 window 属性作用相同。

如果网页文档中使用了 < iframe > 等标签加入了框架，则 window 对象的 frames 属性是一个包含各个框架的数组，可以使用该数组访问每一个框架（注意，不是访问框架的 iframe 元素，而是访问 BOM 中为框架建立的 window 对象）。实际上，frames 不是一个常规的数组，frames 和 window 对象是同一对象。这是因为 window 对象被设计为类似于数组，使用 window[0]或者 window['framename']的形式就是在用整数下标索引或者框架名称（name 属性值）访问框架，相比而言，window. frames[0]和 window. frames[framename']看起来更为直观，但功能和意义完全等价。正因为如此，window 对象有一个 length 属性，其意义就是窗口中的框架的个数。

对于框架对应的窗口对象而言，name 属性的值就是 HTML 文档中为框架元素指定的 name 属性值。对于常规的窗口，name 属性也有着实际的意义，属性保存窗口的名称。该属性最重要的意义就在于用 window. open( )方法打开窗口时，能够指定在哪一个窗口中打开一个 URL 所标识的文档。

由于页面可以包含框架，框架元素内加载的页面又可以进一步包含框架，如此一来，会形成一系列 window 的树形层次结构。框架对应的 window 对象在这个树形层次结构中，它的父节点就是框架元素所在 HTML 文档的所在窗口，这便是 parent 属性的意义。Window 对象的 frames 提供上级 window 访问直接下级 window 的手段，而 parent 属性提供下级 window 访问直接上级 window 的手段。按照 BOM 的习惯，虽然顶层窗口没有它的父节点，但顶层窗口的 parent 属性被设置为顶层窗口自身。top 属性就代表了顶层窗口，即那些不是由框架的使用带来的 Window 对象。无论 Window 层次有多少层，任何 Window 对象都可以通过 top 属性获取到它所在树形结构中的顶层窗口。

opener 属性也需要和 window. open( )一并讨论。当一个 HTML 页面中的脚本调用 window. open( )方法打开窗口时，调用 window. open( )的脚本所属文档的所在窗口和新打开的窗口（也可能会使用已经打开的窗口）之间就有了打开和被打开的关系。打开者窗口内的脚本可以保存 window. open( )的返回值——即代表新窗口的 Window 对象并利用它与新窗口通信，而打开的新窗口可以使用 opener 属性与它的打开者窗口通信。

open( )方法用于打开一个新的浏览器窗口或查找一个已命名的窗口。Window. open( )方法调用格式：window. open(URL, name, features, replace)。方法的第一个参数 URL 通常给出一个 URL 字符串，声明要在新窗口中显示的文档。方法的第二个参数声明新窗口的名称，如果指定名称的窗口不存在，则打开新窗口，如果指定名称的窗口已经存在，则返回现有窗口的引用。方法的第三个参数声明新窗口要显示的标准浏览器的特征，例如宽度、高度等。方法的第四个参数规定了装载到窗口的 URL 是在窗口的浏览历史中创建一个新条目，还是替换浏览历史中的当前条目。该方法的参数较多，特别是第三个参数在指定浏览器特征时有哪些特征可用，以及如何规范表示等方面，本书不详细说明，读者可以自行查阅相关资料深入了解。

close( )方法与 open( )方法意义相反，Window 对象的 close( )方法用于关闭 Window 对象窗口。目前的浏览器大都做出了类似的限制，不是用脚本打开的窗口，不能使用 close( )方法关闭。用脚本打开的窗口，可以自己关闭自己，或者由打开者关闭自己。7. 2. 2 节介绍的浏览器窗口位置和尺寸控制相关方法，大体也接受相似的限制。此外，目前浏览器大都会在浏览器内的脚本打开新窗口时给出安全提示甚至是直接拒绝打开新窗口，这主要是由于之前的网页在弹出广告方面对 window. open( )的滥用影响了网页浏览者的体验。要让浏览器允许脚本打开新窗口，可能需要针对网站进行允许弹出窗口的设置。另外，目前浏览器大都支持选项卡式浏览，要让脚本打开的窗口在新窗口中而不是新的标签页中，可能也需要在浏览器上进行一定的设置。

下面给出一个例子，展示浏览器内用脚本打开窗口，用脚本控制窗口位置尺寸，在多窗口间通信以及用脚本关闭窗口的应用。

【例 7.1】使用脚本打开新窗口并控制新窗口的位置和尺寸，并通过脚本关闭新窗口。

本例的页面交互是这样的：用户可以在第一个 HTML 文档(窗口)中，通过单击按钮的方式，在新窗口中打开第二个 HTML 文档。用户在新打开的窗口中，可以输入内容，并单击按钮，将输入内容从新窗口中发送到第一个窗口中。用户可以通过单击两个窗口中的按钮的方式，关闭新打开的窗口。

第一个 HTML 文档(window1. html)的内容如下：

```
1.  <!DOCTYPE html >
2.  <html charset = "utf -8" >
3.  <head >
4.  <title >The First Document. </title >
5.  <meta charset = "utf -8" >
6.  <script >
7.    function openDoc(url, name){
8.      win = window. open(url, name, 'width =300, height =200 ');
9.      win. moveTo(50, 50);
10.   }
11.   function showDataFromOther(message){
12.      document. getElementById('message'). innerHTML = message;
13.   }
14.  </script >
15.  </head >
```

```
16.  <body>
17.  <p>This is the first Window. </p>
18.  <p> < iframe src = "inframe. html" height = "50" name = "myframe" > </iframe >
  </p>
19.  <p>Click to open a new Window. </p>
20.  < input type = "button" value = "Open a New Window"
21.       onClick = "openDoc('window2.html', 'win2')">
22.  < span id = "message" style = "width:100 px; min - width:100 px; background -
color:#CCC" >
23.       wait for a message. </span> <br/>
24.  < input type = "button" value = "Close the opened Window" onClick = "win. close()">
25.  </body>
26.  </html>
```

其中包含按钮的事件处理,单击"Open a New Window"按钮时,将调用 openDoc( )函数在名为 win2 的窗口中打开 window2. html 文档。该函数内部是依靠调用 window. open( )打开新窗口,同时指定了窗口的初始尺寸是 300 像素宽、200 像素高。openDoc( )内部还利用 window. open( )所返回的窗口对象,调用其 moveTo( )方法,将新窗口移动到离屏幕左上角横向和纵向各偏移 50 像素的位置。程序还包含另一个按钮的事件处理,用 win. close( )关闭打开的新窗口。注意使用的是 win. close( ),win 代表的是新打开的窗口,不可以使用 window. close( )。

程序还定义了一个全局函数 showDataFromOther( ),用于将指定的消息显示在一个 < span > 元素中。

第二个 HTML 文档(window2. html)的内容如下:

```
1.  <!DOCTYPE html >
2.  < html charset = "utf - 8" >
3.  < head >
4.  < title > The Second Document. </title >
5.  < meta charset = "utf - 8" >
6.  < script >
7.    function initPos(){
8.        alert('To Left 200xHeight');
9.        window. resizeTo(200, opener. outerHeight)
10.       window. moveTo(opener. screenX - 200, opener. screenY);
11.    }
12.   function sendMessage(){
13.       var msg = document. getElementById('msg'). value;
14.       window. opener. showDataFromOther(msg);
15.    }
16.  </script >
17.  </head >
18.  < body onLoad = "initPos()" >
19.  This is the second Window.
20.  < input type = "text" id = "msg" >
21.  < input type = "button" value = "Send Message to Opener" onClick = "sendMessage()">
22.  < input type = "button" value = "Close Self" onClick = "self. close()">
23.  </body>
24.  </html>
```

其中,在网页加载时调用 initPos( )函数,设置窗口的位置和尺寸。在两个 HTML 文档中都去控制新窗口的位置和尺寸,是为了让读者看到这两个窗口中的脚本都有能力控制新窗口。特别是第二个 HTML 文档中对窗口的位置和尺寸控制,体现的更为突出,它将(自身)窗口与它的打开者窗口对齐并停靠在打开者窗口的左侧(如果打开者窗口的左侧尚留有一定的屏幕显示空间),新窗口将以 200 像素宽度显示,并与打开者窗口保持相同高度。

同时,程序中有两个按钮的事件处理。其中" Send Message to Opener"按钮的处理代码,通过调用窗口的打开者的 showDataFromOther( )函数,与打开者通信。showDataFromOther( )是定义在第一个 HTML 文档中的函数,用于在第一个 HTML 文档中显示一定的消息。程序的第二个按钮事件处理比较简单,使用"self. close( )"关闭窗口自身,即关闭新窗口。

在浏览器中打开网页,在某时刻会有如图 7 - 4 所示的多窗口交互界面。可以看到,相关按钮单击后确实能够有效地打开新窗口并控制新窗口的位置和尺寸,新窗口中所填写的"Can you hear me?"也已经传递到主窗口中并予以显示。

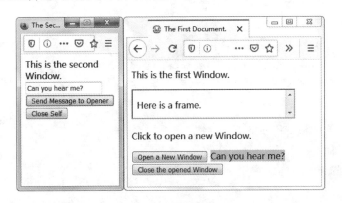

图 7 - 4　多窗口的交互界面

读者可以思考,如果 window. open( )指定的打开窗口名称是第一个 HTML 中的框架名称,情况会如何。另外也请读者注意,虽然 Window 对象提供了相应的属性方法控制窗口,但目前的一种趋势是尽可能使用框架或者使用 Ajax 等技术,尽量在一个顶层窗口中实现交互体验的优化,同时避免浏览器限制导致的诸多问题。但本节所介绍的技术和方法,在一些实际使用的系统中也确实是被采用的。

7.2.4　使用系统对话框和用户交互

有时候,网页交互中可能需要给用户显示一些提示信息,或者让用户做出类似"是/否"的选择,甚至可能需要用户输入一段文字等。Window 对象提供一组简单的方法,通过向用户显示模态对话框的方式支持这样的交互。所谓模态对话框的意思是,当这些对话框显示时,用户必须在对话框上做出响应(例如直接关闭对话框,或者输入信息、单击按钮等以关闭对话框),才能继续做网页的交互。在用户没有确认时,页面的脚本将会暂时停止执行。这些对话框不同于基于 JavaScript 第三方 UI 库所提供的"虚拟的"对话框,它是由操作系统或者浏览器程序所控制的对话框。

Window 对象和多窗口和框架相关的属性和方法如表 7 - 3 所示。

表 7 - 3　Window 对象和多窗口和框架相关的属性和方法

方　　法	描　　述
alert( )	显示带有一条指定消息和一个"确定"（或 OK）按钮的警告框
confirm( )	显示一个带有指定消息和"确定"（或 OK）及"取消"（或 Cancel）按钮的对话框,并返回用户做出的选择。如果用户单击"确定"按钮,则返回 true;如果单击"取消"按钮,则返回 false
prompt( )	显示可提示用户进行输入的对话框,并返回用户所输入的内容。如果用户单击"提示"框的取消按钮,则返回 null。如果用户单击确认按钮,则返回输入字段当前显示的文本

　　下面给出一段 JavaScript 程序展示这 3 个方法的使用。程序先调用 prompt( )函数并等待用户输入,两个参数分别是提示信息以及用户在输入操作前输入文本框中的默认值。之后,程序调用 confirm( )函数让用户确认自己的输入信息,根据用户单击"确认"或者"取消"按钮的情况不同,程序弹出警告框分别显示不同的消息。

```html
<script>
    var name = prompt('能告诉我您的姓名或者昵称吗?', '匿名');
    if (confirm('你好,' + name + ',是你吗?') === true){
        alert('欢迎你,' + name + '!');
    }else{
        alert('那好吧,希望下次再见!');
    }
</script>
```

7.3　Location 对象及其应用

　　Location 对象包含有关当前 URL 的信息,可通过 window.location 属性来访问该对象。Location 对象在 BOM 编程中经常被使用,这是因为网页中的脚本可以用它解析 URL 并从中获取有用信息,特别是还经常使用它实现浏览器中的页面跳转。Location 对象的常用属性和方法如表 7 - 4 所示。

表 7 - 4　Location 对象的常用属性和方法

属性/方法	描　　述
href	设置或返回完整的 URL
protocol	设置或返回当前 URL 的协议,包括 URL 中协议名后的":"
host	设置或返回主机名和当前 URL 的端口号。该属性意义上相当于 hostname 和 port 的复合属性,属性值为主机名后跟":"和端口号,如果使用标准端口（http 协议使用 80 端口,https 协议使用 443 端口）,则可能只给出主机名
hostname	设置或返回当前 URL 的主机名
port	设置或返回当前 URL 的端口号。如果使用标准端口（http 协议使用 80 端口,https 协议使用 443 端口）,则其值为空字符串
pathname	设置或返回当前 URL 的路径部分,包含开始的"/"

续表

属性/方法	描　　　述
search	设置或返回 URL 中从? 开始的查询字符串,包含开始的"?"。如果 URL 中不含查询字符串,则返回空字符串
hash	设置或返回 URL 中从#开始的片段标识符,包含开始的"#"。如果 URL 中不含片段标识符,则返回空字符串
assign( )	加载新的文档
replace( )	用新的文档替换当前文档
reload( )	重新加载当前文档

表 7 - 4 中的 Location 的属性看似比较多,但这些属性都是围绕 URL 的。其中 href 属性是完整的 URL,而其余属性可以认为是"URL 分解"属性,也就是说,考虑到 URL 的构成特点,其他名称的属性是用于访问 URL 中的一部分信息的。以浏览器窗口中加载下面 URL 网页为例,说明各个属性的取值情况。

```
https://developer.mozilla.org/en-US/search?q=Location#1
```

href 属性值即为上述完整 URL。按照 URL 从左向右看,其他各属性的值依次为:protocol ="https:",host = "developer.mozilla.org",hostname = "developer.mozilla.org",port = "",pathname ="/en-US/search",search = "? q = Location",hash = "#1"。很明显,其他"URL 分解"属性确实提取了 URL 中相应的各个部分的值。

Location 对象的上述属性不仅可以读取 URL 信息,还可以设置上述属性值。而且,设置属性值后,浏览器会按照指定的 URL 加载页面,从而实现页面的跳转。而且值得一提的是,要实现这种跳转,除了给 Location.href 属性赋值外,也可以给 Location 对象的其他"URL 分解"属性赋值,反过来,Location 对象会根据相应的赋值在原 URL 基础上计算出新的 URL 并进行跳转。例如,假定浏览器窗口中加载的页面是刚才给出的 URL,通过以下两种形式都可以让页面跳转,并且跳转的作用是完全相同的。

```
location.href = "https://developer.mozilla.org/en-US/search?q=Window#1"
location.search = "?q=Window"
```

Location 对象提供的 3 个方法,也可以用于加载页面。其中 assign( )和 replace( )方法可以用于加载新的文档,两者的区别在于,使用 assign( )时,原页面和新页面会在浏览器的历史记录中以两条历史记录存在,用户可以使用浏览器提供的"后退"功能,退回到原页面,而使用 replace( )时,原页面的历史记录会被新页面所替换,这样用户就不能使用"后退"功能退回到原页面。

Location 对象的 reload( )方法用于重新加载当前 URL 标识的 HTML 文档,该方法也比较常用。有时候,网页中的交互可能导致在服务器端产生了资源的修改或状态变化,比如说在一个 Ajax 方式实现的页面上进行了增加或删除条目的操作后,可以通过重新加载页面来保证浏览器端显示的数据和服务器端的数据保持一致。如果 Location 对象当前所包含的 URL 信息在赋值时(比如说,通过 location.href =…形式赋值),URL 没有发生变化,浏览器是不会重新加载页面的,因此 Location 对象提供 reload( )方法也很有必要的。

下面给出一个示例,说明对 Location 对象的属性和方法的运用。

【例 7.2】提取 URL 中的参数信息并在页面中用脚本实现页面跳转。代码如下：

```
1.  < !doctype html >
2.  < html > < head >
3.  < meta charset = "utf - 8" >
4.  < title >使用 Location 实现跳转 < /title >
5.  < style type = "text/css" >
6.      .item{ height:100 px; border:1 px solid #ccc;
7.        text - align:center;   line - height:100 px; margin:4 px 0 px; }
8.      #nav{ position:fixed;    left:15 px; top:15 px;    }
9.  < /style >
10.  < script language = "javascript" >
11.      function countingAndShowItems(){
12.        if (location. search != ""){
13.          index = location. search. substring(6);   //?item = xxx
14.          var count = localStorage. getItem('count' + index);
15.          if (count == null)count = 0;
16.          localStorage. setItem('count' + index, + + count);
17.        }
18.        for (var i = 1; i < = 20; i + +){
19.          var el = document. createElement('div');
20.          el. classList. add('item'); el. id = i;
21.          el. innerHTML = 'Item ' + i + ', visited ' + getVisitTimes(i) + ' time(s). ';
22.          document. body. appendChild(el);
23.        }
24.    }
25.      function getVisitTimes(index){
26.        var count = localStorage. getItem('count' + index);
27.        if (count == null)count = 0;
28.        return count;
29.      }
30.      function gotoItem(replace){
31.        var index = document. getElementById('index'). value;
32.        if (replace)location. replace('?item = ' + index + '#' + index);
33.        else        location. assign('?item = ' + index + '#' + index);
34.      }
35.  < /script >
36.  < /head >
37.  < body onLoad = 'countingAndShowItems()' >
38.    < div id = "nav" >
39.        Goto Item < input type = "number" id = "index" >
40.        < input type = "button" onClick = "gotoItem(false)" value = "Go!" >
41.        < input type = "button" onClick = "gotoItem(true)" value = "Replace" >
42.        < input type = "button" onClick = "location. reload()" value = "Reload" >
43.      < /div >
44.  < /body >
45.  < /html >
```

示例页面在浏览器中运行时能够得到图 7 – 5 所示的运行效果。

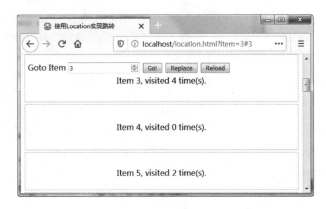

图 7 – 5　使用 Location 对象获取 URL 信息并控制页面跳转

这里仅说明事件处理代码。程序的 onload 事件处理是计数并显示页面中的多个项目,计数是指访问计数,根据 URL 中"? item = *"的查询字符串对相应的项目计数。从 location. search 字符串中可以提供 item 参数值。在没有服务器端程序支持的情况下,为了达到计数效果,程序使用了全局变量 localStorage,代表浏览器中的本地存储,按键 – 值对方式访问本地存储中的数据。

此外,页面上的输入文本框接收指定跳转到第几个项目,右侧的 3 个按钮分别使用 assign( )实现新页面的加载,使用 replace( )用新页面替换当前页面,以及使用 reload( )方法重新加载当前页面。读者可以在界面的交互中看到不同方法的执行效果,特别是通过浏览器借助的"后退"按钮,可以清楚地看到 replace( )替换原页面的历史记录的特点。

7.4　History 对象及其应用

正像在 7.3 节中解释 replace( )和 assign( )的差异时所提到的那样,浏览器窗口在用户浏览页面时会形成一个会话历史记录,通俗地说,浏览器窗口会记录用户曾经访问了哪些页面。浏览器窗口也提供 History 对象用于访问历史记录。浏览器窗口的历史记录至少会记录下访问过的 URL,当然更一般地说,浏览器窗口的历史记录会记录 URL、页面和相关资源等浏览的状态。另外,不要将这里所提到的历史记录和浏览器程序中的历史记录管理功能混淆,此处所说的历史记录仅限于一个窗口从打开到关闭这一会话期内,不是浏览器程序所提供的可以管理日积月累的那种访问历史记录。History 对象的属性和方法如表 7 – 5 所示。

表 7 – 5　History 对象的属性和方法

属性/方法	描　述
length	返回浏览器窗口历史列表中的 URL 数量
back( )	加载 history 列表中的前一个 URL
forward( )	加载 history 列表中的下一个 URL
go( )	加载 history 列表中的某个具体页面

从表 7-5 中可以看出，History 对象提供了相当有限的属性和方法。通过该对象能够了解到当前浏览器窗口的历史记录中的 URL 数量，但出于安全的原因，不允许获取这些 URL 的具体内容。History 只允许调用 back( )、forward( )这样的方法用于从会话历史中加载相应页面，类似于人为地单击浏览器界面中的"后退"和"前进"按钮。这两个方法不带参数，调用一次可以后退到历史中前一个 URL 或者前进到历史记录中的下一个 URL。

另外，History 对象还提供 go( )方法，该方法有一个整数参数，参数可以为正数、负数或 0。如果使用正数作参数，则前进到指定偏移量的页面，如果使用负数作参数，则后退到指定偏移量的页面，如果使用 0 作参数，则重新加载当前页面，类似于 location. reload( )。

上述 3 个方法的使用和意义相对简单，请读者自行编程尝试。

7.5 Timing 事件及其应用

在学习 JavaScript 时，读者已经掌握了事件处理的编程模型。归根结底，事件处理的编程模型是一种异步编程模型。这是因为在事件编程模型中，处理程序并不是主动地调用处理代码，而是先向能够激发事件的组件注册事件监听器，在事件到来时，事件监听器被通知或被触发，从而执行相应的处理逻辑。BOM 提供用户参与交互所激发的事件，如按钮被单击的事件，也提供无须用户激发的事件，例如加载文档完成的事件，利用相应的编程接口，甚至运行着浏览器程序的网络在线或离线等都可以激发一定的事件。

有时，甚至需要以"时间"作为一种更为抽象的事件。比如说，在线的限时答题，从题目被显示开始，就应该遵循一个倒计时的管理，在倒计时结束时，界面做出调整，不再允许作答本题。除了比较直接的依赖"时间事件"的考虑外，有时对"时间"的依赖是技术上的选择。比如说，某个页面可能需要呈现连续动作或动画的视觉效果，一种可取的做法就是每隔一个较短的时间间隔，用重新定位元素、改变元素的属性或者绘制图案（例如使用了 Canvas）等方式，使页面产生视觉连续动作或动画的视觉效果，这种处理方式和多媒体技术的基本原理和技术是一致的。另外，有的时候对"时间"的依赖可能不是最优的选择但却是可行的方案，比如说一个在线聊天的页面，如果不想使用 WebSocket 等 API 去"实时"收取收到的消息，每隔几秒钟时间再由浏览器端向服务器查询收到的消息，也可以看作是一种权宜之计。

7.5.1　定时器编程接口

如果遇到类似上面所提到的一些页面交互效果或功能需要，可以使用 BOM 提供的定时器（Timer）编程接口。形象地类比，定时器的作用类似于闹钟，能在特定的时刻激发一个事件（虽然为了方便读者理解而表达为事件，但定时器的编程不同于事件处理模型，没有针对事件注册监听器的方法），其工作机制更像秒表，以指定长度的时间流逝思考出发。BOM 中的定时器有一次性的定时器和重复性的定时器，可以使得函数或者程序代码段在一定的时刻得到一次执行，或者在一系列时刻得到重复多次的执行。

定时器的编程，根据对定时器的要求不同，需要使用表 7-6 中列出的一系列方法。

表 7 - 6　定时器的相关方法

属性/方法	描　　述
setTimeout( )	创建一个一次性的定时器,用于在指定的毫秒数后调用处理器函数或执行一段代码。方法的返回值作为定时器的句柄,用于清除该定时器
setInterval( )	创建一个重复性的定时器,用于在每隔指定的毫秒数的时间间隔后调用处理器函数或执行一段代码。方法的返回值作为定时器的句柄,用于清除该定时器
clearTimeout( )	清除一个定时器
clearInterval( )	清除一个定时器

表 7 - 6 中定时器的相关方法都是全局方法。也就是说可以直接用 setTimeout(…)这样的形式调用方法,也可以使用 window. setTimeout(…)这样的形式调用,两者是等价的。

调用 setTimeout( )或 setInterval( ),可以创建一个定时器。两都可以指定一个超时参数,设置的超时时间以毫秒为单位。例如,指定超时时间为 10×1000 的意义是 10 s。两者对超时时间的理解略有不同,前者创建的是一次性定时器,因此超时后仅调用一次希望调用执行的程序,后者创建的是重复性的定时器,超时时间实际是间隔时间,也就是说,每隔指定的间隔时间后,都会再次调度希望执行的程序。

除了方法名不同外,方法的参数是一样的。这两个方法都有两种调用形式,用于调度执行一个处理器函数或者执行一段语句代码。如果在第一个参数中指定处理器函数而不是在字符串中包括要执行的语句代码,方法还可以在最后携带更多参数,这些参数又会传递给处理器函数。例如语句"setInterval(console. log, 3000 , "this is a test. ")"将设置一个重复性定时器,每隔 3 s,调用 console. log( )方法,并将"this is a test. "作为参数传递给处理器函数(即 console. log( )),达到每 3 s 在控制台输出一条信息的效果。从形式上和参数传递的能力来讲,传入处理器函数的形式更为灵活。以 setTimeout( )为例,方法调用的形式如下:

```
handle = setTimeout ( handler [, timeout [, arguments... ] ] )
handle = setTimeout ( code [, timeout ] )
```

窗口中可以设置多个定时器。上述方法的返回值应该注意保存,因为返回值代表了定时器句柄,它标识了窗口中特定的定时器,在关闭定时器时需要提供该句柄。由于定时器是重要资源,不再使用时应该清除定时器以释放资源。特别是间隔时间较短的重复性定时器,如果在使用后不及时清除,显然会由于频繁的超时而进行大量的程序调度执行。要清除定时器,使用 clearTimeout( )和 clearInterval( )均可。虽然目前在浏览器中,setTimeout( )/setInterval( )创建的定时器可以由 clearTimeout( )和 clearInterval( )中任意方法予以关闭,但从程序的可读性和美观程度来说,建议用 clearTimeout( )清除 setTimeout( )设置的定时器,用 clearInterval ( )清除 setInterval ( )设置的定时器。

7. 5. 2　定时器运用举例

以前述的在线答题场景为例,编写一个页面作为答题界面。在答题界面上一次显示一道题目,并且每题限时 10 s 作答,界面上应该展示当前题目的剩余时间。在用户单击按钮切换题目或者 10 s 的时间用完后用户仍未作答,则用连续动画的方式切换题目(比如设计成当前题目向上浮出的方式消失后，下一题出现）。

在这一例子中就需要使用定时器，而且需要使用两个间隔时间不同的重复性定时器。比如可以设置一个用于"倒计时"的定时器，倒计时的定时器之所以选择重复性定时器而不是一次性定时器，是因为剩余时间在窗口中的显示应该有动态变化的特征，例如，每隔 1 s，剩余时间的显示更新一次。另外一个定时器的设置是用于切换题目时的过渡效果，该定时器的间隔时间应该选择较小但不要过小的值，以界面元素的连续移动平滑流畅为检验标准。

【例 7.3】使用定时器实现页面中的倒计时效果以及动画过渡效果。代码如下：

```
1.  <!doctype html >
2.  <html > < head >
3.  <meta charset = "utf -8" >
4.  <title>使用定时器</title>
5.  <style type = "text/css" >
6.  .question{ position:relative; border:1 px solid green; margin:25 px;
7.     padding:5 px; height:calc(100% -50 px); min -height:calc(100% -50 px);
8.     width:calc(100% -50 px);min -width:calc(100% -50 px);
9.  }
10. .hidden{display:none;  }
11. .show{   display:block;}
12. #quiz{   position:relative;   border:1 px solid #ccc; padding:10 px;
13.    height:calc(100% -100 px);   min -height:calc(100% -100 px);
14.    min -width:calc(100% -100 px); width:calc(100% -100 px);
15.    left:30 px; top:30 px; overflow:hidden;
16. }
17. </style >
18. <script language = "javascript" >
19.    var timerFade =0, timerRemaining =0;
20.    function animationFadeOut(index){
21.       if (timerFade !=0){
22.         clearInterval(timerFade); timerFade =0;
23.       }
24.       timerFade = setInterval(function(index){
25.         var el = document.querySelector("div[data -index = '" + index + "']");
26.         if (parseInt(el.style.top) + el.offsetTop + el.offsetHeight > -100){
27.            el.style.top =   parseInt(el.style.top) -5 + ' px';
28.         }else{
29.            clearInterval(timerFade); timerFade =0;
30.            el.style.display = 'none';
31.            el =document.querySelector("div[data -index = '" + (index +1) + "']");
32.            el.classList.add('show'); el.classList.remove('hidden');
33.            el.style.top = "0 px";
34.            document.getElementById('timer').innerHTML = "10";
35.            if (timerRemaining !=0){
36.                clearInterval(timerRemaining); timerRemaining =0;
37.            }
38.            timerRemaining = setInterval(function(idx){
39.                var t = parseInt (document.getElementById (' timer ')
.innerHTML);
```

```
40.                        t = t - 1;
41.                        document.getElementById('timer').innerHTML = t;
42.                        if (t < = 0){
43.                            clearInterval(timerRemaining); timerRemaining = 0;
44.                            swapToNext(idx + 1);
45.                        }
46.                    }, 1 *  1000, index);
47.                }
48.            }, 25, index);
49.    }
50.    function init(){
51.            var el = document.querySelector("div[data - index = '0']");
52.            el.classList.add('show'); el.classList.remove('hidden');
53.            el.style.top = "0 px";
54.    }
55.    function swapToNext(curIdx){ animationFadeOut(curIdx);    }
56. </script>
57. </head>
58. <body onLoad = 'init()'>
59.    <div id = "quiz">
60.        <script>
61.            for (var i = 0; i < = 10; i + +){
62.                document.write('<div class = "question hidden" data - index = "' + i
63.                    + '"> <h1>Question ' + i + '</h1> <h2>'
64.                    + '<input type = "radio" name = "ans" id = "ansA">是'
65.                    + '<input type = "radio" name = "ans" id = "ansB">否'
66.                    + '<input type = "button"'
67.         + 'onClick = "swapToNext(parseInt(this.parentElement.parentElement.
dataset.index))"'
68.                    + value = "Next"> </h2> </div>');
69.            }
70.        </script>
71.        <h2 style = "color:red">Time Remaining: <span id = "timer">10</span>
second(s). </h2>
72.    </div>
73. </body>
74. </html>
```

对程序中的文档内容和外观不做详细介绍,从 JavaScript 事件处理方面就代码给出一些说明。在文档加载的过程中,程序创建了编号从 0 到 10 的 11 题。每一题位于一个 < div > 元素中, < div > 元素中有切换到下一题的按钮。文档加载完成后,程序将编号为 0 的一题设置为可见(所有题目默认不予以显示)。当单击任意一题中的切换题目按钮时,调用程序自定义的 swapToNext() 函数切换题目。

swapToNext()方法又进一步调用 animationFadeOut()用动画的方式将当前题目从可见逐步变为不可见。上述代码实现了一种基本的“动画”,让题目 < div > 沿纵轴向上移动直至移出可见范围后予以隐藏。为了实现这种动画效果, animationFadeOut() 函数内调用 setInterval() 设置了一个超时间隔时间为 25 ms 的定时器,在处理器函数中,移动参数所指定的 < div > 元素,也就是说大

约每秒钟移动 < div > 元素 40 次。并且,在程序认为 < div > 元素已经被移出可见范围后,清除了该定时器,避免不必要的动画动作。同时程序还将下一题对应的 < div > 元素通过 CSS 控制设置为可见,从而完成界面上的题目切换。

在 animationFadeOut( ) 在完成题目切换时,程序还启动了另一个定时器,即超时间隔时间为 1 s 的定时器。创建这个定时器之前,程序先将页面中显示剩余时间的元素内容设置为 10,表示 10 s 的剩余时间。这个定时器在每一秒的超时时间到达时,读取页面中显示剩余时间的元素内容,计算新的剩余时间后再更新剩余时间的显示。在剩余时间为 0 时,程序清除用于剩余时间更新的这个定时器,并调用 swapToNext( ) 函数要求切换题目。

程序实现的界面效果如图 7 - 6 所示,可以看到页面中倒计时和题目退出的某时刻的界面情况。

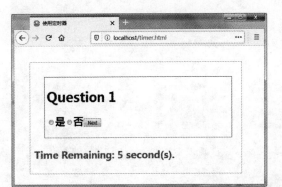

图 7 - 6   使用定时器实现倒计时和连续动画的效果

7.6   DOM 树——以新视角认识 HTML

DOM(Document Object Model) 即文档对象模型。相对于 BOM,DOM 是以文档为对象,而 BOM 是以浏览器本身为对象的。当通过浏览器进行 Web 浏览时,浏览器类似于容器,而加载在浏览器内的 Web 页面是内容,即 DOM 可描述的对象。

动态性和交互性一直是 Web 技术发展的方向,早在 IE 4.0 和 Navigator 4.0 浏览器中,开发者便分别通过支持不同形式的 DHTML,实现了无须重新加载网页,便可修改页面外观和内容的动态交互。然而由于缺乏统一的标准,这样的发展势必又会造成浏览器对 HTML 页面显示彼此不兼容的尴尬。若要继续保持 Web 跨平台的特性,就必须制定统一的标准,这便是 W3C 规划 DOM 标准的原因。

DOM 标准本身是与语言无关的,虽然本书的 DOM 案例大部分是通过 JavaScript 及 jQuery 实现的,但这并不代表其他语言无法实现 DOM,事实上许多其他语言都可以实现 DOM。DOM 把整个页面规划成由节点层级构成的文档,可以说有了 DOM,程序和脚本就可以借助 DOM 结构,动态地访问和更新文档的内容、结构和样式了。

W3C 的 DOM 标准共分为 3 个部分。

（1）核心 DOM。该部分是可以针对任何结构化文档的标准模型。DOM 不仅是针对格式化的 HTML，它甚至可以应用于任何一种计算机编程语言，乃至任何一种结构化的文档。DOM 是一种通用的、发展中的标准，它的应用范围已经远远超出了设计之初用于实现在浏览器之间交换、迁移数据的应用范围。

（2）XML DOM。XML（Extensible Markup Language）即可扩展标记语言，是类似于 HTML 的主要用于传输数据而非显示数据的标记语言。DOM 是 XML 结构化解析的主要途径之一。

（3）HTML DOM。HTML DOM 是针对 HTML 文档的标准模型，它定义了访问和操作 HTML 的标准方法。

DOM 标准以树形定义 HTML、XML 等结构化文档的逻辑结构，以全新的视角访问和处理结构化文档。以 HTML 为例，在 DOM 树中，标签、标签属性、文本、文档本身皆可作为 DOM 树的节点。下面一段 HTML 代码：

```
1.    <! document html >
2.    <html >
3.    <head >
4.        <title > 美丽中国 </title >

5.    </head >
6.    <body >
7.    <h1 >河山概况 </h1 >
8.    <p >悠悠五千年 </p >
9.    </body >
10.   </html >
```

其对应的 DOM 树如图 7 - 7 所示。

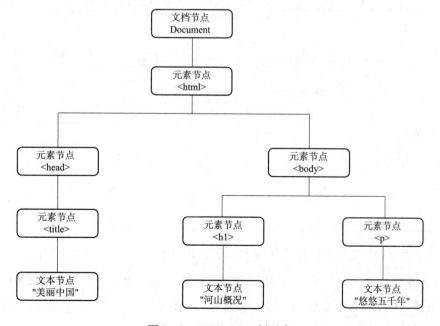

图 7 - 7　HTML DOM 树示意

　　DOM 技术实现了结构化文档构成要素的逻辑化、离散化。通过 DOM 创建的表示文档的树形图，使得 Web 开发者获得了控制页面内容和结构的主动权。JavaScript 等脚本借此实现了对结构化文档的动态生成、动态删除、动态显示及隐藏等丰富的交互。DOM 如今已经成为 Web 领域使用最为广泛的应用程序编程接口（API）之一。

　　从标准的定义到目前，DOM 共经历了 3 个级别的发展阶段。

　　（1）DOM 1 级。1998 年 10 月 DOM 1 级成为 W3C 推荐的标准，DOM 1 级由 DOM 核心和 DOM HTML 两个模块组成。DOM 核心规定的是如何映射基于 XML 的文档结构，简化对文档中任意部分的访问和操作。DOM HTML 模块在 DOM 核心的基础上，扩展了针对 HTML 对象的方法。

　　（2）DOM 2 级。DOM 2 级通过对象接口增加对鼠标和用户界面事件、范围、遍历和 CSS 的支持。同时也对 DOM1 进行了扩展，从而可支持 XML 命名空间。

　　（3）DOM 3 级。在前面 DOM 的基础上，引入了以统一方式加载和保存文档的方法，新增了验证文档的方法，同时也对 DOM 核心进行了扩展，开始支持 XML1.0 规范。

　　■ **注意**：在 DOM 标准资料查阅时，读者可能会看到 DOM 0 级（DOM Level 0）的表述。实际上 DOM 0 级标准是不存在的。所谓 DOM 0 级是指 IE 4.0 和 Navigator 4.0 最初支持的 DHTML。

　　浏览器对 DOM 的支持是从 IE 5 开始的，到 IE 5.5 中才真正实现了对 DOM 1 级的支持。Navigator 6 和 Firefox 3 也实现了对 DOM 1 级的支持。表 7-7 展示了几款浏览器在其发展过程中对 DOM 的兼容性。

表 7-7　浏览器对 DOM 的兼容性

浏览器	对 DOM 的兼容性
Netscape 6 +	1 级、2 级（大部分）、3 级（部分）
IE 5	1 级（最小）
IE 5.5——IE 8.0	1 级（几乎全部）
IE 9 +	1 级、2 级、3 级
Opera 7~8.x	1 级（几乎全部），2 级（部分）
Opera 9~9.9	1 级、2 级（几乎全部）、3 级（部分）
Opera 10 +	1 级、2 级、3 级（部分）
Safari 1.0x	1 级
Safari 2 +	1 级、2 级（部分）
Chrome 1 +	1 级、2 级（部分）
Firefox 1 +	1 级、2 级（几乎全部）、3 级（部分）

　　目前几乎所有的浏览器都以兼容 DOM 技术作为其实现的目标之一。

　　■ **注意**：本书在 DOM 的讲解中，以 DOM 常见的属性、事件和方法为例进行举例及解析，目的是使学习者能够快速了解及应用 DOM。DOM 全面的语法特性可以借助 W3C 标准文档和相关手册获得，本书不做详细列举。

7.7　DOM HTML

DOM 标准中一个重要的组成部分便是以 HTML 为对象的 DOM。根据 DOM 标准理解 HTML 文档，则 HTML 文档中的每个部分都是 DOM 树中的一个可控的节点。

在 DOM 标准中，整个 HTML 文档被视为一个文档节点，每个 HTML 标签是一个元素节点，包含在 HTML 元素标签内的文本是文本节点，而每一个 HTML 标签的属性是一个属性节点。DOM 把 HTML 文档呈现为带有元素、属性和文本的树结构(节点树)，该结构的形貌如图 7-7 所示。

DOM 树以节点为对象。利用 JavaScript 及其他脚本或 Ajax 应用程序，可以访问、修改、增删 DOM 树中任何节点。DOM 技术应用于 HTML，可以产生丰富的前端动态效果，比如移除标签及其内容、突出显示特定文本、添加新图像等。因为这些动态效果都发生在客户端，运行于 Web 浏览器中，无需与服务器端建立通信，所以响应更快，Web 页面上的内容更改可即时实现。

7.7.1　DOM 查找 HTML 元素常用的方法

通过 DOM 技术对 HTML 进行控制，首先需要获取以 DOM 节点形式呈现的 HTML 元素，常用的方法有以下几种。

1. getElementById( )方法

该方法用于获取带有指定 id 的节点，即元素。由于在 HTML 中元素的 ID 在大部分情况下是唯一的，所以这个方法对于查找特定的元素而言是最为高效的。

【例 7.4】通过按钮触发脚本，实现查询特定 ID 的页面元素。

页面代码如图 7-8 所示。

```
1  <html>
2  <head>
3  <script>
4    function queryelement()
5    {
6      x=document.getElementById("test");
7      alert(x);
8    }
9  </script>
10 </head>
11
12 <body>
13 <p id="test">彩云南现</p>
14 <input type="button" onclick="queryelement()" value="获取元素" >
15 </body>
16 </html>
```

图 7-8　getElementById( )方法运用页面代码

其中第 6 行代码，在 JavaScript 脚本中调用了 getElementById( )方法，返回的对象值赋给变量 x，并通过 alert 窗体显示该对象值。

第 13 行是 HTML 文档中 ID 为"test"的元素，即段落标签 <p>。触发条件为单击页面按钮。执行的结果如图 7-9 所示。

由结果可见，获取的 <p> 标签作为 DOM 对象，其对象名为"HTML ParagraphElement"。当然对于对象，还拥有许多属性。例如将第 6 行代码修改为："x = document. getElementById (" test "). innerHTML；"，再次触发按钮，将获取 ID 为"test"的段落标签内的内容。效果如图 7-10 所示。

图 7 - 9　getElementById( )方法执行结果

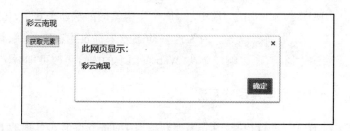

图 7 - 10　getElementById( )方法的属性获取

2. getElementsByTagName( )方法

该方法能够返回带有指定标签名的所有元素。例如"document. getElementsByTagName("p") ;"返回的是 HTML 文档中所有 < p > 元素的列表。

3. getElementsByClassName( )方法

该方法能够返回带有相同类名的所有 HTML 元素。class 是标签最重要且最为常用的属性之一,通过此属性可以设置元素样式,DOM 也可以利用此属性查找元素。getElementsByClassName( )方法可以获取具有指定 class 属性值的元素,返回值是一个集合。

> 注意:class 属性值可以一次规定多个类名,使用空格分隔,例如 < div class = " a b c " >;getElementsByClassName( )方法的参数也可以是多个类名,使用空格分隔。

7.7.2　DOM 改变 HTML 元素及内容常用的方法

既然 HTML 页面元素可以查找及读取,那么对其进行改变也就顺理成章了。例如在上节学到的对象的 innerHTML 属性可以获取元素内容,而更改这些获取的内容所用的语法结构为:"元素对象. innerHTML = 新的内容"。与 innerHTML 属性类似的还有一个 outerHTML 属性,两者的区别是 innerHTML 属性可以获取从对象的起始位置到终止位置的全部内容,不包括 HTML 标签;而outerHTML 属性除了包含 innerHTML 的全部内容外, 还包含对象标签本身。例如对于" < p id = " test" >我在三川阳, 子在五湖阴 </p > "进行内容读取,用 document. getElementById (" test") . innerHTML 读取的是" 我在 三川阳, 子在五湖阴",而用 document. getElementById (" test") . outerHTML 读取的则是 < p id = " test" > 我在三川阳, 子在五湖阴 </p > "。读者可以根据实际问题的需要,选取不同的方法及属性进行元素、元素内容的获取和更改,从而实现通过 DOM 动态修改 HTML 页面的目的。

【例 7.5】通过按钮触发脚本,实现对页面特定内容的修改。

本例通过第 6 行代码,修改了 ID 为"test"的元素对象(即标签对 < p > ….. < /p >)的 innerHTML 属性值,改变了段落标签 < p > 中的文本内容。

```
1.    <html >
2.    < head >
3.    < script >
4.     function changecontent()
5.     {
6.        document.getElementById("test").innerHTML ="岂曰无衣,与子同裳";
7.     }
8.    </script >
9.    </head >
10.   <body >
11.   <p id ="test">秋风起兮白云飞,草木黄落兮雁南飞</p>
12.   < hr >
13.   < input type = "button" onclick ="changecontent()" value ="改变页面内容" >
14.   </body >
15.   </html >
```

页面内容的改变通过单击按钮触发。修改前的页面和修改后的页面效果如图 7 – 11 所示。

图 7 – 11　通过 DOM 改变 HTML 内容的页面效果

注意:使用 innerHTML 属性更新的段落元素内容还可以包含带有 HTML 标签的文本,例如 document.getElementById("test").innerHTML = " < i >岂曰无衣,与子同裳</i >",则除了改变内容,还为新的内容增添了格式。请思考类似的,能否将一个段落替换成一张图片或者其他页面元素?

DOM 还可以根据属性名称动态修改元素属性,其语法结构为:"元素对象.attribute = 新的属性值"。例如 document.getElementById("img01").src =" img/newpic.jpg"。也可以通过 setAttribute()方法达到相同的效果,例如 document.getElementById("img01").setAttribute("src","img/newpic.jpg")。这两种方式均可改变图像标签 < img > 的 src 属性,从而在页面呈现不同的图像。以此类推,图像标签的其他属性也可进行修改,其他标签的其他属性也可通过此种方式进行修改。

视 频

MOOC讲解
——DOM HTML
标签替代解析

7.7.3　DOM 创建及删除 HTML 元素的方法

DOM 可以使用 createElement( )的方法动态创建新的 HTML 元素,然后通过 appendChild( )方法把它追加到已有的元素上。

【例 7.6】通过 DOM,向 HTML 页面添加 < img > 标签,实现图片的页面显示。本例原有的代码框架及页面初始效果如图 7 - 12 所示。

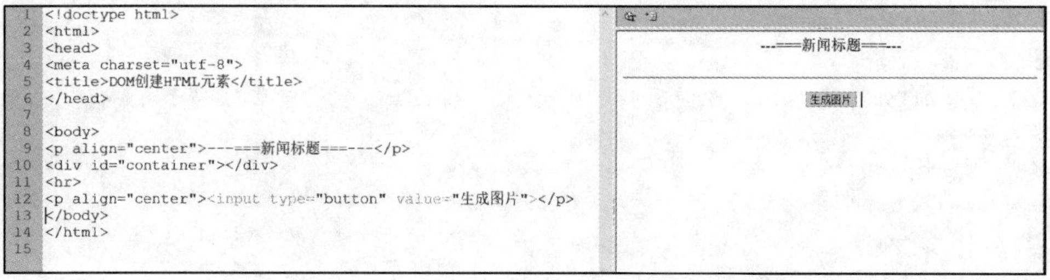

图 7 - 12　未添加 DOM 脚本的代码框架及页面效果

现希望通过按钮的单击触发,实现在 ID 为"container"的 < div > 标签内添加 < img > 标签元素,并通过为其设置属性实现图片的适当显示。

加入的 DOM JavaScript 脚本如下:

```
1.    < script language = "JavaScript" >
2.    function createimg(){
3.      var cont = document. getElementById("container");
4.      var _img = document. createElement("img");
5.      cont. setAttribute("align","center")
6.      _img. setAttribute("src","sc. jpg");
7.      _img. setAttribute("alt","与子同袍");
8.      cont. appendChild(_img);}
9.    </ script >
10.
```

其中脚本第 3 行获取了 ID 为"container"的元素,即 < div > 标签对象;第 5 行为 < div > 对象设置了 align = "center"的居中属性。第 4 行创建了 img 元素,即 < img > 标签;第 6、7 行分别设置了 < img > 标签的 src 和 alt 属性。第 8 行实现了将 < img > 标签在之前获取的 < div > 内生成的目的。

最后通过 Button 表单的 Onclick 事件实现对函数 createimg( )的调用。每点击一次按钮,则会在 < div > 区块内显示一张图片。这样的页面信息添加效果无须更新页面即可实现局部信息的呈现,是一种高效的页面交互技术。

其实现效果如图 7 - 13 所示。

相反地,利用 removeChild( )方法可以将获取的元素节点从其隶属的节点(父节点)中删除。关于 DOM 节点之间的关系,将在 7.10 节中进行详细讲解。读者可以仿照上例,设计一个按钮,用于将生成的图片再进行删除。

前面只是通过实例展示了 DOM HTML 的元素获取、元素及原属性修改、元素的新增和删除实现过程中的几种常用的方法及属性。读者可以通过查询 DOM 手册对其进行详细了解。表 7 - 8 列举了一些常见的 DOM HTML 方法。

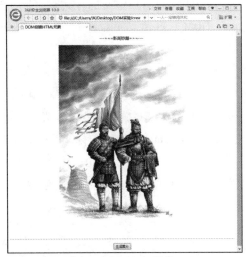

(a) 单击一次按钮的页面效果

(b) 单击两次按钮的页面效果

图 7 - 13　页面效果

表 7 - 8　DOM HTML 常用的方法

属性/方法	描　　述
document. body	返回文档的 body 元素
document. createAttribute( )	创建一个属性节点
document. createComment( )	创建注释节点
document. createElement( )	创建元素节点
document. createTextNode( )	创建文本节点
document. embeds	返回文档中所有嵌入的内容(embed)集合
document. forms	返回对文档中所有 Form 对象引用
document. getElementsByClassName( )	返回文档中所有指定类名的元素集合
document. getElementById( )	返回对拥有指定 id 的第一个对象的引用
document. getElementsByName( )	返回带有指定名称的对象集合
document. getElementsByTagName( )	返回带有指定标签名的对象集合
document. title	返回当前文档的标题
document. URL	返回文档完整的 URL

7.8　DOM CSS

随着 CSS 技术成为前端设计的主流技术,DOM 像控制 HTML 文档一样,也可以对 CSS 样式进行全面的控制,从而实现样式的丰富交互。DOM 2 级在 DOM 1 级针对文档底层结构的基础上,引入了更多的交互能力,其中较为显著的扩充就是 DOM 2 级定义了如何以编程方式来访问和改变

CSS 样式信息。

　　DOM 能够把整个 HTML 文档解析生成一个 DOM HTML 树，该树不带任何样式修饰。经过 DOM 定义、修改 CSS 之后，将由浏览器把本身默认的样式和用户定义的样式整合到一起，形成一个 DOM CSS 树，进而形成了 DOM CSS 渲染。DOM CSS 渲染可以通过如下几种方式完成。

　　（1）通过对 HTML 元素的 style 属性来读写行内 CSS 样式。

　　其基本语法形式为：document. getElementById（id）. style. *property* = *new style*。其中斜体的 *property* 代表特定 id 值元素的样式属性，而斜体的 *new style* 代表为其设置的新的样式值。

　　（2）通过 DOM 的 getAttribute（）、setAttribute（）和 removeAttribute（）等方法，修改 HTML 元素的 style 属性。

　　与方式（1）相比，此方法可以一次批量地对若干个属性值进行获取、设置、删除等。以 setAttribute（）方法为例，可以写出如下的 CSS 设置语句。

```
var a = document. getElementById("name");
a. setAttribute("style","width:100 px;height:20 px;border:solid 2 px red;");
```

　　上述两句完成了查找 id 为"name"的 HTML 元素，并对该元素批量设置了高度、宽度、边框宽度、边框颜色等 4 个 CSS 属性。

　　（3）通过 style 对象的 cssText 属性来修改全部的 style 属性。

　　与方式（2）的几个特定方法类似，IE、Firefox 等主流浏览器还支持用 cssText 属性的方式实现一次对多个 CSS 的属性值进行设定。例如：

```
var a = document. getElementById("name");
a. style. cssText = "width:100 px;height:20 px;border:solid 1 px red;";
```

　　目前 style. cssText 已经成为 Web 开发中事实的标准，被越来越多的浏览器所支持。

　　（4）通过隶属于 style 属性的 setProperty（）、getPropertyValue（）、removeProperty（）等方法来读写行内 CSS 样式。

　　以 setProperty（）为例，它的语法格式为：element. style. setProperty（propertyName, propertyValue, priority）；其中第三个参数 priority 是字符串类型，用于指定样式属性的优先级。样式属性的优先级可以通过 getPropertyPriority 方法获取。例如：

```
document. body. style. setProperty ("background - color", "green", 'important');
```

　■ **注意**：setProperty 方法与 setAttribute 方法是不一样的，setProperty 方法是元素 style 属性的一个方法，setAttribute 方法是元素的一个方法。

　　（5）通过 className 或 classList 给元素添加或删除类名，配合样式文件来修改元素样式。

　　类选择器是允许 CSS 样式独立于 HTML 文档元素的主要方式。className 作为 DOM 的属性，常用于设置或返回元素的 class 属性；classList 属性则常用于为元素中添加、移除及切换 CSS 类。classList 属性虽然是只读的，但与 add（）和 remove（）等方法配合使用，则可实现对类的修改。例如为 id 为"myDIV"的 < div > 标签添加名为"mytest"的类，其语句为：

　　document. getElementById（"myDIV"）. classList. add（"mytest"）；

　　DOM 中 CSS 的属性要采用骆驼峰的方式来表示,即第一个单词以小写字母开始,从第二个单词开始以后的每个单词的首字母都采用大写字母。例如 CSS 中 text – align,在 DOM 中需命名为 textAlign。

　　【例 7.7】利用 DOM 对 HTML 元素 style 的属性进行设置,从而实现行内的 CSS 样式。

```
1.  <!DOCTYPE html >
2.  <html >
3.  <head >
4.  <meta charset = "UTF - 8" >
5.  <title >DOM - CSS </title >
6.  <script type = "text/javascript" >
7.  function changecss(){
8.    var t = document. getElementById("a");
9.    t. style. fontWeight = "bold";
10.    t. style. fontSize = "50 px";}
11.  </script >
12.  </head >
13.  <body >
14.  <div id = "a" onmouseover = "changecss()">不忘初心,牢记使命</div >
15.  </body >
16.  </html >
```

　　上述代码中,第 8 ~ 10 行通过 DOM 实现了对 < div > 的行内样式设置。其中第 8 行获取了 id = "a" 的元素,即页面的 < div >,然后通过 9 ~ 10 行,设置了 < div > 的行内 CSS,分别实现了对 < div > 内字体的加粗、设置前端字号为 50 px。而在第 14 行利用"onmouseover"事件,即鼠标移动到 div 区块上方时,调用 DOM 函数 changecss( )实现对 div 内样式的设置。DOM CSS 设置前和设置后的页面效果如图 7 – 14 所示。

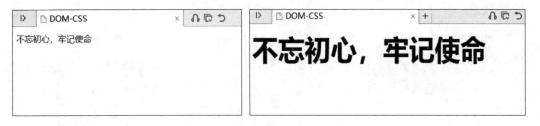

图 7 – 14　DOM CSS 行内样式设置页面效果

　　【例 7.8】通过 DOM 的 classList 属性以及该属性的 toggle( )方法,实现对 < div > 区块切换类名,从而实现 CSS 样式的灵活变换。

```
1.  <!DOCTYPE html >
2.  <html >
3.  <head >
4.  <meta charset = "utf - 8" >
5.  <title >classList 案例 </title >
6.  <script >
7.  function classlist(){
8.    document. getElementById("myDIV"). classList. toggle("newClassName");}
```

```
9.    </script>
10.   <style>
11.   .mystyle{
12.    margin:0 auto;
13.    width:200 px; height:120 px;
14.    background-color:coral; color:white;}
15.   .newClassName{
16.     background:#eeffee;color:black;
17.    margin:0 auto; height:120 px;
18.    writing-mode:tb-rl;}
19.   </style>
20.   </head>
21.   <body>
22.     <p>点击按钮切换类名</p>
23.     <button onclick="classlist()">切换 CSS</button>
24.     <p><strong>注意:</strong> IE9 及更早版本的浏览器不支持 classList 属性.</p>
25.    <div id="myDIV" class="mystyle">
26.   春未老<br>风细柳斜斜<br>试上超然台上望<br>半壕春水一城花<br>烟雨暗千家<br>
27.   </div>
28.   </body>
29.   </html>
```

以上代码中,第 8 行是实现类名切换的关键,element. classList. toggle("classname")中的参数"classname"的含义是,若该类名在元素中已经存在,则移出该类名,若不存在则添加该类名。本例对 id 为"myDIV"的<div>区块做了两种排版风格截然不同的 CSS 样式切换。实现效果如图 7 - 15 所示。

图 7 - 15　利用 classList. toggle( )切换类名实现样式的变换

可以说通过 DOM 来增、删、改、查 CSS 样式,可以快速而高效地实现页面样式的管理,其受控粒度与 DOM　HTML 是等同的。

7.9　DOM 事件

在前面的 DOM 实现案例中,已经涉及了 DOM 事件(Event)的运用。DOM 事件允许 JavaScript 在 HTML 文档元素中注册不同事件处理程序。DOM 事件通常与函数相结合,可以触发函数的执行。比如用户单击按钮,就会触发单击事件,使用事件属性 onclick 就可以捕获这一事件。事件可

以触发的动作,是通过脚本(如 JavaScript)实现的。少量的代码可以直接嵌入到属性之后,如 <
button onclick = "alert(OK)" > ,但是若代码较多,则推荐采用调用函数的形式来实现。

当一个 DOM 事件触发时,它不是在触发的对象上只触发一次的,而是经历以下 3 个阶段。

(1)一开始从文档的根节点流向目标对象(捕获阶段)。

(2)然后在目标对象上被触发(目标阶段)。

(3)之后再回溯到文档的根节点(冒泡阶段)。以 <
div > 为目标对象,其事件流如图 7 – 16 所示。

目前,在页面接收事件的顺序中,冒泡阶段是主流,
为多数浏览器所接受、兼容。

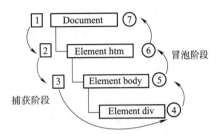

图 7 – 16 DOM 事件流

7.9.1 DOM 事件的级别

DOM 一共可以分为 4 个级别:从 DOM 0 级到 DOM
3 级。而 DOM 事件分为 3 个级别:DOM 0 级事件处理、
DOM 2 级事件处理和 DOM 3 级事件处理。由于 DOM 1 级中没有事件的相关内容,所以没有 DOM
1 级事件。

1. DOM 0 级事件处理程序

该级别事件在 JavaScript 中的写法为:element. event = function ( ){ } 。即把一个函数(或者匿
名函数)赋值给一个事件的处理程序属性。此种事件处理方法简单,被所有浏览器所兼容,但不
能给元素添加多个事件处理程序,只能添加一个,如果添加多个事件处理程序,后面的会覆盖前
面的。例如页面中存在一个按钮,通过 getElementById 获取该按钮的对象后赋值给 btn,然后为
btn 添加一个单击事件,可以写为:

```
btn. onclick = function (){ alert('河山壮丽')}
```

2. DOM 2 级事件处理程序

该类处理程序定义了添加事件和删除事件两个方法,在 JavaScript 中的写法如下。

添加事件:element. addEventListener (event, function, useCapture)。其中参数" event" 和
"function"是必选的,代表事件和事件触发的函数,而参数" useCapture "是可选项,取值为布尔值
True 或 False,用于指定事件是否在捕获或者冒泡阶段执行。

删除事件:element. removeEventListener(event, function, useCapture)。参数的含义同添加事
件。这样的删除方式只能删除 DOM 2 级添加的事件。删除的时候传递的参数必须跟添加时传递
的参数一样才能正确删除事件。

DOM 2 级事件处理机制可以为元素添加多个事件处理程序,这些事件处理程序按照它们在
事件流中的先后顺序,顺次执行。

3. DOM 3 级事件处理程序

DOM 3 级在 JavaScript 中的事件处理方法与 DOM 2 级相同,就是增加了许多事件类型,包括
鼠标事件、键盘事件等。具体如下所述。

(1)UI 事件:当用户与页面上的元素交互时触发,如 load、scroll。

（2）焦点事件,当元素获得或失去焦点时触发,如 blur、focus。

（3）鼠标事件,当用户通过鼠标在页面执行操作时触发,如 dblclick、mouseup。

（4）滚轮事件,当使用鼠标滚轮或类似设备时触发,如 mousewheel。

（5）文本事件,当在文档中输入文本时触发,如 textInput。

（6）键盘事件,当用户通过键盘在页面上执行操作时触发,如 keydown、keypress。

（7）合成事件,当为 IME（输入法编辑器）输入字符时触发,如 compositionstart。

（8）变动事件,当底层 DOM 结构发生变化时触发,如 DOMsubtreeModified。

同时 DOM 3 级事件还允许使用者自定义一些事件。

7.9.2 DOM 事件的类型

任何文档或者浏览器窗口发生的交互,都要通过绑定 DOM 事件加以实现。故 DOM 拥有非常丰富的事件类型。鉴于在第 6 章及本章前半部分已有涉及,本节不再详细列举这些事件,大家可以通过查询 DOM 标准手册获得全面的 DOM 事件信息。本节将分类加以概要叙述。

1. 鼠标类事件

鼠标类事件在 Web 开发中最为常用,毕竟鼠标是最主要的输入及定位设备。鼠标事件共 10 类,包括 click、contextmenu、dblclick、mousedown、mouseup、mousemove、mouseover、mouseout、mouseenter 和 mouseleave。

鉴于移动设备没有鼠标,所以与 PC 端有一些不同之处。移动设备尽量使用移动端事件,而不要使用鼠标事件。

（1）不支持 dblclick 双击事件。在移动设备中双击浏览器窗口会放大画面。

（2）单击元素会触发 mousemove 事件。

（3）两个手指放在屏幕上且页面随手指移动而滚动时会触发 mousewheel 和 scroll 事件。

例如图 7–17 所示的基于移动端的页面特效,若在 PC 端用鼠标操作,只能通过鼠标滚轮事件 mousewheel 及滚动 scroll 事件来代替移动设备上面的手指移动来实现特效。

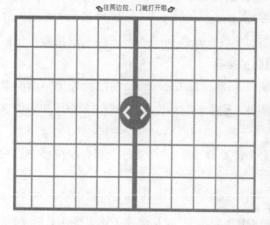 

图 7–17 用鼠标 mousewheel 和 scroll 事件等效实现移动端的手指划屏触发特效

2. 键盘事件

键盘鼠标同为 PC 端主要的输入设备,该类事件在 DOM 事件中也非常常用。键盘事件主要有 keydown、keypress、keyup 三个事件。当用户按下键盘上的任意键时会触发 keydown 事件,如果按住不放的话,会重复触发该事件;当用户按下键盘上的字符键时触发 keypress 事件,按下功能键时不触发,如果按住不放的话,会重复触发该事件;当用户释放键盘上的键时触发 keyup 事件。

系统为了防止按键误被连续按下,所以在第一次触发 keydown 事件后,有 500 ms 的延迟,才会触发第二次 keydown 事件,类似的,keypress 事件也存在 500 ms 的时间间隔。如果用户一直按键不松开,就会连续触发键盘事件,触发的顺序如下:① keydown;② keypress;③ keydown;④keypress;⑤(重复以上过程);⑥keyup。

【例 7.9】通过 DOM 获取按键事件的执行顺序。

```
1.  <!DOCTYPE html>
2.  <html>
3.    <head>
4.      <title>按键顺序</title>
5.    </head>
6.  <body>
7.    <button id = "test" style = "height:30 px;width:600 px;background - color:
pink;">请按下任意键</button><br>
8.    <button id = "reset">还原</button>
9.    <script>
10.      reset.onclick = function(){history.go();}        //还原按钮,单击触发
11.      test.focus();                                     //结果显示按钮获取焦点
12.      test.onkeypress = test.onkeydown = test.onkeyup = function(e){
13.      if(!test.mark){
14.          test.innerHTML = '';}
15.      test.mark = 1;
16.      e = e||event;
17.      test.innerHTML += e.type + ';';}//记录键盘事件
18.  </script>
19.  </body>
20.  </html>
```

在页面中按下任意键,稍作停留(超出 500 ms),抬起按键,得到如图 7 - 18 所示的键盘事件顺序。

图 7 - 18　键盘事件顺序

键盘事件包括 keyCode、key、char、keyIdentifier 和修改键共 5 个按键信息。在发生键盘事件时,event 事件对象的键码 keyCode 属性中会包含一个代码,与键盘上一个特定的键对应。对数字字母字符键,keyCode 属性的值与 ASCII 码中对应大写字母或数字的编码相同,不区分大小写,非

字符键为键码。键码对于利用快捷键及控制键执行特殊动作的 Web 应用来说非常重要。例如在游戏界面中，常用的 4 个方向按键，左上右下（顺时针）的键码分别是 37、38、39、40。

3. 加载类事件

在加载类事件中。load 是最常用的一个事件。load 事件不仅发生在 document 对象，还发生在各种外部资源上面。浏览网页就是一个加载各种资源的过程，图像（image）、样式表（style sheet）、脚本（script）、视频（video）、音频（audio）等。这些资源和 document 对象、window 对象、XMLHttpRequest 对象都会触发 load 事件。

load 事件在加载成功时触发，而 error 事件与之正相反，在加载失败时触发。凡是可以触发load 事件的元素，同样可以触发 error 事件。error 事件可以接收 3 个参数：错误消息、错误所在的URL 和行号。

元素加载中止时（如加载过程中按 Esc 键，停止加载）则会触发 abort 事件，常用于图片加载。

与 load 事件对应的是 unload 事件，该事件在文档被完全卸载后触发。刷新页面时，也会触发该事件。

除了上述三类常用的事件以外，DOM 事件还包括剪切板类、文本类、事务变化类等许多分类，为用户传递数据、实现各种交互提供最为合适的触发时机。

7.10　DOM 节点

DOM 把文档表示为节点（Node）对象树。"树"这种结构定义为一套互相联系的节点的集合。无论是对 HTML 还是对 CSS 文档，DOM 都是将对方解析为每个成分都是一个节点，从而实现对其访问、增加、修改及删除。以 HTML 为例，DOM 规定整个文档是一个文档节点，每个 HTML 标签是一个元素节点，包含在 HTML 元素中的文本是文本节点，每一个 HTML 属性是一个属性节点，而注释则属于注释节点。由此可见，节点是 DOM 对其控制对象实施有效管理的基本单位。节点被冠以相应的名称以对应它们在树里相对其他节点的位置。

7.10.1　DOM 节点的层次

以 HTML 文档为例，其所有节点组成了一个节点树。HTML 文档中的每个元素、属性、文本等都代表着树中的一个节点。树起始于文档节点（也称为根节点，root），并由此继续伸出枝条，直到处于这棵树最低级别的所有文本节点为止。某一节点的父节点（Parent node）就是树层次内比它高一级别的节点（更靠近根元素），而其子节点则比它低一个级别；兄弟节点显然就是树结构中与它同级的节点，不在它的左边就在它的右边。图 7 - 19 表示一个 DOM 关于 HTML 文档的节点树。

说明：

（1）除文档节点之外的每个节点都有父节点。其中一个节点作为树结构的根（root）。

（2）大部分元素节点都有子节点。< title > 节点也有一个子节点，即文本节点 "DOM 树示意"。

（3）当节点分享同一个父节点时，它们就是同辈（同级节点）。比方说，< h1 > 和 < img > 就是同辈节点，对于 < body > 节点而言，< h1 > 和 < img > 分别是它的左右孩子节点。

（4）节点也可以拥有后代，后代指某个节点的所有子节点，或者这些子节点的子节点。

(5) 节点也可以拥有先辈。先辈是某个节点的父节点,或者父节点的父节点,以此类推。

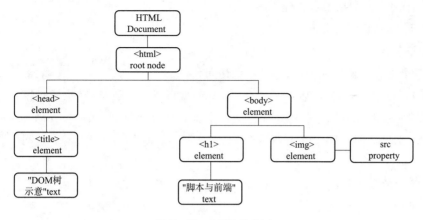

图 7 - 19　DOM 节点树

7. 10. 2　DOM 节点的访问

通过 DOM,可访问 DOM 树表达的文档的每个节点。在诸多的访问方式中,既可以用 getElementById()、getElementsByTagName()等方法,也可以通过使用一个元素节点的 parentNode、firstChild 以及 lastChild 的属性。JavaScript 的 DOM 实现中,可用于节点访问的元素属性如表 7 - 9 所示。

表 7 - 9　DOM 元素的节点属性

节点属性名称	节点类型	节点属性名称	节点类型
parentNode	父节点	firstChild	子节点
nextSibling	兄弟节点	firstElementChild	子节点
nextElementSibling	兄弟节点	lastChild	子节点
previousSibling	兄弟节点	lastElementChild	子节点
previousElementSibling	兄弟节点	childNodes	所有子节点
		children	所有子节点

针对表 7 - 9,可做如下几类节点的访问。

1. 访问父节点

调用者本身就是节点。一个节点只有一个父节点,调用方式就是:节点 . parentNode。

2. 访问同层的兄弟节点

(1) 下一个兄弟节点的访问。对于 nextSibling 属性,Firefox、Chrome、IE 9 + 版本都指的是下一个节点(包括标签元素、空文档和换行节点),而 IE 9 以下版本则是指下一个元素节点(标签元素)。对于 nextElementSibling:Firefox、Chrome、IE 9 + 版本都指的是下一个元素节点(标签元素)。所以为了获取下一个元素节点,综合这两个属性,可以写为:

下一个兄弟节点 = 节点 . nextElementSibling ‖ 节点 . nextSibling

(2) 同理,访问前一个兄弟节点的访问可以写为:

前一个兄弟节点 = 节点. previousElementSibling ‖ 节点. previousSibling

（3）访问任意一个兄弟节点，可以写为：

节点自己. parentNode. children[index] ;

3. 访问子节点

（1）第一个子节点或第一个子元素节点的访问。

firstChild 属性对于 Firefox、Chrome、IE 9 + 版本都是指第一个子节点（包括标签元素、空文档和换行节点），而对于 IE 9 以下低版本是指第一个子元素节点（标签元素）。firstElementChild 属性对于 Firefox、Chrome、IE 9 + 指的是第一个子元素节点（标签元素）。于是综合这两个属性，可以写为：

第一个子元素节点 = 节点. firstElementChild ‖ 节点. firstChild

（2）最后一个子节点或最后一个子元素节点的访问。同理可以写为：

最后一个子元素节点 = 节点. lastElementChild ‖ 节点. lastChild

（3）获取所有的子节点。

childNodes 为获取所有子节点的标准属性。返回的是指定元素的子节点的集合（包括元素节点、所有属性、文本节点）。用法为：

子节点数组 = 父节点. childNodes ;

children 为非标准属性。返回的是指定元素的子元素节点的集合。它只返回 HTML 节点，甚至不返回文本节点。虽然 children 不是标准的 DOM 属性，但它和 innerHTML 方法一样，得到了几乎所有浏览器的支持。用法为：

子节点数组 = 父节点. children ;

7. 10. 3　DOM 节点的信息

每个节点都拥有包含着关于节点某些信息的属性。这些属性是①nodeName：节点名称；②nodeValue：节点值；③nodeType：节点类型。

1. nodeName

nodeName 属性含有某个节点的名称，具体的名称是与节点的类型相关的，元素节点的nodeName 是标签的名称；属性节点的 nodeName 是属性的名称；文本节点的 nodeName 永远是#text；文档节点的 nodeName 永远是 #document。

2. nodeValue

对于文本节点，nodeValue 属性包含文本；对于属性节点，nodeValue 属性包含属性值；nodeValue 属性对于文档节点和元素节点是不可用的。

3. nodeType

nodeType 属性可返回节点的类型。nodeType == 1 表示的是元素节点（标签）；nodeType == 2表示的是属性节点；nodeType ==3 表示的是文本节点。

7. 10. 4　DOM 节点的操作

DOM 节点的访问主要是通过元素的节点属性完成的，但是对于 DOM 节点的操作，则主要是通过一系列的节点操作函数,即方法完成的。

1. 创建节点

顾名思义,创建节点就是从无到有地实现 DOM 节点的创建。其语法为:

新的元素节点 = document. createElement("标签名");

2. 插入节点

插入节点有两种方式,它们的含义是不同的。

方式 1:父节点 . appendChild(新的子节点);此种方式是在父节点的最后插入一个新的子节点。

方式 2:父节点 . insertBefore(新的子节点,作为参考的子节点);此种方式是在参考节点前插入一个新的节点。如果参考节点为 null,那么将在父节点最后插入一个子节点。

【例 7.10】结合节点的创建和插入,完成在页面内通过 DOM,动态创建 div 区块及文字内容。代码如下:

```
1.  <!DOCTYPE html>
2.  <html>
3.  <head>
4.      <meta charset = "UTF-8">
5.      <title>Document</title>
6.  <script>
7.      function add(){
8.      div = document. createElement('div');
9.      div. innerHTML = '一枝一叶总关情';
10.     div. style. backgroundColor = 'pink';
11.     document. body. appendChild(div);}
12. </script>
13. </head>
14. <body>
15. <button onclick = "add()">点击生成新区块</button>
16. </body>
17. </html>
```

代码第 8 行,通过 createElement 方法创建了 'div' 元素(标签),并通过代码第 11 行的 appendChild 方法将其插入到了 body 元素的最后,即在页面现有节点的末位产生区块。通过 3 次单击 button 按钮触发函数,完成了 3 次 div 区块的创建,页面效果如图 7 - 20 所示。

假设 button 的 id 为 "btn",并通过 getElementById 方法获得,此时将代码第 11 行修改为 document. body. insertBefore(div,btn);,则新插入的 div 区块将出现在 button 按钮之前。此时页面效果如图 7 - 21 所示。

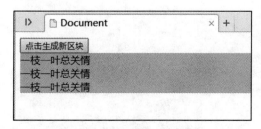 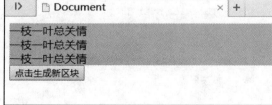

图 7 - 20　DOM 创建及插入节点　　　　　图 7 - 21　用 insertBefore 方法创建及插入区块

3. 删除节点

删除节点的格式为：父节点 . removeChild（子节点）；用父节点删除子节点，必须要指定删除具体哪个子节点。若要删除自身的节点，可以写为：node1. parentNode. removeChild（node1）；。

4. 复制节点

复制节点的格式为：要复制的节点 . cloneNode（）；此时参数的括号里不带参数和带参数false，效果是一样的。不带参数或者带参数 false，只复制节点本身，不复制子节点。带参数 true 则表示既复制节点本身，也复制其所有的子节点。

7.10.5 节点的属性

DOM 可以访问节点及对节点进行创建、插入、修改、删除等操作，同样地，可以获取节点的属性值、设置节点的属性值及删除节点的属性值。节点的属性值对于完备的节点描述和深入的节点控制来说，是具有现实的管控价值的。

假设在 HTML 文档中存在一个 img 标签，用于呈现图片，其格式如下：

> < img src = "img/spring. jpg" class = "imgbox" title = "四时之美" alt = "春夏秋冬" id = "pic">

以此为参照，完成对节点 img 属性的获取及操作。

（1）获取节点的属性值。其语法为：元素节点 . getAttribute（"属性名称"）；

例如：myNode. getAttribute（"src"）；、myNode. getAttribute（"class"）；等。

（2）设置节点的属性值。其语法为：元素节点 . setAttribute（属性名，新的属性值）；

例如：myNode. setAttribute（"src"，"img/summer. jpg"）；

　　　　myNode. setAttribute（"class"，"img3box"）；

　　　　myNode. setAttribute（"id"，"photo"）；

（3）删除节点的属性。其语法为：元素节点 . removeAttribute（属性名）；。

例如：

　　　　myNode. removeAttribute（"class"）；

　　　　myNode. removeAttribute（"id"）；

【**例 7.11**】通过 DOM 对节点属性实施控制，实现页面图片的切换。

```
1.    <!DOCTYPE html >
2.    <html >
3.    <head >
4.      <meta charset = "UTF-8" >
5.      <title >DOM节点属性</title >
6.    <script >
7.      function attr(){
8.      tu = document. getElementById('pic');
9.      tu. setAttribute("src","img/summer. jpg");}
10.   </script >
11.   </head >
12.   <body >
13.   < img src = "img/spring. jpg" class = "imgbox" title = "四时之美" alt = "春夏秋冬" id
= "pic" width =500 + height =300 >
```

```
14.  <hr>
15.  <button id = "btn" onclick = "attr()" style = 'background - color:#EEFFDD' >四季轮
回</button>
16.  </body>
17.  </html>
```

代码第 9 行利用 setAttribute 方法设定了 id 为 'pic' 的 img 元素的 src 属性,从而切换了图片。
实现效果如图 7 - 22 所示。

图 7 - 22　DOM setAttribute 案例

上述应用只是简单地设置了指定元素节点的属性值。若综合全章的 DOM 知识,则可以实现
更为丰富的节点属性控制效果。如通过单击图片放大缩略图、通过单击按钮循环切换页面 img 标
签的 scr 属性等。读者可自行拓展应用,实现更加精彩的案例。

本 章 小 结

本章从 JavaScript 所运行的环境——浏览器出发,介绍了浏览器向 JavaScript 提供的 BOM 和
DOM 重要编程接口。重点讲述了以下内容。

(1)用于控制浏览器以及和浏览器交互的浏览器对象模型,以及如何通过一些常用的控制窗
口、加载文档,以及基于定时器开发应用等。

(2)用于控制文档以及和文档交互的文档对象模型,以及如何利用 DOM 控制 HTML 文档内
容、应用 CSS 样式或者进行事件处理编程。

实验 7　BOM 和 DOM 编程

一、实验目的

(1)掌握使用 BOM 编程和浏览器交互。
(2)掌握使用 DOM 编程处理 DOM 事件及操纵文档的内容、样式。

二、实验内容与要求

(1)创建两个 HTML 页面,bomdom. html 用于主窗口,color. html 用于新打开的窗口。

（2）在 main. html 页面中包含打开窗口和改变新窗口背景色的按钮和颜色选择控件。

（3）在 color. html 页面用 DOM CSS 改变窗口背景色，并把用过的背景色列出显示。

（4）在 color. html 页面放置启动和停止动画的按钮，动画为每 2 s 切换背景色。

三、实验主要步骤

（1）创建和编写主窗口的 bomdom. html 页面。该页面上放置"点此打开窗口"以及"改变颜色"按钮。点击按钮时，分别在新窗口中打开 color. html 页面和设置新窗口中的 color. html 页面背景颜色。要改变的颜色，可以通过颜色选择控制予以指定。页面的效果可以参考图 7 - 23 所示。

●·····●
●　视　频
操作演示——
BOM和DOM
编程
●·····●

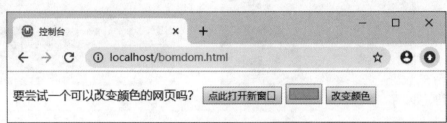

图 7 - 23   main. html 页面参考效果

■ **提示**：打开新窗口使用 window. open( )方法。而且由于之后要能够从主窗口中改变新打开窗口内文档主体的背景色，有窗口通信的需要，所以要注意保存 window. open( )方法的返回值，这个返回值是代表新窗口的 Window 对象。HTML5 的 < input type = " color" >标签元素可以用于颜色选择。按钮被单击时做出处理，则要对按钮元素做事件处理编程。

（2）创建和编写新窗口的 color. html 页面。该页面应定义 JavaScript 函数用 DOM CSS 来改变页面背景色。定义的函数不仅应该能够将页面背景修改为指定颜色，还应该用 DOM HTML 把用作背景色的颜色值加入页面中予以显示。页面的效果可以参考图 7 - 24。

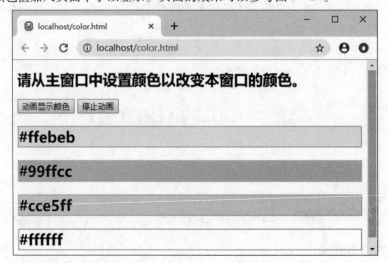

图 7 - 24   color. html 页面参考效果

▉ 提示：使用元素 . style. backgroundColor 属性可以设置元素的背景颜色，可以修改网页主体的背景色。使用 document. createElement( ) 可以创建元素，使用元素的 innerHTML 属性可以改变元素的内容，使用 document. body. appendChild( ) 可以把新建的元素加入页面 DOM 结构中，从而在页面中显示曾经使用的颜色值。新创建的元素也可以设置背景色，从而使页面中不仅可以查看颜色值，还可以直观地观察实际颜色。color. html 中提供的用于改变颜色的 JavaScript 函数可以定义为 Window 对象的方法（全局函数）并在 main. html 中被使用，从而达到窗口通信的目的。

（3）在 color. html 页面中实现每隔 2 s 切换背景色的动画，并提供两个按钮分别用于启动和停止动画。这种动画要求可以通过设置一个超时时间间隔 2 s 的定时器来触发代码的执行，在定时器所调度的代码中，类似于前面步骤，就可以用 DOM CSS 完成背景色切换。

▉ 提示：setInterval( ) 函数用于创建一个重复性的定时器，函数接收的超时时间以毫秒为单位。该函数的返回值必须保留，它是定时器的句柄，过后可以将其作为参数值传递给 clearInterval( ) 函数取消定时器，从而停止动画。考虑背景色切换的需要，可以从文档的元素中去提取使用过的颜色值，但这样难度较大，建议使用数组存放用过的背景色，编程和运行代价都会更小。

四、实验总结与拓展

通过 BOM 编程，能够充分利用浏览器的特性了解浏览器窗口相关信息，控制浏览器窗口的行为，把视角放到比 DOM 更大的范围以促进思考问题和进行交互设计。

DOM 编程则更多的把视角聚焦到文档内，对文档的元素、节点组织进行更深入的思考，所以小到一个页面上的特效，大到一套庞大完整的 Web UI 库，甚至以 Ajax 为典型代表的 Web 应用交互设计的实践和发展趋势，都离不开 DOM 编程的支持。

习题与思考

1. 判断题

（1）BOM 是 Browser Object Model 的缩写，代表浏览器对象模型。　　　（　　）

（2）语句 window. alert("Hello!") ;不能正确执行，因为 window 无此方法。　（　　）

（3）Location 对象用于获取和设置浏览器窗口在显示屏幕上的位置。　　　（　　）

（4）通过 History 对象虽不能获取浏览器具体 URL，但可以在历史中前进或后退。（　　）

（5）利用 setInterval( ) 创建的定时器周期性调度要执行的代码，可用于实现动画。（　　）

（6）HTML DOM 树中的节点都是 HTML 标签所对应的元素。　　　　　　（　　）

（7）如果要获取带有指定 id 的元素，适合用 getElementById( ) 方法。　　（　　）

（8）语句 document. body. style. backgroundColor = "#ff0000" 设置页面背景色为红色。（　　）

（9）DOM 事件触发时会经历捕获阶段、目标阶段和冒泡阶段 3 个阶段。　（　　）

（10）HTML 文档中的一个 < p > 标签对应的 DOM 节点其类型是文本节点。　（　　）

2. 选择题

（1）BOM 中常用的对象有＿＿＿＿。

A. Window　　　　　B. Document　　　　　C. Location　　　　　D. 以上都是

(2)以下关于 Window 对象描述错误的是_____。

A. window. open( )方法用于打开新窗口

B. window. close( )方法用于关闭浏览器窗口

C. window 的 parent 和 opener 属性意义相同

D. 顶层窗口的 parent 属性仍是窗口自身

(3)如果想要使用对话框获取用户输入的文本,应该使用 Window 的哪个方法? _____

A. alert( )　　　　　B. confirm( )　　　　　C. prompt( )　　　　　D. 以上均可

(4)要提取"http://some/one? two = 3#four"中的"? two = 3"应使用 Location 对象_____属性。

A. protocol　　　　　B. host　　　　　C. search　　　　　D. hash

(5)关于定时器以下描述正确的是_____。

A. setTimeout( )创建重复性定时器　　　　　B. setInterval( )创建一次性定时器

C. 创建定时器的超时时间以毫秒为单位　　　　　D. clearTimeout( )不需要指定参数

(6)以下 DOM 级别不是由 W3C 标准化的是_____。

A. DOM 0 级　　　　　B. DOM 1 级　　　　　C. DOM 2 级　　　　　D. DOM 3 级

(7)想要获取文档中所有标签名为 h2 的元素,应该使用_____方法。

A. getElementById( )　　　　　B. getElementsByTagName( )

C. getElementsByName( )　　　　　D. getElementsByClassName( )

(8)要设置元素的样式,可以使用元素的_____属性。

A. style　　　　　B. className　　　　　C. classList　　　　　D. 以上均可

(9)以下不属于鼠标事件的是_____。

A. mousemove　　　　　B. click　　　　　C. mousemove　　　　　D. keypress

(10)以下节点属性中访问的不是上下级节点而是同级节点的是_____。

A. parentNode　　　　　B. children　　　　　C. lastChild　　　　　D. nextSibling

3. 思考题

(1)简述 BOM 和 DOM 组件的特点和相互联系。

(2)实现浏览器跳转到其他页面或刷新当前页面,如何编程?

(3)如果需要让页面中的特定元素不予显示,可以使用什么样的手段,是使用 DOM 操纵样式还是使用 DOM 移除元素,可以两种办法都尝试,并对比各自的特点。

第8章

敏捷的前端框架——Bootstrap

简洁优雅的界面风格、美观且功能强大的 Web 组件、体现移动优先特性的响应式布局设计和多快好省地完成网站快速构建,这些前端工程师梦寐以求的"珍宝"如今真切地来到了你的面前。走近它,了解它,拥有它,从此你的 Web 前端开发工作将变得一片坦途。没错,它就是——Bootstrap。在本章的学习中,读者将了解到 Bootstrap 的前世今生,以及如何使用它提供的响应式布局系统、表格、按钮、表单、导航等组件来实现网页的快速开发。

本章学习目标

➢ 了解 Bootstrap 的基础知识和技术特性;

➢ 掌握 Bootstrap 框架的配置和引入方法;

➢ 掌握 Bootstrap 响应式布局设计的实现方法;

➢ 掌握 Bootstrap 常用组件的使用方法。

8.1 认识 Bootstrap

8.1.1 Bootstrap 诞生记

2010 年夏,Twitter 公司的 Mark Otto 和 Jacob Thornton 为了解决前端开发任务中的协作统一问题,自发成立了一个兴趣小组,他们期望能够利用业务时间构建一套具有易用、优雅、灵活、可扩展特性的前端工具集,他们将其命名为 Bootstrap。

2011 年 8 月,Bootstrap 以开源项目的形式在 GitHub 上正式露面,项目一经发布,立刻引起了众多前端工程师的关注。Bootstrap 被各种水平的开发者所喜爱,即使是一个只具备 HTML 和一些 CSS 基础知识的初学者也能够轻易地上手。时至今日,Bootstrap 已发展到了 V4 版本,并已成为最受欢迎的 Web 前端框架之一。

8.1.2 什么是 Bootstrap

Bootstrap 是一个可以简单灵活地用于搭建漂亮 Web 页面的 HTML、CSS、JavaScript 工具集。仰赖其响应式布局特性,使用它开发的项目可以同时满足 PC 端和移动端的 Web 页面需求。同时,它符合

HTML 和 CSS 规范,代码简洁、组件功能强大、界面风格优雅大方,可用于网页或网站的快速构建。

8.1.3　Bootstrap 的优势

Bootstrap 之所以大受欢迎,这要仰赖其所具备的 5 个特性:跨设备、跨浏览器;响应式布局;丰富全面的组件库;内置 jQuery 插件;支持 HTML5 和 CSS3。

1. 跨设备、跨浏览器

Bootstrap 可以完美兼容目前所有的主流浏览器。Bootstrap 的目标是在最新的桌面和移动浏览器上有最佳的表现,也就是说,在较老旧的浏览器上可能会导致某些组件表现出的样式有些不同,但是功能是完整的。此外,使用它所开发的页面能够同时兼容 PC 端、平板电脑以及手机的页面访问需求,如表 8 – 1 和表 8 – 2 所示。

表 8 – 1　移动设备浏览器支持(Bootstrap4)

	Chrome	**Firefox**	**Opera**	**Safari**	**Android Brower & WebView**
Android	支持	支持	不支持	N/A	Android v5.0 + 支持
iOS	支持	支持	不支持	支持	N/A

表 8 – 2　桌面浏览器支持(Bootstrap4)

	Chrome	**Firefox**	**Internet Explorer**	**Microsoft Edge**	**Opera**	**Safari**
Mac	支持	支持	N/A	N/A	支持	支持
Windows	支持	支持	支持	支持	支持	不支持

■ **注意**:在 Bootstrap V3 版本中,Bootstrap 对 Internet Explorer 8 + 提供支持,但在 Bootstrap V4 中仅对 Internet Explorer 10 + 提供支持。

2. 响应式布局

首先,Bootstrap 能够完美支持 PC 端各种分辨率下的显示,其次,它最大的优势——响应式布局,使得开发者可以方便地让网页无论在台式机、平板设备、手机上都获得最佳的体验。

如图 8 – 1 所示,对于同一页面,在 PC 端和移动端的展现方式是完全不同的,Bootstrap 根据屏幕大小对页面内容进行了自动的调整适配,在保证了可操作性的同时,确保了页面的美观。

图 8 – 1　同一页面在不同终端下的展示效果

3. 丰富且全面的组件库

Bootstrap 提供了丰富且全面的组件库,其中的组件涵盖了字体、图标、按钮、导航条、标签和下拉菜单等多种页面元素,如图 8-2 和图 8-3 所示。这些组件不仅简洁、美观,而且调用也极为简单,通过使用已有组件,Web 前端工程师可节省大量开发时间,避免了"重复造轮子"的尴尬,使开发人员可以专注于网页内容和设计上的改进。

所有可用的图标

包括250多个来自 Glyphicon Halflings 的字体图标。Glyphicons Halflings 一般是收费的,但是他们的作者允许 Bootstrap 免费使用。为了表示感谢,希望你在使用时尽量为 Glyphicons 添加一个友情链接。

图 8-2　Bootstrap 图标库

■ **注意:**在 Bootstrap 3 中包含的 glyphicon 字体图标,在 Bootstrap 4 中已被移除。

图 8-3　Bootstrap 组件

4. 内置 jQuery 插件

Bootstrap 中内置了多种 jQuery 插件,这些插件可以实现模态框、过渡效果、滚动监听等功能。通过使用这些进行了功能扩展的内置 jQuery 插件,开发人员可以为网页添加更多的互动元素。而且这些插件可以按需取用,开发人员可以简单地一次性引入所有插件,或将其逐个引入到页面中。

5. 基于 HTML5 和 CSS3

Bootstrap 的开发基于 HTML5 和 CSS3,因此它对 HTML5 的标签和语法,以及 CSS3 的所有属性和标准都提供了很好的支持。

8.1.4　Bootstrap 的构成

整个 Bootstrap 框架由以下几个部分组成。

(1)基本结构:提供了一个带有网格系统、链接样式和背景的基本结构。

(2)CSS:Bootstrap 为排版、链接样式设置了基本的全局样式,并对基本的 HTML 元素样式进行了定义。当然,用户可根据自己的需要对这些样式进行扩展。

(3)组件:包含了多个可重用的组件,用于创建图像、下拉菜单、导航、警告框、弹出框等。由于版本差异,Bootstrap 3 与 Bootstrap 4 中的组件库略有不同。在使用对应版本时,请读者查阅相关说明文档。

(4)JavaScript 插件:内置十几个自定义的 jQuery 插件。用户可以一次性引入所有插件,也可以按需逐个引入。

(5)定制:用户可以对已有 Bootstrap 组件和 jQuery 插件进行扩展,从而得到自己的版本。

8.1.5　Bootstrap 的下载安装

走进 Bootstrap 精彩世界的第一步就是下载安装 Bootstrap。读者只要按照如下的步骤即可完成 Bootstrap 的安装与配置。

1. Bootstrap 获取途径

● 视 频

MOOC讲解
——Bootstrap
V3与V4的主要
区别

Bootstrap 框架的获取途径并非有一种,常见的来源有如下 3 个。

(1)Bootstrap 官网:https://getbootstrap.com

(2)Bootstrap 中文网:https://www.bootcss.com

(3)GitHub 项目:http://github.com/twbs/bootstrap

读者可以通过以上的任一途径来获取 Bootstrap 的最新版本。本书推荐访问 Bootstrap 中文网来下载 Bootstrap 的最新稳定版本。除考虑语言因素外,Bootstrap 中文网在国内的访问速度相对较快,在该网站中读者还可以查看到 Bootstrap 不同版本的相关中文教程。

2. 下载 Bootstrap

目前 Bootstrap 的最新版本为 V4 版本,由于版本间存在些许差异,请读者根据自己的实际需要进行选择(Bootstrap 3 中包含有免费的 glyphicon 字体图标)。此处以 V4 版本为例,Bootstrap 中文网提供了“预编译版”和“源码”两种版本供下载使用,两个版本针对具有不同技能等级的开发者和不同的使用场景。

（1）预编译版：包含编译及压缩后的 CSS 和 JavaScript 文件，不包含文档和源码文件。下载后可直接将其加入到你的项目中。

（2）源码：包含 Bootstrap 的 Sass、JavaScript 和文档的源文件，使用前需要使用 Sass 编译器对 CSS 进行编译，并进行一些额外的设置工作。

在当前的学习阶段，读者选择下载预编译版即可，在学习得较为深入后，读者可以下载源码版本进行深入研究。

选择相应版本下载后即可获得对应的压缩文件（如 bootstrap – 4.4.1 – dist. zip）。

3. Bootstrap 安装包内容解读

下载的预编译版本中包含如图 8 – 4 所示的文件，这些文件可以直接使用到任何 Web 项目中。

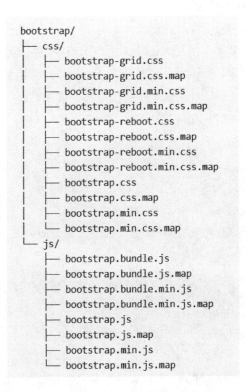

图 8 – 4　Bootstrap 4 预编译版文件结构

css 文件夹中主要包含了各种内置的样式文件，js 文件夹中包含了之前提到的各种组件及事件处理程序（Bootstrap 3 中还包含有 fonts 文件夹，该文件夹中包含了内置的各种字体以及图标）。需要特别说明的是，部分文件提供了完整版和压缩版两种形式，其中带有 ∗. min 字样的文件为对应文件的压缩版本。比如 bootstrap. css 和 bootstrap. min. css。在项目开发过程中出于查看源码的需要，通常选择使用完整版本，但在项目发布时引入对应的 . min 文件，可以提升页面的加载速度。

4. 安装 Bootstrap

Bootstrap 的安装过程与其说"安装"，不如叫"配置引入"更为恰当。下面介绍 Bootstrap 的两种"安装"方法。

（1）本地安装

Bootstrap 的使用和配置比较简单，只要注意如下 3 个要点即可。

①在 Web 页面的 ＜head＞ 标签中添加如下代码：

```
1. <meta charset="utf-8">
2. <meta http-equiv="X-UA-Compatible" content="IE=edge">
3. <meta name="viewport" content="width=device-width, initial-scale=1.0">
4. <!--上述 3 个 meta 标签*必须*放在最前面,任何其他内容都*必须*跟随其后!-->
```

这部分代码的主要作用是完成页面编码方式、浏览器适配和移动设备适配的设置。其中，viewport 元数据标签是为了确保页面在移动设备上能够进行适当的绘制和提供触屏缩放特性，这充分体现了 Bootstrap 的移动优先特性。

viewport 的 width 属性用于控制可视区域的宽度。如果你的网站需要被具有不同屏幕分辨率的设备访问，那么将 viewport 的 width 属性设置为 device-width 可以确保页面能正确呈现在不同的设备上。initial-scale=1.0 确保网页加载时以 1:1 的比例呈现，不会有任何的缩放。在移动设备浏览器上，将 viewport 的 user-scalable 属性设置为 no 可以禁用其缩放功能。通常情况下，maximum-scale=1.0 与 user-scalable=no 一起使用。在禁用缩放功能后，用户只能滚动屏幕，这样就能让你的网站看上去更像原生应用。

②输入如下代码，完成 Bootstrap 样式表的导入。

```
1. <!--引入 Bootstrap-->
2. <link href="css/bootstrap.min.css" rel="stylesheet">
```

③输入如下代码，完成 jQuery 和 Bootstrap JS 文件的导入。需要特别注意的是，jQuery 必须在 Bootstrap JS 之前引入，jQuery 也必须使用最新版。这是因为 Bootstrap 所有 JavaScript 插件都依赖于 jQuery。

```
1. <!--jQuery (Bootstrap 的 JavaScript 插件需要引入 jQuery)-->
2. <script src="https://code.jquery.com/jquery.js"></script>
3. <!--包括所有已编译的插件-->
4. <script src="js/bootstrap.min.js"></script>
```

（2）在线安装

Bootstrap 中文网为 Bootstrap 提供了 CDN 加速服务，访问速度较快。用户可以在网页中使用如下代码完成 Bootstrap 框架的在线直接引用。

```
1. <!--Bootstrap4 核心 CSS 文件-->
2. <link rel="stylesheet" href="https://cdn.bootcss.com/bootstrap/4.1.0/css/bootstrap.min.css">
3. <!--jQuery 文件.务必在 bootstrap.min.js 之前引入-->
4. <script src="https://cdn.bootcss.com/jquery/3.2.1/jquery.min.js"></script>
5. <!--popper.min.js 用于弹窗、提示、下拉菜单-->
6. <script src="https://cdn.bootcss.com/popper.js/1.12.5/umd/popper.min.js"></script>
7. <!--Bootstrap4 核心 JavaScript 文件-->
8. <script src="https://cdn.bootcss.com/bootstrap/4.1.0/js/bootstrap.min.js"></script>
```

8.2　Bootstrap 响应式布局

本节将学习 Bootstrap 中的布局容器,以及如何使用 Bootstrap 独有的栅格系统来实现响应式布局设计。所谓响应式布局就是保证页面元素及布局具有足够的弹性,来兼容各类设备平台和屏幕尺寸。对于响应式设计来讲,同比例缩放元素尺寸以及调整页面结构布局是两个重要的响应方法。请读者注意,栅格系统是 Bootstrap 框架的核心和精髓!

8.2.1　布局容器

使用 Bootstrap 响应式布局的前提是创建一个容器从而容纳网格元素。Bootstrap 中提供了两种布局容器:固定宽度容器(container)和非固定宽度容器(container – fluid)。

本质上讲,布局容器就是 Bootstrap 提供的两个 CSS 类样式。

container:建立固定宽度并支持响应式布局的容器,容器中的元素会居中显示。

container – fluid:建立一个占据屏幕 100% 宽度的容器。

下面就通过代码来介绍下两者的用法和区别。

视频

MOOC讲解
——相关样式

1. 固定宽度容器 container 用法

```
1. < div class = "container" >
2.    .......
3. </div >
```

在浏览器中查看上面的 div 元素,可以看到 . container 的样式为:

```
1. . container{
2.    padding – right:15 px;
3.    padding – left:15 px;
4.    margin – right:auto;
5.    margin – left:auto;
6. }
7. /* 768 – 992 px 以上宽度 container 为 750 px* /
8. @ media (min – width:768 px){
9.    . container{
10.      width:750 px;
11.   }
12. }
13. /* 992 – 1200 px 以上宽度 container 为 970 px* /
14. @ media (min – width:992 px){
15.    . container{
16.      width:970 px;
17.   }
18. }
19. /* 1200 px 以上宽度 container 为 1170 px* /
20. @ media (min – width:1200 px){
21.    . container{
22.      width:1170 px;
```

```
23.  }
24. }
```

从上面的代码可以看出，container 的左右外边距（margin – right、margin – left）交由浏览器决定，左右内边距（padding）为固定宽度 15 像素，而容器宽度会根据屏幕宽度的不同被设定为不同的值。

2. 非固定宽度容器 container – fluid 用法

非固定宽度容器 container – fluid 的用法与 container 基本一样，唯一的区别在于 div 的宽度始终为 100%。

```
1. < div class = "container - fluid" >
2.  ......
3. </div >
```

8.2.2　栅格系统介绍

8.1.5 节讲到的 viewport 一定程度上解决了手机端浏览网页时的显示适配问题，但想从根本上解决网页在不同设备上的显示适配问题，就需要使用 Bootstrap 所提供的响应式布局机制，也就是栅格系统。

栅格系统（Grid System）也称网格系统，是指运用固定的格子设计版面布局，以规则的网格阵列来指导和规范版面布局以及信息分布。栅格系统最初诞生于出版业，网页栅格系统是从平面栅格系统中发展而来的。对于网页设计来说，栅格系统的使用不仅可以让网页的信息呈现更加的观易读，网页的版面布局设计也将变得更加的灵活与规范。

Bootstrap 提供了一套响应式、移动设备优先的流式栅格系统。随着屏幕或 viewport 尺寸的增加，屏幕宽度会自动分为 12 列，也就是 12 等份。栅格系统通过一系列的行与列的组合来创建页面布局，网页内容就可以放入到这些创建好的布局中，示例效果如图 8 – 5 所示。

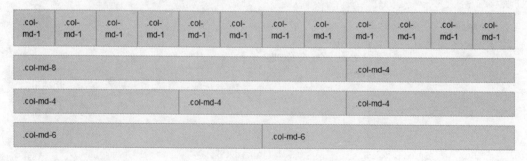

图 8 – 5　Bootstrap 栅格系统示例

8.2.3　栅格系统规则

上述有关 Bootstrap 栅格系统的描述是高度概括和凝练的，为了更好地加深读者对栅格系统运行原理的理解，本节就结合栅格系统的规则来逐一讲解。

Bootstrap 栅格系统的规则如下。

（1）网格的每一行（row）需要放在设置了 . container（固定宽度）或 . container – fluid（全屏宽度）类的容器中，这样行就获得了由容器自动设置的外边距（margin）与内边距（padding）。

例如，在下面的代码中，一行包含在 container 中，另一行则没有，从运行效果图 8 – 6 中可以看出两者的明显区别，为了页面整体的和谐统一，请读者严格遵守上述规则。

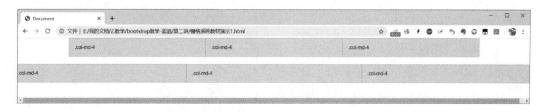

图 8 – 6　容器与行之间的关系

示例代码如下：

```
1. < div class = "container" >
2.    < div class = "row" >
3.       < div class = "col – md – 4" >. col – md – 4 </div >
4.       < div class = "col – md – 4" >. col – md – 4 </div >
5.       < div class = "col – md – 4" >. col – md – 4 </div >
6.    </div >
7. </div >
8. < div class = "row" >
9.    < div class = "col – md – 4" >. col – md – 4 </div >
10.   < div class = "col – md – 4" >. col – md – 4 </div >
11.   < div class = "col – md – 4" >. col – md – 4 </div >
12. </div >
```

（2）使用行（row）在水平方向来创建一组列（column），内容需要放置在列中，并且只有列可以是行的直接子节点。

从上面的示例代码中可以看到，定义行只需要将相应 div 的类样式设置为“row”即可，即 < div class = "row" > … </div >。一个行中可以包含多个列，上面的示例代码中第一行中包含了 3 列，且每列的类样式为 . col – md – 4。从规则描述可知，需展现的内容只能放置在列中，就如同写字要写在画好的格子中一样，不要将内容直接放在行下，例如下面的代码就是错误的。

```
1. < div class = "container" >
2.    < div class = "row" >
3.       < div >我是不是站错了地方 </div >    <!-- 此行为错误用法 -->
4.       < div class = "col – md – 4" >. col – md – 4 </div >
5.       < div class = "col – md – 8" >. col – md – 8 </div >
6.    </div >
7. </div >
```

（3）栅格系统中的列是通过指定 1 ~ 12 的值来表示其跨越的范围。可以使用预定义的类如 . col – md – 4 来指定列的宽度。例如，3 个等宽的列可以使用 3 个 . col – md – 4 来创建。

相信读者已经对之前示例代码中出现的 class = "col – md – 4" 感到困惑了，现在揭开谜底！. row 和 . col – md – 4 都是在框架中预先定义好的 CSS 类样式，比如 . col – md – 4 所代表的含义就是创建一个在中等屏幕设备上宽度为 4 的列。在前文中提到 Bootstrap 会将屏幕宽度 12 等份。这里的 4 就是指该列的宽度占屏幕宽度的 12 分之 4（即三分之一），而 md 则代表了在"中等设备屏幕"这种特定条件下采用这样的规则。那么除了"4"和"md"，还有其他的选择吗？当然有，下面就对网格类和列宽的指定方法进行介绍。

网格类有以下几个。

①col – :针对所有设备。

②col – sm – :平板——屏幕宽度等于或大于 576 px。

③col – md – :桌面显示器——屏幕宽度等于或大于 768 px。

④col – lg – :大桌面显示器——屏幕宽度等于或大于 992 px。

⑤col – xl – :超大桌面显示器——屏幕宽度等于或大于 1200 px。

不同的前缀代表了针对不同屏幕大小设备下的设置，换言之，可以利用这样的规则来使得同一列在不同设备上的列宽也不相同，这些内容将在 8.2.4 节中进行介绍。

关于列宽的指定方法，列宽是通过指定 1~12 的值来表示跨越范围，所以可以活用该规则，例如可以在一行中创建 12 列，每列的宽度为 1，或在一行中创建 2 列，一列的宽度为 8，另一列的宽度为 4 等。读者可以根据页面布局的需要来完成列宽以及列数的设置。下面的示例代码中演示了列宽设置的相关用法。

```
1. <div class = "container">
2.     <div class = "row">
3.         <div class = "col-md-1">.col-md-1</div>
4.         <div class = "col-md-1">.col-md-1</div>
5.         <div class = "col-md-1">.col-md-1</div>
6.         <div class = "col-md-1">.col-md-1</div>
7.         <div class = "col-md-1">.col-md-1</div>
8.         <div class = "col-md-1">.col-md-1</div>
9.         <div class = "col-md-1">.col-md-1</div>
10.         <div class = "col-md-1">.col-md-1</div>
11.         <div class = "col-md-1">.col-md-1</div>
12.         <div class = "col-md-1">.col-md-1</div>
13.         <div class = "col-md-1">.col-md-1</div>
14.         <div class = "col-md-1">.col-md-1</div>
15.     </div>
16.     <div class = "row">
17.         <div class = "col-md-8">.col-md-8</div>
18.         <div class = "col-md-4">.col-md-4</div>
19.     </div>
20. </div>
```

运行效果如图 8-7 所示。

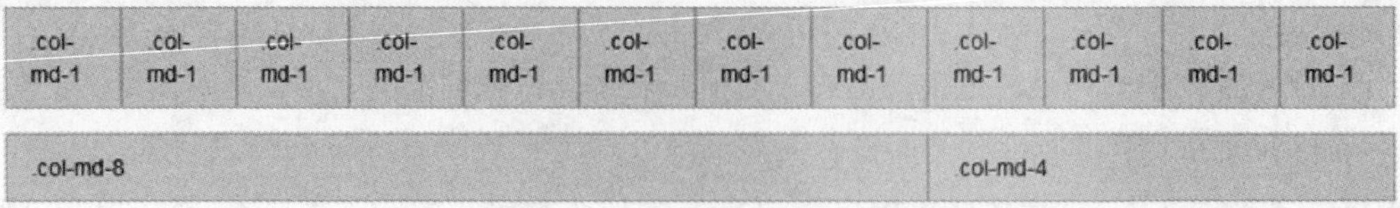

图 8-7   网格类及列宽设置

在设置列宽时请注意,每一个行中列的跨度值相加不能大于 12。如果一行中包含的列宽总和大于 12,多余的列所在的元素将被作为一个整体另起一行排列。具体效果如图 8 – 8 所示。

图 8 – 8　列宽和大于 12

示例代码如下:

```
1. < div class = "container" >
2.     < div class = "row" >
3.         < div class = "col - md - 4" > .col - md - 4 </div >
4.         < div class = "col - md - 4" > .col - md - 4 </div >
5.         < div class = "col - md - 4" > .col - md - 4 </div >
6.         <! -- 算上该列,列宽总和大于12,该列将显示在下一行 -->
7.         < div class = "col - md - 4" > .col - md - 4 </div >
8.     </div >
9. </div >
```

(4)列通过设置 padding 来创建列之间的间隔(gutter)。

在 Bootstrap 的 CSS 源码中(bootstrap. css)可以看到如下样式集,这些样式集定义了列间隔的样式。从代码中可以看出,Bootstrap 的默认列间隔为 30 像素,用户可以根据需要来修改这个值。

```
1. .row{
2.     margin - left: -15px;
3.     margin - right: -15px;
4. }
5. .col - xs - 1, .col - sm - 1, .col - md - 1, .col - lg - 1, .col - xs - 2, .col - sm - 2,
.col - md - 2, .col - lg - 2, .col - xs - 3,
6. .col - sm - 3, .col - md - 3, .col - lg - 3, .col - xs - 4, .col - sm - 4, .col - md - 4,
.col - lg - 4, .col - xs - 5, .col - sm - 5,
7. .col - md - 5, .col - lg - 5, .col - xs - 6, .col - sm - 6, .col - md - 6, .col - lg - 6,
.col - xs - 7, .col - sm - 7, .col - md - 7,
8. .col - lg - 7, .col - xs - 8, .col - sm - 8, .col - md - 8, .col - lg - 8, .col - xs - 9,
.col - sm - 9, .col - md - 9, .col - lg - 9,
9. .col - xs - 10, .col - sm - 10, .col - md - 10, .col - lg - 10, .col - xs - 11, .col - sm -
11, .col - md - 11, .col - lg - 11,
10. .col - xs - 12, .col - sm - 12, .col - md - 12, .col - lg - 12{
11. position:relative;
12. min - height:1px;
13. padding - left:15px;
14. padding - right:15px;
15. }
```

为方便查阅,表 8 – 3 中列举了栅格系统设备与布局关系的相关参数。

表 8-3　**Bootstrap 栅格系统设备与布局关系**

	超小屏幕 （<768px）	小屏幕 （≥768px）	中等屏幕 （≥992px）	大屏幕 （≥1200px）
栅格系统行为	总是水平排列	开始是堆叠在一起的，当大于这些阈值时将变为水平排列		
. container 最大宽度	None（自动）	750 px	970 px	1170 px
类前缀	. col - xs -	. col - sm -	. col - md -	. col - lg -
列（column）数	12			
最大列宽	自动	~62 px	~81 px	~97 px
槽（gutter）宽	30px（每列左右均有 15px）			
可嵌套	是			
偏移（Offsets）	是			
列排序	是			

8.2.4　响应式布局实战

掌握了 Bootstrap 中栅格系统的使用方法后，本节将介绍如何使用它来实现页面的响应式布局，以及列偏移和列嵌套的使用方法。如果希望网页能够根据设备屏幕大小的不同进行响应式布局，那就需要在基本栅格系统的基础上综合使用 . col - lg - *、. col - md - *、. col - sm - *、. col - xs - * 四个不同的栅格类。例 8-1 中演示了如何实现适用于不同屏幕的动态响应式布局的实现方法。

【**例 8.1**】现有 6 张规格大小一样的图片需要进行展示，要求展示页面满足如下要求：采用响应式布局设计，在大屏幕上每行显示 6 张，中等屏幕上每行最多显示 4 张图片，在小屏幕上每行显示两张，在超小屏幕上每行只显示一张图片。

分析过程：

（1）大屏幕下每行 6 张，网格类使用 . col - lg -，每行 6 张即 6 列，每列宽度为 $12/6 = 2$。

（2）中等屏幕下每行 4 张，网格类使用 . col - md -，每行 4 列，每列宽度为 $12/4 = 3$。

（3）小屏幕下每行 2 张，网格类使用 . col - sm -，每行 2 列，每列宽度为 $12/2 = 6$。

（4）超小屏幕下每行 1 张，网格类使用 . col - xs -，每行 1 列，每列宽度为 $12/1 = 12$。

示例代码如下：

```
1.  < div class = "container" >
2.    < div class = "row" >
3.      < div class = "col - lg - 2 col - md - 3 col - sm - 6 col - xs - 12" >
4.        < img src = "1. jpg" class = "img - responsive" alt = "" > </ div >
5.      < div class = "col - lg - 2 col - md - 3 col - sm - 6 col - xs - 12" >
6.        < img src = "2. jpg" class = "img - responsive" alt = "" > </ div >
7.      < div class = "col - lg - 2 col - md - 3 col - sm - 6 col - xs - 12" >
8.        < img src = "3. jpg" class = "img - responsive" alt = "" > </ div >
9.      < div class = "col - lg - 2 col - md - 3 col - sm - 6 col - xs - 12" >
10.       < img src = "4. jpg" class = "img - responsive" alt = "" > </ div >
11.     < div class = "col - lg - 2 col - md - 3 col - sm - 6 col - xs - 12" >
12.       < img src = "5. jpg" class = "img - responsive" alt = "" > </ div >
```

```
13.        <div class = "col - lg - 2 col - md - 3 col - sm - 6 col - xs - 12">
14.            <img src = "6. jpg" class = "img - responsive" alt = ""></div>
15.    </div>
16. </div>
```

运行效果如图 8 - 9 和图 8 - 10 所示。

图 8 - 9　大屏幕下展示效果

图 8 - 10　小屏幕下展示效果

从上面的示例代码中可以发现如下几点。

（1）同一列在不同屏幕下的列宽设置方法为：class = "col - lg - 2 col - md - 3 col - sm - 6 col - xs - 12"，在类样式中给出所有屏幕下列宽的解决方案即可，设置较为简便。

（2）每张图片都添加了 img - responsive 样式，这里的 class = "img - responsive"是 Bootstrap 中提供的响应式图片样式，作用是使图片根据页面布局进行等比例缩放，从而对响应式布局提供更好的支持。

8.2.5　列偏移与列嵌套

为了实现更为复杂的页面布局方式，Bootstrap 中还提供了对列偏移和列嵌套的支持。

1. 列偏移

列偏移的应用可以为列腾出更多的空间,从而实现更为专业的布局。栅格系统中使用 . col - md - offset - * 类可以把一个列向右偏移 * 列,其中 * 的范围是从 1 ~ 11。例如,. col - md - offset - 4 可以将列向右侧偏移 4 个列的宽度。请注意,offset 也会占据布局空间,因此使用列偏移时,必须把 offset 偏移宽度与列宽度进行合并计算,确保每个行中的列宽和偏移宽度之和等于或小于 12。

【**例 8.2**】使用列偏移实现如下效果:第一行包含两列,两列宽度均为 4,第二列偏移为 4;第二行包含两列,第一列宽度为 3,向右偏移 4 列,第二列宽度为 2,偏移 3 列。

示例代码如下:

```
1. <div class = "container">
2.   <div class = "row">
3.     <div class = "col-md-4">col-md-4</div>
4.     <div class = "col-md-4 col-md-offset-4">col-md-4</div>
5.   </div>
6.   <div class = "row">
7.     <div class = "col-md-3 col-md-offset-4">col-md-3</div>
8.     <div class = "col-md-2 col-md-offset-3">col-md-2</div>
9.   </div>
10. </div>
```

运行效果如图 8 - 11 所示。

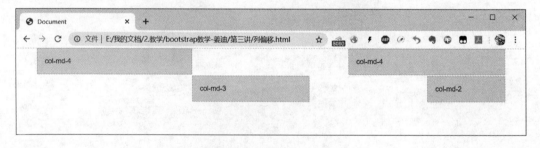

图 8 - 11 列偏移演示效果

2. 列嵌套

列嵌套可用于实现页面的多层布局,其实现原理较为简单,读者只需要在嵌套的列内部添加一行,然后在行内继续使用栅格系统即可。注意:被嵌套的行所包含的列的个数不能超过 12(没有要求必须占满 12 列)。

【**例 8.3**】使用列嵌套实现如下效果:现有一行一列的布局框架(其列的样式为 col - md - 12),要在其中嵌入一个 1 行 3 列的布局结构(每列的样式为 col - md - 4)。

示例代码如下:

```
1. <div class = "container">
2.   <div class = "row">
3.     <div class = "col-md-12">col-md-12
4.       <div class = "row">
5.         <div class = "col-md-4">内嵌列 col-md-4</div>
```

```
6.              < div class = "col - md - 4" > 内嵌列 col - md - 4 </div >
7.              < div class = "col - md - 4" > 内嵌列 col - md - 4 </div >
8.          </div >
9.      </div >
10.   </div >
11. </div >
```

运行效果如图 8 - 12 所示。

图 8 - 12　列嵌套演示效果

8.3　Bootstrap 常用样式——表单

表单是用来采集用户数据、与用户进行交流的网页控件,良好的表单设计能够让网页与用户更好地沟通。Bootstrap 支持 HTML5 的所有表单控件,并对不同的表单标签进行了优化和拓展。这主要体现在 Bootstrap 为 HTML 大部分表单都设置了默认样式,开发人员可以为表单添加相应类名,从而实现表单的水平排列、个性化定制等效果。本节将介绍 Bootstrap 框架中表单的实现方法。

8.3.1　基础表单

首先介绍的是 Bootstrap 中基础表单的实现方法。所谓制作基础表单就是指将一个 HTML 原生表单快速转换为拥有 Bootstrap 所提供的默认风格表单的过程。

在制作基础表单时需要重点使用到 Bootstrap 提供的两个类样式。

(1)form - group:称为表单组,它是表单中的逻辑结构单元,在使用响应式布局时,表单组会发挥类似于栅格系统中行的作用。

(2)form - control:该样式主要作用于 < input >、< textarea >、< select > 等标签元素,当这些元素应用了 form - control 样式后,Bootstrap 框架将为其添加圆角边框、阴影效果,同时修改 placeholder 颜色,并将其宽度指定为 100%。

下面对基础表单的实现方法进行演示。

首先,使用 HTML 实现一个普通的登录页面,在该页面中未添加任何 CSS 样式,代码实现如下:

```
1. < form action = "#" >
2.    < label for = "username" > 用户名 </label >
3.    < input type = "text" autofocus required id = "username" placeholder = "用户名"> < br >
4.    < label for = "password" > 密码 </label >
5.    < input type = "password" autofocus required id = "password" placeholder = "密码"> < br >
6.    < label >
7.       < input type = "checkbox"> 记住密码
8.    </label > < br >
9.    < button type = "submit"> 登录 </button >
10. </form >
```

页面运行效果如图 8 – 13 所示。

图 8 – 13   HTML 原生表单登录页面

使用 form – group 和 form – control 对表单进行改造，代码如下：

```
1. < div class = "container" >
2.    < form action = "#"  >
3.       < div class = "form - group" >
4.          < label for = "username"> 用户名 </label >
5.          < input autofocus = "" class = "form - control" id = "username" placeholder = "
用户名"
6.             required = "" type = "text"> </input >
7.       </div >
8.       < div class = "form - group" >
9.          < label for = "password"> 密码 </label >
10.         < input autofocus = "" class = "form - control" id = "password" placeholder = "
密码"
11.            required = "" type = "password"> </input >
12.      </div >
13.      < div class = "form - group" >
14.         < label >
15.            < input type = "checkbox"> 记住密码 </input >
16.         </label >
17.      </div >
18.      < div class = "form - group" >
19.         < button type = "submit"> 登录 </button >
20.      </div >
21.   </form >
22. </div >
```

运行效果如图 8 – 14 所示。

从图 8 – 13 和图 8 – 14 的效果对比可以看出，Bootstrap 表单更加的美观、大方，控件被分行整齐排列,行间距适中,输入框带上了淡蓝色的阴影效果和圆角边框。在整个页面的改造过程中请读者注意如下几个细节。

（1）使用 < div > 标签对表单控件进行了分组,为每个 < div > 应用 form – group 样式使其成为表单中的一行。

（2）给除 < label > 和 < button > 外的所有控件添加了 form – control 样式,此时各控件已带有圆角边框及阴影效果,并且宽度被设置为 100%。

（3）在 < form > 标签外层添加栅格系统容器,将表单包裹在容器中。此时,表单整体宽度会受到外层限制变为在页面中居中显示,展示效果更为美观。

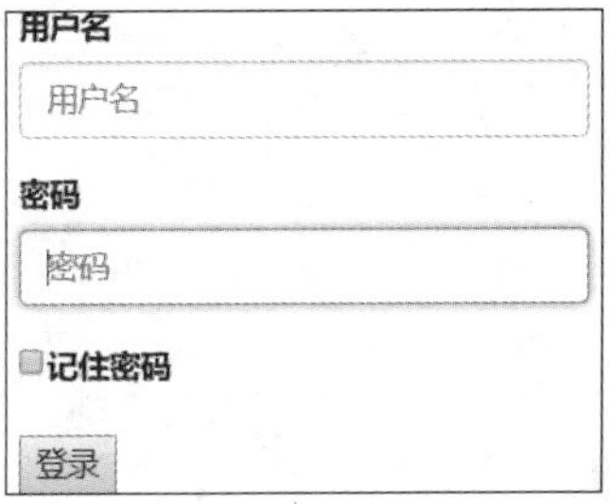

图 8 – 14　改造后的 Bootstrap 登录页面

8.3.2　水平表单

Bootstrap 框架默认将表单做垂直布局(标签显示在输入控件的上方),但很多时候,水平表单风格(标签居左,表单控件居右)在页面中更为常见,在 Bootstrap 框架中实现水平表单效果需要进行如下的设置。

（1）基于 Bootstrap 框架的栅格系统来创建表单,其中的标签和控件分别放置在栅格系统的列中。

（2）为 < form > 标签添加"form – horizontal"类样式,"form – horizontal"样式的主要作用是设置表单控件 padding 和 margin 的值,同时改变"form – group"的表现形式,使之类似于栅格系统的行。label 和 div 需要按列宽方式指定 col – □类,否则布局会发生混乱。

（3）为 < label > 添加"control – label"类样式。

下面以 8.3.1 节中的基础表单为例,将其修改为水平表单,实现代码如下:

```
1.  < div class = "container" >
2.    < form action = "#" class = "form - horizontal" >
3.       < div class = "form - group" >
4.          < label for = "username" class = "col - md - 3 control - label" >用户名</label >
5.          < div class = "col - md - 4" >
6.             < input type = "text" autofocus required id = "username"
7.                   placeholder = "用户名" class = "form - control" >
8.          </div >
9.       </div >
10.      < div class = "form - group" >
11.         < label for = "password" class = "col - md - 3 control - label" >密码</label >
12.         < div class = "col - md - 4" >
13.            < input type = "password" autofocus required id = "password"
14.                  placeholder = "密码" class = "form - control" >
15.         </div >
16.      </div >
17.      < div class = "form - group" >
18.         < div class = "checkbox col - md - offset - 3 col - md - 9" >
19.            < label for = "" > < input type = "checkbox" >记住密码< br > </label >
```

```
20.        </div >
21.      </div >
22.      < div class = "form - group" >
23.        < div class = "col - md - 9 col - md - offset - 3" >
24.          < button type = "submit" class = "btn btn - success" >登录</button >
25.        </div >
26.      </div >
27.    </form >
28. </div >
```

运行效果如图 8 – 15 所示。

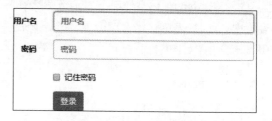

■ **注意**："登录"按钮中的 class = "btn btn – success"是 Bootstrap 中用于按钮修饰的类样式，该部分内容将在 8.3.4 节中讲到。

8.3.3　内联表单

图 8 – 15　水平表单演示效果

所谓内联表单就是将表单的控件都放在一行内显示。在 Bootstrap 框架中实现这样的表单效果是轻而易举的,只需要在 < form > 元素中添加类样式"form – inline"即可。示例代码如下:

```
1. < div class = "container" >
2.  < form action = "#" class = "form - inline" >
3.    < div class = "form - group" >
4.      < label for = "username" class = "sr - only" >用户名</label >
5.      < input class = "form - control" id = "username" placeholder = "用户名"
6.          required = "" type = "text" > </input >
7.    </div >
8.    < div class = "form - group" >
9.      < label for = "password" class = "sr - only" >密码</label >
10.     < input autofocus = "" class = "form - control" id = "password" placeholder = "密码"
11.         required = "" type = "password" > </input >
12.    </div >
13.    < div class = "form - group" >
14.      < label >
15.        < input type = "checkbox" >记住密码</input >
16.      </label >
17.    </div >
18.    < div class = "form - group" >
19.      < button type = "submit" >登录</button >
20.    </div >
21.  </form >
22. </div >
```

运行效果如图 8 – 16 所示。

图 8 – 16　内联表单

细心的读者可能已经发现,原本应该出现在用户名和密码输入框前的标签并没有显示出来。这并非是 Bug! 我们通常会在内联表单中隐藏输入控件前的 < label >。此例中通过给 < lable > 标签添加 sr - only 样式实现了对标签的隐藏。如果直接删除控件前的 < label > 标签,屏幕阅读器将无法正确识别。这体现了 Bootstrap 框架的另一个优点——为残障人士进行了一定的考虑。

8.3.4　按钮

Web 表单中有各种各样的控件,其中按钮是 Web 程序设计中必不可少的控件之一。Bootstrap 框架中将按钮作为一个独立部分,提供了很多辅助类对按钮的风格、大小和状态进行设置。

1. 基本按钮

给一个按钮添加 Bootstrap 基本样式的方法较为简单,只要给 < button > 标签添加 btn 样式即可,效果如图 8 - 17 所示,示例代码如下:

图 8 - 17　普通按钮与 Bootstrap 基本按钮

```
< button class = "btn" > 按钮 </button >
```

2. Bootstrap 中按钮的多标签支持

在 Bootstrap 框架中,除了使用 < input > 标签和 < button > 标签,还可以使用 < a > 标签、< span > 标签,甚至是 < div > 标签来实现一个按钮。只要给 < a >、< span >、< div > 添加 btn 类样式即可。但是 Bootstrap 的官方文档中建议开发人员尽可能使用 < button > 标签,从而使其在各个浏览器上获得相匹配的绘制效果。

3. 按钮的定制风格

在 Bootstrap 框架中除了默认的按钮风格之外,还有其他 7 种按钮风格,分别是默认、首选项、成功、一般信息、警告、危险和链接。不同风格的按钮具有不同的样式,开发者可以根据应用场景和上下文语义自行选择。按钮风格的设置可以通过为其添加不同的类样式来实现,以下示例代码展示了按钮风格的定制方法。

```
1. < button class = "btn btn - default" > 默认按钮 </button >
2. < button class = "btn btn - warning" > 警告按钮 </button >
3. < button class = "btn btn - primary" > 首选项按钮 </button >
4. < button class = "btn btn - danger" > 危险按钮 </button >
5. < button class = "btn btn - success" > 成功按钮 </button >
6. < button class = "btn btn - info" > 消息按钮 </button >
7. < button class = "btn btn - link" > 链接按钮 </button >
```

运行效果如图 8 - 18 所示。

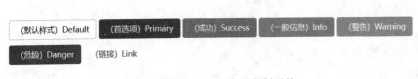

图 8 - 18　Bootstrap 按钮定制风格

MOOC讲解——Bootstrap 按钮样式扩展

8.4　Bootstrap 常用样式——导航栏

导航对于一位前端开发人员来说并不陌生,通过使用导航,用户可以方便地查找网站所提供的各项功能服务。导航的制作方法也是千奇百怪,五花八门。本节将介绍如何在 Bootstrap 框架下创建导航元素和导航栏。

8.4.1　基本导航元素

在 Bootstrap 框架中制作导航条通常是以带有类样式 nav 的无序列表开始的,但 nav 类并不提供默认的导航样式,必须附加另外的样式才会生效,比如 nav – tabs 或 nav – pills。这里的 nav – tabs 和 nav – pills 就是 Bootstrap 中的两种基本导航。

nav – tabs:标签式导航,将导航元素转换为选项卡的形式。

nav – pills:胶囊式导航,每个导航元素以按钮形式呈现。

下面依次介绍这两种基本导航的实现方法。

1. 标签式导航

标签式导航也称为选项卡导航。在很多内容需要分块显示时,使用这种选项卡来分组十分适合。标签式导航是通过“nav – tabs”样式来实现的,在制作标签式导航时需要在原导航“nav”上追加此类名。在此基础上,选项卡的默认选中和禁用也是通过添加样式的方式来实现的,使用“active”样式即可实现选项卡默认选中,使用“disabled”样式来实现选项卡的禁用效果。示例代码如下:

```
1. < ul class = "nav nav - tabs" >
2.    < li class = "active" > < a href = "#" >首页 </a > </li>
3.    < li > < a href = "#" >新闻 </a > </li>
4.    < li > < a href = "#" >主营业务 </a > </li>
5.    < li > < a href = "#" >组织机构 </a > </li>
6.    < li > < a href = "#" >风光 </a > </li>
7.    < li class = "disabled" > < a href = "#" >联系我们 </a > </li>
8. </ul>
```

运行效果如图 8 – 19 所示。

图 8 – 19　标签式导航

2. 胶囊式导航

胶囊式(pills)导航因为其外形看起来有点像胶囊故此命名。胶囊式导航的特点是当前项高亮显示,并带有圆角效果。其实现方法和“nav – tabs”类似,同样的结构,只需要把类名“nav – tabs”换成“nav – pills”。关键代码如下:

```
1. <ul class = "nav nav - pills">
2.    ......
3. </ul>
```

运行效果如图 8 - 20 所示。

在实际开发中,页面会更多地使用垂直胶囊导航。实现垂直堆叠导航效果只需要在"nav - pills"的基础上添加一个"nav - stacked"类即可。关键代码如下:

```
1. <ul class = "nav nav - pills nav - stacked">
2.    ......
3. </ul>
```

运行效果如图 8 - 21 所示。

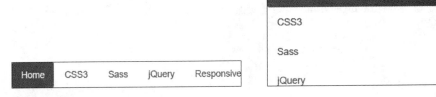

图 8 - 20　水平胶囊式导航　　　　图 8 - 21　垂直胶囊式导航

8.4.2　下拉菜单

8.4.1 节中介绍了 Bootstrap 框架中一级导航的实现方法。在此基础上,可以通过给一级导航添加下拉菜单的方式来实现多级导航效果。在实现过程中,要注意如下要点。

(1)使用 <li> 作为一级菜单项(<a> 标签)的父容器,并为其添加类样式"dropdown"。

(2)在一级菜单项下方添加无序列表 <ul> , <ul> 为二级菜单项的容器,为 <ul> 添加类样式"dropdown - menu"。

(3)在作为一级菜单项的 <a> 标签中添加类样式"dropdown - toggle",并设置属性 data - toggle = "dropdown"。

(4)在作为一级菜单项的 <a> 标签中添加 <span> 标记,使用类样式"caret"为其添加三角图标。

示例代码如下:

```
1. <ul class = "nav nav - pills">
2.     <li class = "active"> <a href = "#">首页 </a> </li>
3.     <li class = "dropdown">
4.         <a href = "#" class = "dropdown - toggle" data - toggle = "dropdown">新闻
5.           <span class = "caret"> </span> </a>
6.         <ul class = "dropdown - menu">
7.             <li> <a href = "#">软件平台 </a> </li>
8.             <li class = "divider"> </li>
9.             <li> <a href = "#">硬件设备 </a> </li>
10.        </ul>
```

```
11.        </li>
12.        <li><a href="#">主营业务</a></li>
13.        <li><a href="#">组织机构</a></li>
14.        <li><a href="#">风光</a></li>
15.        <li class="disabled"><a href="#">联系我们</a></li>
16.    </ul>
```

运行效果如图 8 - 22 所示。

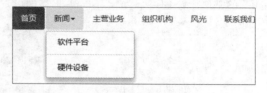

图 8 - 22　下拉菜单

8.4.3　面包屑导航

面包屑导航的主要作用是告诉网页浏览者现在所处页面的位置。和前面导航不同的是,面包屑导航需要使用有序列表 < ol > 标签作为容器,并为 < ol > 标签添加类样式 breadcrumb。为了突显当前所在位置,请不要忘记为表示当前位置的列表项 < li > 添加 active 类样式。

示例代码如下:

```
1. <ol class="breadcrumb">
2.     <li><a href="#">图书</a></li>
3.     <li><a href="#">计算机</a></li>
4.     <li class="active">Web 设计与应用</li>
5. </ol>
```

运行效果如图 8 - 23 所示。

图书 / 计算机 / Web设计与应用

图 8 - 23　面包屑导航

8.4.4　默认导航栏

导航栏是 Bootstrap 网站的一个突出特点。导航栏在你的应用或网站中可以作为导航页头的响应式基础组件。导航栏在移动设备的视图中是折叠的,随着可用视口宽度的增加,导航栏也会水平展开。

创建一个默认导航栏的步骤如下。

(1)为 < nav > 标签添加类样式 navbar 和 navbar - default。

(2)为 < nav > 标签添加 role = "navigation",用于增加页面的可访问性。

(3)使用 < div > 标签添加一个导航标题,为 < div > 标签添加类样式 navbar - header。在其内部添加一个带有类样式 navbar - brand 的 < a > 元素,用以承载导航标题的内容。这样设置后,导航中的标题文本看起来要更大一号。

(4)向导航栏添加链接。只需要简单地添加带有类样式 nav 和 navbar - nav 的无序列表即可。

示例代码如下:

```
1. <nav class = "navbar navbar - default" role = "navigation" >
2.     <div class = "container - fluid" >
3.         <div class = "navbar - header" >
4.             <a class = "navbar - brand" href = "#" >web 设计与应用教程</a>
5.         </div>
6.         <div>
7.             <ul class = "nav navbar - nav" >
8.                 <li class = "active" > <a href = "#" >HTML</a> </li>
9.                 <li> <a href = "#" >CSS</a> </li>
10.                <li class = "dropdown" >
11.                    <a href = "#" class = "dropdown - toggle" data - toggle = "dropdown" >
12.                        Bootstrap
13.                      <b class = "caret" > </b>
14.                    </a>
15.                    <ul class = "dropdown - menu" >
16.                        <li> <a href = "#" >栅格系统</a> </li>
17.                        <li> <a href = "#" >表单</a> </li>
18.                        <li> <a href = "#" >导航</a> </li>
19.                        <li class = "divider" > </li>
20.                        <li> <a href = "#" >轮播插件</a> </li>
21.                    </ul>
22.                </li>
23.            </ul>
24.        </div>
25.    </div>
26. </nav>
```

运行效果如图 8 - 24 和图 8 - 25 所示。

图 8 - 24　大屏幕下导航栏效果

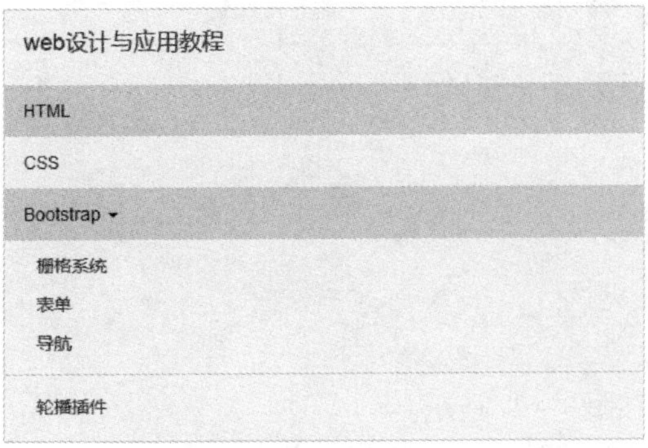

图 8 - 25　小屏幕下导航栏效果

8.4.5 响应式导航栏

为了给导航栏添加响应式特性，要折叠的内容必须包裹在带有类样式 collapse、navbar – collapse 的 < div > 中。折叠起来的导航栏实际上是一个带有类样式 navbar – toggle 及两个 data – * 元素的按钮。navbar – toggle 用于告诉 JavaScript 需要对按钮做什么，data – target 指示要切换到哪一个元素。使用 3 个带有类样式 icon – bar 的 < span > 来创建形如"汉堡"的按钮，单击该按钮后页面会显示 < div class = "nav – collapse" > 块中的元素。

示例代码如下：

```
1. < nav class = "navbar navbar - default" role = "navigation" >
2.     < div class = "container - fluid" >
3.         < div class = "navbar - header" >
4.             < button type = "button" class = "navbar - toggle" data - toggle = "collapse"
5.                 data - target = "#myNavbar" >
6.                 < span class = "sr - only" > 切换导航 < /span >
7.                 < span class = "icon - bar" > < /span >
8.                 < span class = "icon - bar" > < /span >
9.                 < span class = "icon - bar" > < /span >
10.            < /button >
11.            < a class = "navbar - brand" href = "#" > web 设计与应用教程 < /a >
12.        < /div >
13.        < div class = "collapse navbar - collapse" id = "myNavbar" >
14.            < ul class = "nav navbar - nav" >
15.                < li class = "active" > < a href = "#" > HTML < /a > < /li >
16.                < li > < a href = "#" > CSS < /a > < /li >
17.                < li class = "dropdown" >
18.                    < a href = "#" class = "dropdown - toggle" data - toggle = "dropdown" >
19.                        Bootstrap < b class = "caret" > < /b >
20.                    < /a >
21.                    < ul class = "dropdown - menu" >
22.                        < li > < a href = "#" > 栅格系统 < /a > < /li >
23.                        < li > < a href = "#" > 表单 < /a > < /li >
24.                        < li > < a href = "#" > 导航 < /a > < /li >
25.                        < li class = "divider" > < /li >
26.                        < li > < a href = "#" > 轮播插件 < /a > < /li >
27.                    < /ul >
28.                < /li >
29.            < /ul >
30.        < /div >
31.    < /div >
32. < /nav >
```

运行效果如图 8 – 26 和图 8 – 27 所示。

图 8 - 26　小屏幕下响应式导航栏展示(折叠状态) 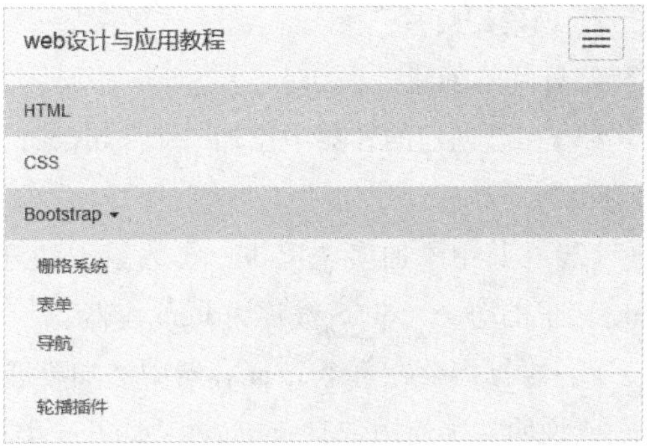　　图 8 - 27　小屏幕下响应式导航栏展示(展开状态)

8.5　Bootstrap 常用样式——轮播插件

轮播插件在 Web 程序中的应用十分普遍,利用轮播插件可以在节省大量页面空间的情况下将图片和广告放在较为显眼的位置。然而轮播插件的实现往往较为复杂,且难以维护,但这一切在 Bootstrap 中却变得十分简单。在这一节中,将介绍如何借助 Bootstrap 的内建插件 carousel. js 轻松构建一个美观、大方的轮播插件。

8.5.1　轮播插件的构成

轮播控件是一个用于轮播内容的组件,也就是经常看到的滚动图片或滚动广告。在Bootstrap 中使用 Carousel 组件来实现轮播效果,一个标准的轮播插件由三部分构成(其中轮播控件和轮播指标为可选组件),如图 8 - 28所示。

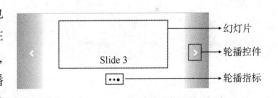

图 8 - 28　轮播插件的构成

(1)幻灯片:需要进行循环展示的图片或广告内容。

(2)轮播控件:左右两侧的箭头标志,用于手动向左右切换展示内容。

(3)轮播指标:图片下方的小点,每个小点指向了一页内容。

8.5.2　轮播插件的实现方法

按照如下步骤即可在 Bootstrap 中实现轮播插件效果。

1. 创建容器

首先,整个轮播插件组件必须被放置在一个容器元素中。一般使用 div 标签作为容器,为其添加 . carousel 类和唯一 ID 以及 data - ride = "carousel"属性。data - ride = "carousel" 属性用于标记轮播插件在页面加载时就开始动画播放,无须使用初始化的 js 函数。示例代码如下:

```
1. < div class = "carousel" id = "mycarousel" data - ride = "carousel" >
2.    <! -- 后续步骤的代码都需要装入此容器中 -->
3. < /div >
```

2. 创建幻灯片

幻灯片的创建过程如下。

（1）在已创建的容器中添加一个 < div >，为其添加类样式 carousel – inner，并添加属性 role = "listbox"。

（2）在其中添加多个 < div >，数量取决于要展示的图片页数，为每个 < div > 添加类样式 item，这里的每个 < div > 被称为 item 容器。

（3）根据需要在每个 item 容器中添加要展示的内容，使用 < img > 标签展示图片，然后将图片标题或说明文字使用带有 carousel – caption 类样式的 < div > 块进行包裹。

（4）一定要为至少一个 item 容器添加 active 类样式，否则轮播插件将不会显示任何内容。

示例代码如下：

```
1.  < div class = "carousel - inner" role = "listbox" >
2.      <! -- item 容器 -->
3.      < div class = "item active" >
4.          < img src = "yunnan1. jpg" class = "img - responsive center - block" alt = "" >
5.          < div class = "carousel - caption" > Slider 1 </div >
6.      </div >
7.      < div class = "item" >
8.          < img src = "yunnan2. jpg" class = "img - responsive center - block" alt = "" >
9.          < div class = "carousel - caption" > Slider 2 </div >
10.     </div >
11.     < div class = "item" >
12.         < img src = "yunnan3. jpg" class = "img - responsive center - block" alt = "" >
13.         < div class = "carousel - caption" > Slider 3 </div >
14.     </div >
15. </div >
```

3. 添加轮播指标

轮播指标是一个设置了 carousel – indicators 类样式的有序列表，每个列表项有一个指向轮播 ID 的 data – target 属性和包含图片编号的 data – slide – to 属性。注意：其中图片的编号从 0 开始。如果有 3 张图片，那么 3 个列表项的 data – slide – to 属性分别赋值为 0、1、2。示例代码如下：

```
1.  < ol class = "carousel - indicators" >
2.      < li data - target = "#mycarousel" data - slide - to = "0" class = "active" > </li >
3.      < li data - target = "#mycarousel" data - slide - to = "1" > </li >
4.      < li data - target = "#mycarousel" data - slide - to = "2" > </li >
5.  </ol >
```

4. 添加轮播控件

轮播控件的作用是指示控件应该向左或向右推进轮播，其写法相对固定。实现轮播控件的核心是构建两个带有 left 和 right 类样式的 < a > 标签，两个 < a > 标签会显示在轮播插件的左右两侧。为每个 < a > 标签添加 carousel – control 类样式，并将其 href 属性指定为轮播插件的 ID，然后添加 role = button 属性，并分别将其 data – slide 属性设置为 prev 和 next。

然后使用两个 < span > 标签为控件添加 v 形标志图标和翻页文本标签，其中 glyphicon glyphicon – chevron – left 样式表示向左向右的两个 v 形图标。示例代码如下：

```
1. < a href = "#mycarousel" role = "button" data - slide = "prev" class = "carousel -
control left" >
2.    < span class = "glyphicon glyphicon - chevron - left" > </span >
3.    < span class = "sr - only" > 上一页 </span >
4. </a >
5. < a href = "#mycarousel" role = "button" data - slide = "next" class = "carousel -
control right" >
6.    < span class = "glyphicon glyphicon - chevron - right" > </span >
7.    < span class = "sr - only" > 下一页 </span >
8. </a >
```

至此,轮播插件制作完成,整体运行效果如图 8 - 29 所示。

图 8 - 29　轮播插件展示效果

本 章 小 结

本章从 Bootstrap 的诞生入手,依次对 Bootstrap 框架的特点、构成、下载安装方法、栅格系统及常用控件与插件的用法进行了介绍。重点讲述了以下内容。

(1) Bootstrap 框架的由来,基本概念、框架特点与优势、下载安装方法。

(2) 栅格系统是 Bootstrap 的核心和精髓,详细讲解了 Bootstrap 栅格系统的使用规则,并利用实例对响应式布局设计的实现方法进行了介绍。

(3) Bootstrap 中基础表单、水平表单、内联表单及按钮的实现方法,利用 Bootstrap 框架,用户只需添加少量样式代码即可完成表单样式的切换和美化。

(4) Bootstrap 中各类型导航元素及导航栏的实现方法。

(5) Bootstrap 中轮播插件的构成及实现方法。

(6) 以“商品选购页面”为例,对 Bootstrap 栅格系统、常用控件、轮播插件的用法进行综合演示。

实验 8　Bootstrap 综合应用

一、实验目的

(1) 掌握使用 Bootstrap 栅格系统进行页面布局的方法。

(2) 掌握 Bootstrap 中常用组件的使用方法。

二、实验内容与要求

（1）创建一个商品选购页面，要求包含如下页面元素：顶部导航栏、商品轮播展示插件、面包屑导航、垂直导航条、商品图片展示。

（2）页面整体采用 T 形布局。

（3）使用 Bootstrap 栅格系统实现页面的响应式布局。

（4）在不同设备上使用不同的图片展示方案，具体要求为：大屏幕及中等屏幕每行 4 张、小屏幕每行 2 张、超小屏幕每行 1 张。

示例效果如图 8 - 30 所示。

● 视 频

操作演示——
商品选购页面
实现

图 8 - 30　示例页面效果

三、实验主要步骤

（1）确定页面的整体布局方案。以图 8 - 30 中的页面效果为例，该页面共由五部分构成。

①页面顶部水平导航条。

②用于展示广告内容的轮播插件。

③面包屑导航。

④左下方垂直导航。

⑤右下方商品图片的展示区域。

经过分析容易发现，该页面主体框架由四行构成，最后一行具有两列。

（2）使用栅格系统进行页面布局。实现一个带有 4 行的基本布局。

（3）在第一行中创建一列，添加水平导航条，将导航条的宽度调整为占满 12 列。

（4）在第二行中创建一列，添加轮播插件，为其添加响应式布局的宽度。

（5）在第三行中创建一列，添加面包屑导航。

（6）在第四行中创建两列，两列的宽度比例为 1∶3，即左侧区域占屏幕宽度的 12 分之 3，右侧为 12 分之 9。在第一列中添加垂直导航条。

（7）根据图片展示要求，在第四行第二列中使用栅格系统完成页面布局，并在相应的列中添加展示图片。

█ **提示**：图片展示部分可使用 Bootstrap 中提供的缩略图样式 thumbnail。读者可参照如下代码或利用网络对 thumbnail 的用法进行学习。缩略图实现示例代码如下：

```
1. < div class = "thumbnail" >
2.     < img src = "iphone7. jpg" class = "img - responsive" alt = "" >
3.     < div class = "caption" > iphone 8 < /div >
4. < /div >
```

█ **注意**：使用缩略图需要为每张图片添加一个 < div > 容器，并为其添加 thumbnail 类样式。可以使用带有 caption 样式的 < div > 块为图片添加相应的说明文字。

四、实验总结与拓展

本次实验的主要目的是使读者掌握 Bootstrap 中响应式布局容器、栅格系统、导航以及轮播插件的使用方法。通过本次实验，相信各位读者已经对 Bootstrap 的强大与优雅有了更为深入的理解，也对前端框架的作用有了更为直观的认识。使用框架可以大大提升 Web 网站的开发效率，并且大多数框架都具有易于上手，使用轻便的特性。

本章内容仅对 Bootstrap 的部分组件进行了介绍，读者可以利用网络资源继续学习 Bootstrap，这里给出部分较为优秀的网络资源以供选择。

（1）Bootstrap 中文网：https://www. bootcss. com

（2）RUNOOB. COM：https://www. runoob. com/bootstrap/bootstrap - tutorial. html

（3）w3cschool：https://www. w3cschool. cn/bootstrap/bootstrap - tutorial. html

习题与思考

1. 判断题

（1）Bootstrap 构建版本中包含 jQuery。　　　　　　　　　　　　　　　　（　　）

（2）所有网格行必须在一个带有 . container 类或 . container - fluid 类的容器元素中。（　　）

（3）Bootstrap 类只影响该类提到的设备。例如，. col - sm - 3 只影响小型设备。（　　）

（4）水平表单的标签显示在表单控件的同一行，而常规表单将标签放在表单控件的正上方。

　　　　　　　　　　　　　　　　　　　　　　　　　　　　　　　　　　（　　）

（5）< input > 是用于创建按钮的最佳标签。　　　　　　　　　　　　　　（　　）

（6）. nav 类只可以添加到 < nav > 和 < div > 元素上。　　　　　　　　　　（　　）

（7）控件和指标都是轮播插件所必须的。　　　　　　　　　　　　（　　）

（8）. carousel – indicators 类用于在轮播插件底部创建一组小点。　（　　）

（9）. col – xs – offset – 4 类可以将列向左移动 4 列。　　　　　　（　　）

（10）如果使用的列数大于 12 时，最后一列将被裁剪。　　　　　　（　　）

2. 选择题

（1）Bootstrap 插件全部依赖的是＿＿＿＿。

A. JavaScript　　　　B. jQuery　　　　C. Angular JS　　　　D. Node JS

（2）栅格系统小屏幕使用的类前缀是＿＿＿＿。

A. . col – xs –　　　　B. . col – sm –　　　　C. . col – md –　　　　D. . col – lg –

（3）下面可以实现列偏移的类是＿＿＿＿。

A. . col – md – offset – *　　　　　　　B. . col – md – push – *

C. . col – md – pull – *　　　　　　　D. . col – md – move – *

（4）关于轮播插件说法正确的是＿＿＿＿。

A. 轮播图的页面切换索引从 1 开始

B. 下一页实现方式 data – slide – to = "prev"

C. 可以使用 carousel – caption 类为图片添加描述

D. 上一页实现方式 data – slide – to = – 1

（5）关于 Bootstrap 布局容器说法正确的是＿＿＿＿。

A. . container 类用于 100% 宽度并支持响应式布局的容器

B. . container – fluid 类用于 100% 宽度，占据全部视口（viewport）的容器

C. . container 和 . container – fluid 可以相互嵌套

D. Bootstrap 共提供了 3 种布局容器

（6）表单元素要加上＿＿＿＿ 类才能给表单添加圆角属性和阴影效果。

A. form – group　　　B. form – horizontal　　　C. form – inline　　　D. form – control

（7）标签页垂直方向堆叠排列，需要添加的类是＿＿＿＿。

A. nav – vertical　　　B. nav – tabs　　　C. nav – pills　　　D. nav – stacked

（8）在 Bootstrap 中，以下＿＿＿＿栅格系统的使用是错误的。

A. < div class = "container" > < div class = "row" > </div > </div >

B. < div class = "row" > < div class = "col – md – 1" > </div > </div >

C. < div class = "row" > < div class = "container" > </div > </div >

D. < div class = "col – md – 1" > < div class = "row" > </div > </div >

（9）在 Bootstrap 中，关于响应式栅格系统＿＿＿＿的描述是错误的。

A. . col – sx – ：超小屏幕（ < 768 px）　　　B. . col – sm – ：小屏幕、平板（ > = 768 px）

C. . col – md – ：中等屏幕（ > = 992 px）　　　D. . col – lg – ：大屏幕（ > = 1200 px）

（10）在 Bootstrap 中，下列＿＿＿＿类不属于 button 的预定义样式。

A. . btn – success　　　B. . btn – warp　　　C. . btn – info　　　D. . btn – link

3. 思考题

（1）什么是 Web 前端框架？它和 Web 网页模板之间有何不同？

（2）nav 元素和 navbar 元素有何不同？

（3）轮播指标总是出现在幻灯片的底部，如果想要将其放在顶部该如何做？

第9章

动态站点开发利器——Spring MVC

毋庸置疑,Web 已经是当今使用最为普遍的资源共享和技术平台,并且形成了不断进化和发展的技术生态,已经并将继续深刻地影响人类的社会生活。特别是 Web 2.0 时代以来,以博客等应用为代表的大量 Web 应用实际上反映出资源使用者到资源共建者的角色转变。另一个显著的变化是大量的信息系统被迁移到网站上,Web 站点也已经脱胎换骨,摇身变成 Web 应用。这些微小或显著的变化,都得益于动态网站开发技术,它默默地支撑了当代的 Web 应用中典型的社交网络、电子商务等各种 Web 应用的不断涌现和繁荣发展。在本章的学习中,我们将认识动态网站的原理,并结合 Spring MVC 开发框架来了解动态网站的开发技术。一方面读者可以打开视野激发潜能,另一方面希望读者能够通过本章的学习对 Web 有一个更加深刻的认识。

本章学习目标

➢ 了解动态网站的原理和开发技术;

➢ 熟悉 Spring MVC 开发框架;

➢ 了解动态网站的后台数据库技术。

9.1　动态网站的原理和开发技术

动态网站的建设和读者目前所掌握的网站开发到底有何不同?本节对比说明动态网站的基本原理,深入介绍 HTTP 协议,并介绍动态网站开发技术。

9.1.1　动态网站的工作原理

从资源的视角来看,网站是网页和其他各类 Web 资源的集合。这些网站资源一般存储于一台或多台服务器中,该服务器提供对网站资源的访问,通常称为网站服务器或 Web 服务器。按网站提供资源的种类和方式,可以把网站分为静态网站和动态网站。

浏览器和服务器之间通常使用 HTTP 协议进行通信。HTTP 协议是一种"请求－响应"(Request－Response)式协议。当使用浏览器访问网站时,浏览器通常会向相应的网站服务器发送"请求"消息,向服务器表明希望获取的资源。而服务器在收到请求后回复"响应"消息,正常情况下即返回浏览器所请求的资源。当用户使用浏览器按照一定的 URL 访问网站的某个页面时,会发出针对该 URL 的请求,服务器返回页面的内容。如果页面中有图片等其他内容,或者页面使用了 CSS 文件中的样式控制外观、使用了 JS 文件中的脚本实现页面上的交互效果等,浏览器还需要再次发送请求信息以获取图片、CSS 文件或 JS 文件等其他资源。

浏览器要获取的页面,如果是以 .html 文件(网页文件)的形式存储于服务器上,则服务器可以直接将相应的网页文件内容发送给浏览器作为响应的内容,显然 .css 文件和 .js 文件以及图片、音频、视频文件,大都可以这样处理。把存储于服务器端资源的原始内容作为响应的网站,即为静态网站。静态网站通常体现一种这样的特点:对不同人不同时间的访问请求,展示相同内容的页面。即使 .html 网页文件可能会被网站建设者人工地修改和保存,但究其本质,仍然被视为静态网站。到目前为止,读者在前面章节所学习的内容和掌握的开发技术,便是静态网站建设所需要的知识和技能。

很多网站都不是以上述静态网站方式工作的。例如,很多网站提供用户登录操作,登录后,用户可以看到适合于自己的信息内容,比如说电子邮箱网站就是这样。此类网站在用户浏览器请求一个页面时,回复给浏览器端的响应依然是一个网页,但这个网页的内容不是服务器存储的原始内容,而是根据请求人或请求时间的不同,进行服务端的处理并自动生成的网页内容。和静态网站对比,我们将这种存储于服务器端的原始内容和响应内容不同的网站称为动态网站。相应的,在访问时自动生成的网页内容也可以称为动态页面,它有别于静态网站中的静态页面。动态网站也会使用静态页面和静态资源文件。容易想象,我们曾经浏览的大部分网站都是动态网站。

动态页面的实现技术主要靠服务器执行脚本程序动态生成响应内容。位于服务器端用于动态生成响应内容的相关技术被称为后端开发技术。客户端浏览器中执行的脚本也能够修改已加载页面的内容,这一点在 JavaScript 的学习和应用中读者已经看到,这些被划归为前端开发技术。本章介绍的是后端开发技术,9.1.3 节会对后端开发技术做简单介绍,本章还将围绕其中的部分技术进行详细说明。

9.1.2 HTTP 协议和 URL

1. HTTP

HTTP 协议是 Web 的基础,它是浏览器和服务器间无状态的请求/响应协议。HTTP 协议的内涵和技术细节非常丰富,对浏览器和服务器的连接管理、报文格式和交互顺序等方面做出了详尽的规范说明。本节仅介绍协议中 URL 和 HTTP 请求方法的相关内容,这些是动态网站开发的协议基础。在本章后续小节的学习中,读者将会看到介绍的编程模型和技术是如何遵循这些协议要求的。

2. URL

URL 表示互联网上资源的地址。URL 中包含了用于查找某个资源的足够的信息,例如资源位于哪个网站、资源的文件名称是什么等。

URL 有它的格式和组成,以"http://cn.bing.com/search? q = URL"为例,其组成主要有以下几个部分。

(1)http:,表示浏览器和服务器的通信采用 HTTP 协议。

（2）cn. bing. com，表示服务器的域名。位于"//"后，本例中是中文必应搜索的域名，这一部分也可以使用 IP 地址。

（3）/search，表示路径。该路径是服务器用于定位资源的依据。一种早期广泛使用且易于理解的方式就是用资源在服务器上的相对路径作为这部分内容，采用目录和文件名组合的形式表示带层次的文件路径，类似于操作系统中我们所熟悉的文件路径。但在当今动态网站的开发中，越来越重视路径的合理使用，路径经常都不对应于服务器端文件系统的目录组织。

（4）? q = URL，表示查询。查询字符串用来在客户端和服务器间传递参数，通常以 key = value 的"名称 – 值"对形式出现。比如说本例中 q = URL，说明传递一个名为 q 的参数，该参数值为"URL"。作为一个实际有效的 URL，必应网站将使用关键字"URL"发起搜索。修改 URL 中 q 参数的值，就可以在必应搜索网站上搜索其他内容。如果希望在 URL 中包括多个查询参数，可以用"&"分隔多个"名称 – 值"对，例如"a = 123&b = abc"中含有两个参数，参数 a 的值为"123"，参数 b 的值为"abc"。

对于动态网站开发而言，路径和查询部分最为重要。在 URL 请求中，可以使用不同的路径或者查询参数，携带诸多有用信息，这些信息将作为服务器生成动态内容的重要依据。

3. HTTP 请求方法

在 URL 中携带信息虽然易于理解、应用广泛，但仍然存在一定的不足。比如说，不同的浏览器都有各自对 URL 长度的限制，因此 URL 中能够携带的信息量有限。URL 中包含的是字符，如果要在网页交互中上传文件，就很难想象使用 URL 如何传递文件的内容了。仅仅依赖 URL 还会涉及安全问题，比如说在登录页面上填写的用户名和密码信息，如果被包含在 URL 中，使用浏览器的其他人就可以直接查看这些私密信息，这显然是不能被接受的。

HTTP 协议定义了 GET、POST 等很多种不同的请求方法。读者在前述章节学习表单时对 POST 有基本的了解。不同的请求方法代表了不同的资源使用意图。用 GET 方法发起的 HTTP 请求，通常代表获取资源，资源通常由 URL 中的路径和参数部分用以标识。用 POST 方法发起的 HTTP 请求，通常代表资源的处理，因此常用于提交表单的请求中。使用 GET 方法还是 POST 方法，决定了 HTTP 报文的组成。在使用 GET 方法时，报文只含有报文头部，其中用路径等 URL 的组成部分携带信息。在使用 POST 方法时，报文包含报文主体，可以把更多信息置于报文主体而不是在 URL 中。

9.1.3　动态网站的后端开发语言和技术

对于动态网站的后端开发语言和技术，如何让 Web 服务器执行脚本程序、如何更好更快地做后端开发、如何在后端管理好网站的数据这 3 个方面是需要被重点关注的。

一个 Web 服务器软件的基本职责是把请求的资源内容作为响应内容回复给浏览器。动态网站的核心是通过执行脚本程序动态生成网页，在 Web 服务器软件中执行这些脚本的机制一般都通过 Web 服务器扩展方式实现。换句话说，可以安装一个被扩展的 Web 服务器软件，它不仅能在请求到达时给出静态资源请求的响应，还能够根据动态网站的需要，对动态页面的请求转化为对脚本程序的执行，并由脚本执行结果确定响应内容。针对这些基本问题，业界中已给出多种解决方案，动态网站开发人员只需选择适用的 Web 服务器产品和编程语言即可。典型的业界主流选项有：在 Apache 服务器上使用 PHP 语言开发、在 Tomcat 等支持 Servlet 技术规范的服务器上使用 Java 语言开发、在微软的 IIS 服务器上使用 ASP. NET 技术所支持的 C#或 VB 等多种编程语言开发等。对语言和技术的选择可能受多方面的影响,比如动态网站是否有跨平台的要求、网站的性能要求,以及开发团队所掌握的技术等。本章使用 Java 作为后端开发语言。

如果选择 Java 语言按照 Servlet 规范用 Servlet API 开发,编程接口使用难度大、工作量大、开发效率低,特别是还会给后期维护带来更大的成本和风险。开发项目一般都会选择使用一些成熟优秀的框架,因为这些框架一般都遵循软件开发中公认的好的原则和模式。基于框架的开发方式,不仅能缩短开发周期,还能够明显改善和提高软件质量,提高软件可维护性。本章的标题之所以称 Spring MVC 是开发利器,就是这方面的考虑。在动态生成网页方面,通过定义模板,根据选择使用的模板和给定的数据,由模板引擎生成页面,能够有效地实现数据和表现的分离,这和 HTML + CSS 的实践异曲同工。

不同于静态网站把数据分散地保存在相互独立的大量网页文件中,动态网站大都在数据库中统一管理有用的数据。因此也会在 9.5 节简单介绍数据库技术,并展示运用编程的方式在数据库中存取数据。

9.2　Spring MVC 开发环境

本节将介绍 Spring MVC 开发环境的要求,以及如何在开发环境中开发一个简单的动态网站。进而使读者了解如何使用 Spring MVC 框架来简化和规范动态网站的开发。

9.2.1　所需软件环境

要进行基于 Spring MVC 的动态网站开发,需要的软件有 JDK、Eclipse 和 Maven。

1. JDK

使用 Java 作为动态网站开发的编程语言,必须安装 JDK(Java SE Development Kit,Java 开发工具包),其中包括编译程序等相关工具。本书选用 Java 8 为范例版本,相应的 JDK 版本为 jdk8(Java SE 8 版本)。Java 语言具有跨平台的特性,在官网下载时需要下载用于特定操作系统的JDK,读者可以根据自己所使用的操作系统进行选择。

2. Eclipse

Eclipse 是一个基于 Java 的、开放源码的、可扩展的应用开发平台。它既可以创建 Java 项目,也可以创建动态 Web 项目。Eclipse 包括对开发项目的管理以及对源程序等各种文件的编辑器,能够让读者在集成开发环境中一站式地进行项目的创建、编辑、编译、打包和发布等各种管理,因此也称为 Eclipse IDE(Integrated Development Environment,集成开发环境)。

Eclipse 是一个可扩展的开发工具,在 Eclipse 中使用一定的插件,可以扩展 Eclipse 的功能。为了方便 Eclipse 的使用,建议读者下载安装企业 Java 开发者版本(Eclipse IDE for Enterprise Java Developers),其中包括了更多的插件,并为多种不同类型的文件提供适用的编辑器,能够方便项目管理和文件编辑等开发工作。

3. Maven

Maven 是一个软件项目管理工具,专注于项目构建和依赖管理等功能。Maven 按照项目对象模型(Project Object Model)管理项目,通过 pom. xml 配置文件描述项目的坐标(coordinate)、项目信息、项目依赖、插件目标、打包方式等。依赖管理系统通过定义项目所依赖组件的坐标由 maven 进行依赖管理。为了使读者能够理解 Maven 的依赖管理并习惯对依赖项的表达方式，在此简单说明 Maven 的坐标。

Maven 的术语"坐标"指的是一个项目或组件的复合标识符，由 groupId、artifactId 和 version 等多个部分共同构成。其中 groupId 定义项目隶属组织，通常使用和域名相反的形式给出（Java 程序的包名也遵循类似习惯），artifactId 表示项目标识符，version 定义项目的版本。本章使用 < groupId >：< artifactId >：< version > 的形式表述一个项目或组件的坐标。例如 org. springframework. boot：spring－boot－starter－web：1. 5. 9. RELEASE。无须说明版本时，使用 < groupId >：< artifactId > 的形式，例如 org. springframework. boot：spring－boot－starter－web。

依赖管理是 Maven 的另一个重要的特性，只需要在项目中声明对该组件的依赖即可，Maven 会自动从 Maven 仓库定位相应组件供本项目使用。特别是对传递依赖的管理优势更为突出，比如，一个项目依赖 spring－boot－starter－web 组件，而 spring－boot－starter－web 组件进一步依赖 spring－web 和 spring－webmvc 等其他组件，Maven 能够把 spring－boot－starter－web 组件、spring－web 和 spring－webmvc 以及其他被间接依赖的组件都解析为该项目的依赖项。

除依赖管理外，Maven 也专注于项目构建的管理。Java Web 开发的基础是 Servlet API 规范，按照规范的要求，应该把动态网站项目的 Java 源代码编译成字节码文件，然后将字节码连同 HTML、CSS 和 JS 等资源文件按照一定的目录组织结构整理或打包，并部署在 Web 服务器中运行。纯手工的管理几乎是不现实的或者说效率是很低的，必须借助自动化的工具完成这些项目构建任务。按 Maven 所做的细致设计，项目构建被定义为一个生命周期，包括编译、测试、打包、部署等很多不同的构建阶段，从而支持高效地完成项目构建管理。

Maven 一般无须单独安装，这是因为 Eclipse 中已经集成了 Maven 插件。

9.2.2　需要的组件

本节所述的"组件"，是指在开发具体项目时，由于对程序功能的需要，或者是从提高开发效率或者提高项目可维护性等角度考虑所选择使用的 Java 软件包。本章示例项目就需要使用 Spring MVC 和 Spring Boot 组件。得益于 Maven 的项目依赖项管理功能，声明项目需要的组件非常简便。

为了帮助读者理清 Spring、Spring MVC、Spring Boot、容器、组件等概念（如图 9－1 所示），以便正确理解程序，特做如下介绍。

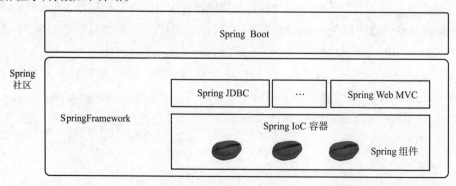

图 9－1　Spring 相关概念之间的关系

Spring 从 2002、2003 年间诞生发展到现在，已经走过近 20 年的发展历史。Spring 也由初期的项目发展到当今的一个社区，Spring 社区内包括为数众多的项目，在为不同开发领域提供 Java 开发框架。本章主要涉及其中的两个，Spring Framework 和 Spring Boot。

其中 Spring Framework，即 Spring 框架，最早被称为 Spring，这是 Spring 应用的基础。无特别说明时，本章提及 Spring 即指 Spring Framework。Spring 是一个功能丰富的框架，以其内部的 Spring IoC 核心容器为基础，还提供了很多个模块，项目可以根据需要选择使用其中的部分或全部模块。本章选择使用 Spring Web MVC 模块完成动态网站开发任务，在介绍具有后台数据库的动态网站开发时，还使用了 Spring JDBC 模块用于存取数据。Spring IoC 核心容器能够根据项目的 Spring 配置管理 Spring 组件，具体的管理体现在能够按照一定的原则在适当的时机创建和销毁对象（Java 是面向对象的语言），这些由 Spring 核心容器管理的对象被称为 Spring 组件。这种由容器创建组件而不是由编程人员创建对象的转变，正体现了其 IoC（Inversion of Control，控制反转）的特点。Spring 容器支持对多个 Spring 组件的手动装配和自动装配，比如说，结合 Java 对象的成员变量还是对象的特点，容器会把接受容器管理的组件的引用自动注入给另一个组件。因此 Spring IoC 容器也被称为 DI（Dependency Injection）容器。如此一来，程序主要是为不同组件编写多个 Java 类，在配置信息的基础上，由 Spring 根据类去创建和管理组件。这些概念看似难以理解，读者很快就会看到这样的编程做法，9.5 节中的案例在组件装配方面最为典型。

选择 Spring Boot 是因为该框架进一步简化了 Spring 项目的开发，能够极大地减少配置的需要，也能够打包出独立运行的程序，而不像传统的 Java Web 项目那样打包部署到一个 Web 服务器上。在后台数据库技术应用中，还可以看到 Spring Boot 自动配置组件和自动执行数据库脚本等便捷之处。

9.2.3　在 Eclipse IDE 中开发项目

在 JDK 和 Eclipse IDE 等开发工具安装完成之后，便可在开发环境中创建不同类型的项目，以完成动态网站的开发。

■ 提示：启动 Eclipse 时，Eclipse 会提示选择一个工作空间。工作空间类似于操作系统中的一个文件夹，在工作空间中可以包括多个项目。工作空间可以接受 Eclipse 默认的设置或者选择另外的目录位置即可。

【例 9.1】在 Eclipse IDE 中创建和运行一个 Java 项目。

本例按照如下步骤完成。

（1）创建项目

单击"File|New|Project"菜单命令，在 New Proejct 对话框中选择 Java Project，在项目名称中指定"FirstApp"，创建一个 Java 项目。

（2）创建类（源程序文件）

单击"File|New|Class"菜单命令，在 New Java Class 对话框中指定 Package（类所属包的名称）为 com. abc，指定 Name（类的名称）为 FirstApp，勾选"public static void main（String［］args）"，创建一个含有 main（）方法的主类。表达一个类名时，也可以使用包名和类名共同作为完全限定名，如

"com. abc. FirstApp"。

（3）编写代码

Eclipse 会自动打开 FirstApp. java 源程序。根据向导界面中指定的内容,程序中已经自动产生了大量程序代码,主要是类和方法的结构形式。修改源程序为如下内容。

```
1. package com. abc;
2.
3. public class FirstApp{
4.
5.     public static void main(String[] args){
6.         System. out. println("我爱你中国,亲爱的母亲!");
7.     }
8.
9. }
```

（4）运行项目

单击"Run|Run"菜单命令,Eclipse 会自动显示 Console 窗口,并在其中显示"我爱你中国,亲爱的母亲!"的内容。容易看出,输出这样的内容是依靠第6行代码实现的。

说明:Java 语言的语法不在本书中说明,读者可以通过本书配套慕课视频或者其他课外资料简单学习。

在熟悉 Eclipse IDE 并验证 JDK 和 Eclipse IDE 安装成功后,下面开发一个基于 Spring Boot 和 Spring MVC 的动态网站,验证开发环境中的 Maven 是否能够正常进行项目依赖项和项目构建的管理。本节对所用到的 Spring Boot 和 Spring MVC 编程细节不展开介绍,9.3 节和 9.4 节将对 Spring MVC 进行详细说明。

● 视 频

MOOC讲解
——动态网站
实现

【例 9.2】编写一个动态网站,要求能够在 URL 中指定用户名,访问页面时能够显示当前访问网站的用户名称、访问时间和网站总的访问计数。

（1）创建项目

单击"File|New|Maven Project"菜单命令,打开新建 Maven 项目向导。勾选"Create a simple project（skip archetype selection）",并单击"Next"按钮,进入向导下一步。在 Artifact 中指定本项目 Maven 坐标 com. abc:counter,Version 和 Packaging 接受默认设置,在 Parent Project 中指定 Maven 坐标 org. springframework. boot:spring – boot – starter – parent:1. 5. 9. RELEASE,单击"Finish"按钮创建一个 Maven 项目。从父项目继承项目配置,能够简化该项目配置。

（2）配置使用 Spring Boot Maven 插件

Spring Boot Maven 插件提供对 Spring Boot 项目的构建支持。要使用该插件,在 Eclipse 的 Project Explorer 中的项目 counter 名称上使用右键菜单命令"Maven|Add Plugin",在打开的对话框中指定 Maven 坐标 org. springframework. boot:spring – boot – maven – plugin。

（3）添加依赖项

为项目添加 Spring Boot Web Starter 依赖项,以支持快速开发。添加该组件能够自动包含基于 Spring MVC 的开发所需要的若干依赖项,并能自动进行相关配置。得益于 Spring Boot 的自动配置,我们能够从烦琐的手工配置中解脱出来,这也是本章选择使用 Spring Boot 的重要原因。同时

使用该依赖项还将使用嵌入的 Tomcat,把原来动态网站部署到服务器中的方式转化为运行一个独立程序的方式。要为项目加入依赖项,可以在 Eclipse 的 Project Explorer 中的项目 counter 名称上使用右键菜单命令“Maven | Add Dependency”,在打开的对话框中指定 Maven 坐标 org. springframework. boot:spring – boot – maven – plugin。

(4)定义 Java 类

利用 Spring Boot 开发的动态网站,形式上是一个独立程序,类似于例 9.1 应该向项目添加主类。在 Eclipse 的 Project Explorer 中,右击项目的 src/main/java 目录,并通过“New | Class”命令添加一个主类 com. abc. CounterApp。

注:截至目前,读者的 counter 项目中应有如图 9 – 2 所示的组织结构。注意包和类所在位置和命名。此外,如果读者的 Eclipse 显示和图中的“JRE System Library [JavaSE – 1.6]”这一项显示的版本 1.6 相同,请右击这一项并单击命令“Properties”,在打开的对话框中将其修改为“JavaSE – 1. 8”。否则,Spring Boot 应用程序在运行时报告错误。

图 9 – 2　Maven 项目目录结构

主类的代码如下:

```
1.  package com. abc;
2.  import org. springframework. boot. SpringApplication;
3.  import org. springframework. boot. autoconfigure. SpringBootApplication;
4.
5.  @ SpringBootApplication
6.  public class CounterApp{
7.   public static void main(String[] args){
8.      SpringApplication. run(CounterApp. class, args);
9.   }
10. }
```

主类的 main( )方法中运行一个 Spring 应用程序,能够在嵌入的 Tomcat 中启动本项目的动态网站。该类的注解@ SpringBootApplication 不仅说明 CounterApp 是配置类,同时还激活 Spring Boot 的自动配置选项和组件扫描。组件扫描是指 Spring 框架能够自动从 com. abc 包及其子包中扫描和管理 Spring 组件。

在项目的 src/main/java 目录中添加另一个类 com. abc. Counter。该类的代码如下：

```
1.    package com. abc;
2.
3.    import java. util. Calendar;
4.
5.    import org. springframework. stereotype. Controller;
6.    import org. springframework. web. bind. annotation. * ;
7.
8.    @ Controller
9.    public class Counter{
10.       int count = 0;
11.       @ RequestMapping("/") @ ResponseBody
12.       public String home(@ RequestParam("username") String username){
13.        String html = String. format(
14.            "<!DOCTYPE html > <html > <body > <h1 >你好, % s! </h1 >"
15.            + "<h2 >当前时间: % tc </h2 >"
16.            + "<h2 >本页面已被访问 <span > % d </span >次. </h2 >"
17.            + "</body > </html >",
18.             username, Calendar. getInstance(). getTime(), + + count);
19.       return html;
20.     }
21. }
```

该类用于定义一个响应和处理 HTTP 请求的 Spring 组件。代码第 8 行和第 9 行处，由于
Counter 类使用@ Controller 注解，该类会被自动扫描并视为组件类，由 Spring 容器创建该类对象作
为组件对象接受容器管理。代码第 11 ~ 20 行定义了 Counter 的 home( )方法。由于 home( )方法
使用了@ RequestMapping("/")注解，当浏览器访问本项目网站（的根路径）时，组件类的 home( )
方法会被执行，其重要的意义在于实现了 HTTP 请求和 Java 组件的请求处理方法的衔接。

动态网站的特点在于动态生成响应内容。home( )方法就是根据 HTTP 请求的参数 username
中指定的值、系统的当前时间，以及组件对象的成员变量 count 等数据，综合生成一个 HTML 文档
的内容。由于使用了@ ResponseBody 注解，home( )方法的返回值，也就是方法体内所形成的页面
内容将会被作为响应主体的内容。容易想象，URL 中 username 参数不同、访问时间不同以及不同
请求的先后顺序不同，都将导致动态网站返回不同的页面内容。

(5)运行项目

单击"Run|Run As|Maven build"菜单命令，在打开的对话框中指定 Goals 为"spring - boot：
run"，并单击"Run"按钮。如果运行成功，会在控制台中输出大量信息，并在最后部分显示
"Tomcat started on port(s)：8080（http）"内容的输出日志，表示嵌入的 Tomcat 服务器已经在 8080
端口启动。

■ **注**：初次运行 Spring Boot 项目时，需要进行上述操作步骤进行配置。之后的运行直接使用菜
单命令"Run ｜ Run History ｜ counter"即可，也可以通过工具栏上的相应按钮更快捷地运行项目。
另外，由于本项目启动的 Tomcat 会占用网络端口，因此在重新运行时请确保已经在控制台停止了

当前正在运行的程序,否则可能出现端口被占用导致的错误。

(6)访问网站

此时可以使用浏览器访问"http://localhost:8080? username = Spring"这样的 URL,读者也可以修改 username 参数为其他值,例如修改为"中国"。可以看到如图 9-3 所示,页面的内容在每次访问时均会随着时间推移以及访问次数的增加而显示不同的页面内容,URL 中的参数不同,也将直接影响页面上包含的内容。

图 9-3　动态网站因请求差异而返回不同的页面内容

9.3　Spring MVC 编程模型

在介绍 Spring MVC 开发环境时,给出的实例实际已经使用了 Spring MVC 框架动态网站的开发。读者虽然看到了 Spring MVC 在实现动态网站开发方面的能力,但是在例子中就相关代码给出的解释比较简略。为了让读者理解 Spring MVC 并掌握基于该框架的编程,本节将介绍 Spring MVC 编程框架和它所提供的编程模型。

9.3.1　什么是 Spring MVC

Spring MVC,也叫 Spring Web MVC,是一个 Java Web 开发框架,能够让 Java 编程人员更好更快地进行 Java Web 开发,显著提高 Java Web 项目的可维护性。Spring MVC 的名字表明了它最为突出的特点,在 Web 场景中实践 MVC(Model - View - Controller,模型 - 视图 - 控制器)模式。在介绍 Spring MVC 之前,先认识一下 Servlet 技术。

图 9-4 说明了 Servlet 的工作机制。Servlet 技术是面向 HTTP 协议的、支持用 Java 语言开发 Web 组件的应用程序编程接口。Servlet 技术是 Java 领域定义 Web 组件的规范,Java 编程人员按照 Servlet API 实现 Servlet 组件。Servlet API 按照 Java 面向对象的习惯,依据来自 Web 浏览器的请求构造 HttpServletRequest 类型的请求对象,同时向编程人员所实现的 Servlet 组件(Servlet 规范要求组件是 HttpServlet 对象)提供 HttpServletResponse 类型的响应对象。Servlet 组件的职责是通过请求对象提取请求参数等数据,并根据业务逻辑的要求进行处理,再根据处理结果,通过控制响应对象来决定向浏览器回复的具体内容。Servlet API 面向 HTTP 协议设计的痕迹非常明显,要求组件类实现 doGet()方法以处理 GET 方法的请求,要求组件类实现 doPost()方法以处理 POST 方法的请求。按照 Servlet API 设计实现,能够容纳 Servlet 组件的 Web 服务器端环境也称为 Servlet 容器(和 Spring 介绍中描述类似,组件存在于容器中,容器负责管理组件)。

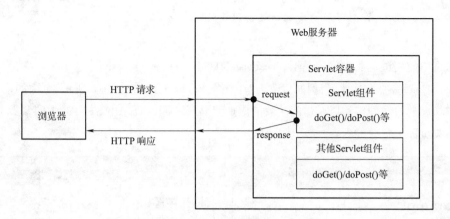

图 9 - 4　Servlet 工作机制

虽然 Servlet 在 Java Web 开发中有着基石的重要作用，但仍然存在不足，所以才有 Spring MVC 框架的推出。Spring MVC 不是要替代 Servlet，而是在 Servlet 基础上所建立的开发框架。Spring MVC 将服务器端编程的任务进一步细化，实践 MVC 模式，设计了一套将控制器、模型和视图有效分离的体系架构。架构设计遵循关注点分离的原则，带来开发实践上的优势就是划分的不同部分能够独立开发和维护，不仅适用于团队开发，也能够显著提高系统可维护性。具体地说，Spring MVC 所提供的体系架构以 DispactherServlet 为核心，按照请求映射配置把来自特定 URL 的 HTTP 请求由 DispactherServlet 分发到处理器，并根据处理器的返回结果解析视图、渲染视图并得到回复。在一定程度上可以大致理解为 Spring MVC 框架就是细化和划分前述 Servlet 组件的不同方面。此外，直接使用 Servlet API 开发的方式，程序会和 Servlet API 绑定太死，从组件类的定义（要求组件类派生自 HttpServlet 类）到方法的定义（要求用于处理请求的组件类方法名为 doGet 或 doPost 等，要求方法有 HttpServletRequest 类型和 HttpServletResponse 类型的两个参数分别表示请求和响应对象）都对 Servlet 组件提出了过多要求。这些情况在 Spring MVC 开发下都能够得到极大改进。Spring MVC 框架的工作机制在下一节中予以说明。

9.3.2　Spring MVC 的请求处理流程

在图 9 - 5 中，给出了从 HTTP 请求到达 Web 服务器直至 Web 服务器向浏览器回复响应的整个请求处理流程。浏览器请求在到达服务器后，首先由 DispatcherServlet 处理，但这个核心 Servlet 并不做实际的业务处理，而是把业务处理的职责交给编程人员所实现的处理器。就像 Servlet 容器根据 Servlet 映射信息将一定的 URL 映射到指定的 Servlet 一样，Spring MVC 框架内部又增加了更为灵活和丰富的映射，根据 URL 路径等请求的各种属性，把请求进一步映射到特定的处理器。编程中通过@ RequestMapping 注解来声明映射。DispatcherServlet 组件是向 HandlerMapping 组件查询这些映射信息，得到该请求的处理器信息。

Spring MVC 中的请求处理器，是控制器组件的处理方法。控制器组件在 MVC 中起着重要的作用，一方面，控制器对用户的请求做出响应，另一方面，控制器又进一步创建适当的模型、按业务逻辑进行处理，并选择视图。控制器组件一般是由编程人员定义的。按照 Spring MVC 推荐的方式，可以使用@ Controller 注解修饰一个类，使 Spring 用该类创建和管理控制器组件。

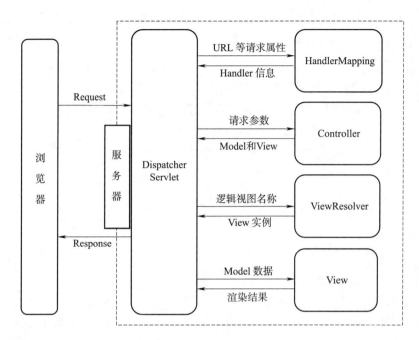

图 9－5　Spring MVC 请求处理流程

　　Spring MVC 框架在调用请求处理器时进行数据绑定处理，这是框架非常重要的特性。Spring MVC 中的请求处理方法，并不是按照 Servlet API 所规定的 doGet( ) 和 doPost( ) 方法格式进行。编程人员可以结合业务逻辑特点自由地定义请求处理方法的名称和参数，例如可以用 XxxController. doSomething(参数列表) 这样的方法。框架能够自动提取 HTTP 请求参数的值，并把这些值作为 doSomething( ) 方法的参数。由于用 Servlet API 提取请求参数值的结果是字符串类型，框架还会进行必要的数据类型转换，比如说有参数 "id = 123" 时，框架能够提取 id 参数的值 "123" 并可以把它转换成整型的 123 作为方法的参数。

　　请求处理器返回模型数据和视图名称，在 Spring MVC 框架中有灵活多样的编程方式可以用于模型数据的准备。请求处理器方法一般返回一个字符串类型的逻辑视图名称。正因为返回视图名称，有效地实现了视图分离，视图实现更加独立，在逻辑视图名称不变的情况下，可以更改视图的实现技术。

　　下一步，DispatcherServlet 组件按照请求处理器所返回的逻辑视图名，借助 ViewResolver 组件完成视图解析，视图解析器根据相关的配置或惯例，定位并创建适当的视图实例。DispatcherServlet 组件再将请求处理器所准备的模型数据传递给视图对象，作为动态网站开发，视图对象背后一般都有相应的某种模板引擎技术的一个模板，模型数据和模板结合在一起，产生基于模板并填入模型数据的结果（这个过程称为渲染）。渲染结果最终由 DispatcherServlet 组件作为响应内容，发送给浏览器。至此请求的处理过程结束。

9.3.3　MVC 分离——改进第一个动态网站

　　回顾例 9.2 项目中的代码，可以从中发现@ Controller 和@ RequestMapping 等注解的运用，但

这些基本上只是集中体现了图9-5中的控制器（controler）相关部分，并未清楚地看到模型和视图的存在。正因为如此，图9-5的请求处理流程在最后的几个步骤的理解存在一定难度。为了更加形象地展示 Spring MVC 的 M-V-C 分离特点，现在改进例9.2的动态网站。

【例9.3】 按照 MVC 分离原则，改进例9.2动态网站。

（1）让请求处理方法返回模型和视图

修改控制器类 Counter 的请求处理方法 home（），修改为如下代码。

```
1. @ RequestMapping("/")
2. public String home(@ RequestParam("username")String username, Model model){
3.    model. addAttribute("username", username)
4.       .addAttribute("time", Calendar. getInstance(). getTime())
5.       .addAttribute("visitTimes", + + count);
6.    return "welcome";
7. }
```

对上述代码，结合图9-5，做如下说明。

请求处理方法 home（）增加一个 org. springframework. ui. Model 类型的参数 model，home（）方法就是在这个对象调用3次 addAttribute（）方法来准备用户名、当前时间和访问计数等模型数据的。方法返回值是"welcome"，它是一个逻辑视图名称。这比在 Java 方法中返回一份完整的 HTML 文档内容要更可取。综合地说，这相当于返回了模型和视图。

（2）选择 FreeMarker 视图技术并发挥 Spring Boot 自动配置优势

Spring MVC 的结构设计，将视图有效分离，控制器返回的是一个逻辑名称而已，编程人员可以自由选择不同视图技术。本例选择 FreeMarker 模板引擎。用 Maven 向项目加入"org. springframework. boot：spring-boot-starter-freemarker"的依赖项。之所以加入该依赖项而不是官方的 freemarker 组件，是为了让 Spring Boot 能够进行相应的自动配置，比如说配置一个使用 FreeMarker 技术的视图解析器，把视图的逻辑名称映射到一个视图对象。不过，要让框架能够正确把"welcome"的逻辑视图名称解析为 FreeMarker 视图对象，还要在项目中适当的位置创建视图模板文件。这在下一步中完成。

（3）创建一个视图模板

在 src/main/resources 目录下创建 templates 目录，按照 Spring Boot 的习惯，模板文件存放在该目录中。在该目录中创建一个文件 welcome. ftl，即为视图模板文件。扩展名 .ftl 代表这是 FreeMarker 模板文件，而文件名"welcome"与请求处理方法所返回的逻辑视图名称相同。welcome. ftl 文件内容如下：

```
1. <!DOCTYPE html >
2. <html >
3. <body >
4.    <h1 >你好, ${username}! </h1 >
5.    <h2 >当前时间: ${time?datetime}</h2 >
6.    <h2 >本页面已被访问<span > ${visitTimes}</span >次. </h2 >
7. </body >
8. </html >
```

可以看到,其内容大都是读者所熟悉的 HTML 标签所组成的 HTML 文档的内容,唯独 "＄｛username｝""＄｛time? datetime｝"和"＄｛visitTimes｝"这几处不同。在 FreeMarker 的术语中, ＄｛表达式｝这种形式称为"插值"(Interpolation),用于在插值位置插入表达式值的文本。对比 home()方法的源代码和 welcome. ftl 文件内容容易发现,这里的 3 处插值正好使用的就是请求处理方法中使用 addAttribute()向模型中加入的数据。这正体现了图 9 - 5 中模型数据传递给视图和视图渲染的处理。

至此,可以运行该项目。虽然本例动态网站的功能和例 9.2 完全相同,但控制器 - 模型 - 视图的分离更加清晰。读者可以试想,如果模型数据不发生改变的情况下,只是想要修改页面问候的方式,或者想要美化页面,只需要修改 FreeMarker 模板文件即可。甚至可以大胆想象,如果动态网站打算不再使用 FreeMarker 模板引擎,而使用另一种模板引擎技术,怎么办? 想想已经开发的成果中哪些部分可以保持不变继续使用,这样就能更好地体会关注点分离的意义了。

9.4　Spring MVC 编程及实践

通过前面的小节,读者已经对 Spring MVC 的编程模型有了基本的理解,也通过动手实践对基于 Spring Boot 和 Spring MVC 的动态网站开发有所掌握。本节对 Spring MVC 的处理器映射和数据绑定做进一步说明,也将对 FreeMarker 做一些展开,这样读者在实现请求处理方法和编辑视图模板时会更加得心应手。

9.4.1　处理器映射进阶

Spring MVC 框架中的处理器映射,目的在于将一个请求映射到后台的请求处理器。也就是说,特定的请求到达时,Spring 容器会自动调用控制器组件的请求处理方法。在 Spring MVC 中使用@ RequestMapping 注解声明处理器映射。例如在 Counter. home() 方法上使用 " @ RequestMapping("/")"注解,能够将对"/"这一 URL 的请求交由 home()方法处理。

Spring MVC 框架尽可能发掘请求中的有用信息作为处理器映射的参考依据。对处理映射的声明,不仅可以设置基于 URL 的映射,还可以施加其他限定,比如说针对请求方法的限定,或者针对请求参数的条件限定等。

1. 在处理器映射中限定请求方法

HTTP 请求的请求方法是 URL 以外的另一个重要属性。按 HTTP 标准所述,请求方法本身实际代表了对 HTTP 请求所请求资源的操作,应该遵循一定的语义规则,表 9 - 1 已经给出一些基本的说明。以 GET 方法和 POST 为例,GET 方法通常代表获取资源,POST 方法则要求对资源进行一定的处理。两者的区别类似于读和写的差异,换句话说,GET 请求类似于读取一个资源,POST 类似于写一个资源。比如说,一个 GET 方法的请求可能用于获取留言板留言详细页面,POST 方法的请求可能用于保存一条新的留言。

针对此类的请求处理器映射的思考,可以使用@ RequestMapping 的注解的 method 属性予以限定。例如:

```
@ RequestMapping(path = "/message", method = RequestMethod. GET)
```

从该注解的形式中可以看出，一方面使用 URL 路径的限定，映射针对/message 路径的请求，另一方面，不是所有针对/message 路径的请求都要执行相应的处理器，而是只处理针对/message 路径并且请求方法是 GET 方法的那些请求。如果请求处理方法使用了上述注解形式，那么用 method＝"POST" 的表单请求这个 URL 时，请求将不被正常处理和满足，而是由 Spring MVC 给出错误报告。比如说这些时候会在页面上提示响应状态码 405 以及 "Request method 'POST' not supported" 的错误描述信息。

为了简化注解的书写，更直观地体现出映射所考虑的 HTTP 请求方法语义，Spring MVC 还提供了一系列简捷的注解方式，比如说@ GetMapping（ ）等价于@ RequestMapping（method＝RequestMethod. GET），其意义在于更加清楚地表明这是一个用于 GET 方法请求的@ RequestMapping。类似于@ GetMapping 注解，Spring MVC 也提供了诸如@ PostMapping、@ PutMapping、@ DeleteMapping 和@ PatchMapping 等注解。在这一系列注解中，以针对 GET 方法和 POST 方法的注解@ GetMapping 和@ PostMapping 使用最广。

2. 将@RequestMapping 综合用于控制器类和处理方法

在 Java 语言中，注解可以被设计为应用于类型和方法。在之前的例子中，@ Controller 注解用于控制器类，而@ RequestMapping 注解被应用于控制器类中的请求处理方法。实际上，@ RequestMapping 注解也可以应用于类。

在将@ RequestMapping 应用于一个类时，一般用注解声明 URL 路径的映射，同时在类的方法中给出进一步限定，例如给出前述的请求方法的限定。下面这个 Controller 类的定义就是按照这种方式使用注解。

```
@ Controller
@ RequestMapping("/xxxs")
public class XxxController{
    @ GetMapping public String get(Model model){
        ...
    }
    @ PostMapping public String add(Xxx xxx ,  Model model){
        ...
    }
}
```

该控制器类在类的级别使用了注解@ RequestMapping（"/xxxs"），表示将路径/xxxs 的请求映射到该控制器类。如果请求方法是 GET 方法，则映射到 get（）方法（该方法使用了@ GetMapping 注解），即由 get（）方法处理对/xxxs 的 GET 请求。如果请求方法是 POST 方法，则映射到 add（）方法（该方法使用了@ PostMapping 注解），即由 add（）方法处理对/xxxs 的 POST 请求。另外，本例中使用 xxx 不具体表明某资源，读者在编程时，根据自己针对的资源给出具体的名词替换这里的 xxx，不妨把这段代码当成一个模板去使用。

类和方法共同使用@ RequestMapping 注解不仅可以把映射的 path 属性和 method 属性分离到类和方法分开表示和综合运用，还可以把类和方法上的注解中的路径合并。为了方便读者理解，同样给出一段代码用于说明路径合并的特点。

```
@ Controller
@ RequestMapping("/xxxs")
public class XxxController{
    @ GetMapping("/getxxx")
public String getById(@ RequestParam("id")int id, Model model){
        …
    }
}
```

按照前述规则,路径/xxxs 的请求被映射到控制器类 XxxController 上,更准确的意义是定义 XxxController 类的所有请求处理方法对应的路径是以"/xxxs"为父路径的相对路径。而 getById() 方法的注解@ GetMapping 中也给出路径的说明"/getxxx",其准确的含义是将"/xxxs/getxxx"路径 的请求映射到 getById()方法,即遵循两级路径拼接的原则。经过上述代码的注解配置和@ RequestParam("id")参数后,请求"/xxxs/getxxx? id = 1"这样的 URL 时,表示在服务器端获取 ID 为 1 的 xxx 资源。

"/xxxs/getxxx? id = 1"作为一种 URL 的格式,在动态网站开发领域被认为是不友好的,而简 洁链接(Clean URL)更为开发者和使用者所接受。简洁链接也被称为 RESTful URL,它是一种用 户友好的 URL、搜索引擎友好的 URL。这种 URL 更倾向于表达信息的概念结构,隐藏服务器端实 现细节。例如"/xxxs/1"和"/xxxs/2"就是遵循这种原则的 URL,分别代表对唯一标识符为 1 和 2 的 xxx 资源的请求。要支持这样的 URL,可将上述@ GetMapping("/getxxx")注解替换为"@ GetMapping("/{id}")",即 getById()方法处理对 URL 路径"/xxxs/{id}"的 GET 请求。此处的 "{id}"类似于一个占位符,表示在"/xxxs/"后跟上一定内容。这样的技术,在 Spring MVC 中称为 URL 模板。{id}的形式还引入了路径变量,这个概念很快会在参数绑定中予以说明。

9.4.2　Spring MVC 的数据绑定

Spring MVC 的请求映射能够有效地把请求"连接"到请求处理方法,从而给设计者带来更加 清晰的控制器类和请求处理方法的总体规划设计。Spring MVC 在这方面利用数据绑定技术进一 步简化请求处理方法的编程,进一步促进 HTTP 请求更加自然地和请求处理方法无缝连接。

在 HTTP 请求中可以使用 URL 中的参数或者 POST 消息中表单字段形式的参数传递有用信 息到服务器,这些信息如何自然地传递给请求处理方法,正是数据绑定所关注的事情。数据绑定 能够将请求中携带的参数与领域模型或者请求处理方法的参数自动绑定,并且这个绑定过程能 够把 HTTP 请求中的字符串类型的参数转换为强类型的参数。

在未使用 Spring MVC 框架的情况下,如果纯粹使用 Servlet API 编程,就需要在 doGet() 或 doPost()方法中使用 HttpServletRequest. getParameter()方法,该方法需要一个参数指明 HTTP 请求 中的参数名。比如"/xxxs/getxxx? id = 1"这个 URL 携带了 id 参数,因此使用"request. getParameter ("id");"语句,能够在服务器端获取参数 id 的值。不过,其值为字符串的"1",而不是整数值 1。 在 Java 编程中,如果需要的是一个整数值,则需要进一步调用 Integer. parseInt()方法将字符串解 析或转换为整数类型值,因此可能使用类似于" int id = Integer. parseInt (request. getParameter ("id"));"这样的语句代码。这就要求编程人员完成大量的"手工"参数获取和类型转换等工作,增加了编程的工作量和维护难度。这实际是领域模型和 HTTP 模型之间存在的鸿沟。基于 Spring MVC 编程,则可以有效地消除鸿沟,编程人员几乎不再需要手工读取参数和转换类型。

有三种典型的数据绑定形式非常常用和重要,下面依次介绍。

1. @ RequestParam 注解形式

@ RequestParam 注解的形式最容易理解,在前述示例和代码片段中曾经使用。@ RequestParam 注解被应用在方法的参数上。例如代码:

```
public String getById(@ RequestParam("id")int id, Model model)
```

该注解的意义是将 HTTP 请求中的参数 id 的值绑定到 getById( )方法的参数 id 上。比如 "/xxxs/getxxx? id = 1"这个 URL 携带了 id 参数,在由 Spring MVC 负责调用 getById( )请求处理方法时,参数 id 的值是整型值 1。Spring MVC 的参数绑定带来了编程方式的转变,将原来的 API 调用语句转为使用注解的声明,简化了 Java 编程人员的工作。

在使用@ RequestParam 注解时请注意,该注解所说明的 HTTP 参数默认是必须的,如果 HTTP 请求中未提供相应的参数,则请求被视作服务器无法理解的无效请求。按照 HTTP 规范,一般会返回 HTTP 400 状态码(表示 Bad Request)。例如 GET/xxxs/getxxx 这个请求表示获取一个 xxx 资源,但没有给出资源标识符,则服务器端无从知晓应该返回什么样的内容。

结合具体的业务逻辑来说,请求中的参数并不一定都是必需的参数,比如说在一个网站的注册页面上给出输入 QQ 号和微信号的表单字段,但不一定强制用户填写这些信息。如果遇到此类情况,可以在@ RequestParam 注解中说明该参数是可选的,或者在注解中指定一个默认值,由 Spring MVC 把这个默认值作为参数值。例如如下两行代码,前者说明 HTTP 请求参数 username 不是必须的,后者则在 HTTP 请求中不含有 username 参数时提供一个默认值"Anonymous"。

```
@ RequestParam(name = "username", required = false)
@ RequestParam(name = "username", defaultValue = "Anonymous")
```

2. @ PathVariable 注解形式

@ PathVariable 注解的形式,在使用 URI 模板时才可以使用。@ PathVariable 注解和@ RequestParam 注解类似,应用在方法的参数上。9.4.1 节最后曾经提过 URI 模板的使用。此处再次给出代码片段示例以说明该注解的使用。

```
@ RequestMapping("/users/{id}")
public String getById(@ PathVariable int id, Model model){
    ...
}
```

上述代码中,@ RequestMapping 注解中的路径含有{id}这样的成分,"/users/{id}"称为 URI 模板,在模板中有不变的/users/部分,其后所接的是可变部分。这个 URI 模板的形式还在 Spring MVC 环境中引入了一个名称为 id 的路径变量。此时搭配@ PathVariable 注解,表示将路径变量 id 的值绑定到 getById( )方法的参数 id。

此外,在 URI 模板中可以引入多个路径变量,比如说"/reports/{year}/{month}"一次性地引入两个路径变量 year 和 month,当请求 URL"reports/2020/1"时,可能表示希望获取 2020 年 1 月的月报表。

3. 参数绑定到命令/表单对象

Java 是面向对象的语言，而且在考虑领域模型设计或表单的字段组成时，一般会有后台的相应对象，这个对象一般有多个属性。例如在表单上有 5 个字段供用户输入，在后台可能有一个 Java 类就有这 5 个字段名的属性。参数绑定到命令/表单对象，非常适用于这种场合。它的意义在于能够将请求中的参数值自动绑定到 Java 对象的属性上。例如，有如下的请求处理方法：

```
@ PostMapping
public String add(User user, Model model){
    ...
}
```

假定 User 类有如下代码：

```
public class User{
    private int id;
    private String name;
    ...//getter 和 setter 方法等
}
```

也就是说，User 对象有 id 和 name 属性。

如果在表单中有名称为 id 和 name 的字段，在提交表单的请求分发给 add( )方法处理前，Spring MVC 框架会自动构造一个 User 对象，提取 HTTP 请求参数中 id 和 name 的值并将值赋予 User 对象的 id 属性和 name 属性。容易看出，这种参数绑定能够向请求处理方法提供一个更大粒度的对象而非一系列基础的值。正如本例所示，读者在进行表单处理的编程时可以优先考虑使用该绑定特性。

9.4.3　FreeMarker 模板引擎

在 9.3.3 节 MVC 分离——改进第一个动态网站中，读者已经接触到 FreeMarker 的使用，借此对模板引擎技术和模板的编写有了初步的认识。限于篇幅，从服务于实用技能的目标考虑，本节介绍一些重要的 FreeMarker 语法内容，让读者掌握在动态网页中显示数据模型中的单值变量和集合变量，如果需要对模板引擎进行更深入的了解，可登录官网查阅帮助文档。

在 FreeMarker 的使用中应该掌握插值和指令。插值用于在插值位置插入表达式值的文本，它是 FreeMarker 的基础语法要素。指令则能更加突出处理和变换，有编程的控制结构等丰富意义。

要使用插值，在美元符号后跟一对大括号，并在大括号内给出表达式，形如 $\{expression\}$。使用表达式引用数据模型中的变量。按照 FreeMarker 给出的表达式，数据模型是一个哈希表，可以视为一个容器，容器中包含变量可以称为子变量，每个子变量都可以通过一个唯一的名称来查找。在之前的示例中曾经使用的"$\{username\}$"表示在数据模型的哈希表结构中按照名称 usrename 查找变量。这种情况是对根结构上的变量的访问，不妨称之为对顶级变量的访问。在 Java 编程中访问对象的成员，在 FreeMarker 中被理解为哈希表的查找。例如 Java 概念中如果要访问 user 对象的 name 属性，在 FreeMarker 中表达为 $\{user.name\}$，理解为先在数据模型根结构上查找 user 变量，而 user 变量本身又是一个哈希表，在 user 哈希表中再查找 name 变量。掌握插值的这种表达习惯，基本能够应对在模板中引用单个值的情况。

有时会需要使用指令,典型的的是经常需要在模板页重复输出一个集合中的多个元素时,插值就不能够满足需要了。例如,如果希望在一个页面上显示用户列表,就需要类似于编程语言中循环结构的处理能力。在 FreeMarker 模板中使用 FTL 标签调用指令。FTL 标签形式上与 HTML 标签一样,也有开始标签和结束标签,形式上有 < … > 和 </…> 的特点,但和 HTML 标签不同,FTL 标签的 < 符号后跟#和指令名称。

以 list 指令为例说明指令使用。list 指令拥有如下的格式:

```
<#list list as item >
  <!-此处可以使用 ${item}访问列表中的当前元素 -->
</#list >
```

其中#list 表示调用 list 指令。其后的 "list as item"中,list 代表一个列表,item 则是循环变量,用于在每一次迭代中访问当前元素。在 <#list > 和 </#list > 中间出现的内容将会被重复若干次,具体次数由 list 列表中元素个数确定。

例如,如下的开始标签和结束续签对展示了 list 指令的使用,用于显示 users 中的多个用户信息,对每一个用户形成一个超链接 a 标签,超链接显示文字为用户名,链接的目标 URL 中包含当前用户的 ID。

```
<#list users as user >
  <a href = "users/${user.id}"> ${user.name}</a>
</#list >
```

9.4.4 一个比较完整的控制器组件

此处所说的"完整"的控制器组件,是因为我们将运用本节介绍的控制器类和请求处理方法上的@RequestMapping 注解等众多特性,同时尽可能体现功能的完整性。具体地说,将制作多个动态页面,在动态网站中实践从表单页面的处理以添加实体对象、在页面上显示单个实体对象和显示实体对象列表等。这些都是动态网页实现中必须掌握的技能。

【例 9.4】创建一个留言板动态网站,可以按照以下步骤完成。

(1)创建一个基于 Spring Boot 的动态网站,搭建程序框架

创建一个 Maven 项目,项目的 Maven 坐标 com. abc:msgboard,指定父项目 Maven 坐标为 org. springframework. boot:spring – boot – starter – parent:1. 5. 9. RELEASE,为项目添加依赖项 org. springframework. boot:spring – boot – starter – web 和 org. springframework. boot:spring – boot – starter – freemarker。为项目添加一个@SpringBootApplication 主类启动 Spring 应用。

(2)定义领域对象类 com. abc. Message

该类表示留言。该类的部分代码片段如下:

```
public class Message{
    private int id;
    private String username;
    private String content;
    private Date time;
    ...//Getters and Setters
}
```

该类有 id、留言用户名、留言内容、留言时间共 4 个属性。

（3）定义控制器组件 MessageController

定义一个 MessageController 类，完整代码如下：

```
1.   package com. abc;
2.
3.   import java. util. * ;
4.   import org. springframework. stereotype. Controller;
5.   import org. springframework. ui. Model;
6.   import org. springframework. web. bind. annotation. * ;
7.
8.   @ Controller @ RequestMapping ("/messages")
9.   public class MessageController{
10.     List < Message > messages = new ArrayList < Message > ();
11.
12.     @ GetMapping public String get (Model model) {
13.        model. addAttribute ("messages", messages);
14.        return "messageList";
15.     }
16.
17.     @ GetMapping (path = "/new") public String form () {
18.        return "forward:/messageForm. html";
19.     }
20.
21.     @ GetMapping ("/{id}")
22.     public String getById (@ PathVariable ("id") int id, Model model) {
23.        for (Message message :messages) {
24.          if (message. getId () == id) {
25.             model. addAttribute ("message", message);
26.             return "messageDetail";
27.          }
28.        }
29.        return "messages";
30.     }
31.
32.     @ PostMapping
33.     public String add (Message message, Model model) {
34.        int id = 1;
35.        if (messages. size () > 0) {
36.          id = messages. get (messages. size () - 1). getId () + 1;
37.        }
38.        message. setId (id);
39.        message. setTime (new Date ());
40.        messages. add (message);
41.        return "redirect:/messages";
42.     }
43. }
```

关键代码意义如下。

第 10 行定义 messages 成员变量用于在列表中保存多个留言板中多个留言对象。

第 8 行在 MessageController 类上使用了 @ RequestMapping 注解指定了父路径"/messages"，并在第 12 行、第 17 行、第 21 行和第 32 行分别在请求处理方法上使用了 @ GetMapping 或 @ PostMapping 注解，进一步限定请求处理方法的请求映射。通过这些请求映射的定义，形成如表 9 - 1 所示的请求映射。

表 9 - 1   请求到请求处理方法的映射

请求方法和 URL	请求处理方法	功能/资源操作
GET/messages	get( )	获取留言板留言列表
POST/messages	add( )	在留言板中加入新的留言
GET/messages/{id}	getById( )	查看指定 ID 的留言
GET/messages/new	form( )	留言表单页面

对表中的 4 个请求处理方法的实现代码依次做如下说明。

get( )方法：向模型中添加了 messages 模型数据，并返回逻辑视图名称"messageList"。

add( )方法：利用 Spring 的数据绑定将来自表单的数据绑定到参数 message 所指对象的功能，再为新的留言对象设置 id 属性值和留言时间属性。id 设计为从 1 起依次增加 1 的序列特点，即新的留言 id 比之前一条留言的 id 值大 1。新的留言对象加入留言列表中。本方法所返回的逻辑视图名中使用了特殊的前缀"redirect:"，在视图解析阶段被解析为一个重定向视图对象，带来的交互特点是在用户通过表单页面加入留言后，页面跳转到留言板留言列表页面。这是一个比较常见的交互形式。

getById( )方法：注解中使用 URI 模板特性，并利用 Spring 的数据绑定将路径变量 id 的值绑定到方法的 id 参数。在留言列表中查找指定 ID 的留言并返回相应的模型数据（一个留言对象）和逻辑视图名（"messageDetail"）。如果查找失败，返回逻辑视图名"messages"，即跳转到留言列表页面。

form( )方法：直接返回逻辑视图名"forward:/messageForm. html"。这里也使用了另一种特殊前缀"forward:"，代表该请求在服务器端转发给"/messageForm. html"。达到的效果就是把静态页面 messageForm. html 的内容作为响应内容。

(4)实现视图模板和静态页面

动态网站用到两个视图模板 messageList. ftl、messageDetail. ftl 和一个静态文件 messageForm. html。前两个视图模板文件在 src/main/resources/templates 目录下创建，后面的静态文件在 src/main/resources/static 目录下创建。限于篇幅，此处只给出关键代码行。

messageForm. html 是填写留言信息的表单页面，核心在于表单。部分代码如下所示，表单中要注意表单字段名称和领域对象 Message 的属性应该使用相同的名字。

```
1. < form action = "/messages" method = "post" >
2.     您的姓名或昵称: < input type = "text" name = "username" > < br/ >
3.     您想要说的话: < br/ >
4.     < textarea rows = "5" cols = "50" name = "content" > </textarea > < br/ >
5.     < input type = "submit" value = "保存"/ >
6. </ form >
```

messageList. ftl 是留言列表页面的模板页，核心在于在一个表格中逐行显示留言信息。为了显示

列表数据,使用了 FreeMarker 的#list 指令。代码如下所示:

```
1. <table>
2.    <thead><tr>
3.       <th>留言 ID</th><th>用户名</th>
4.      <th>留言内容</th><th>留言时间</th><th>操作</th>
5.    </tr></thead>
6.    <tbody>
7.       <#list messages as message>
8.       <tr>
9.          <td>${message.id}</td>
10.          <td>${message.username}</td>
11.          <td>${message.content}</td>
12.          <td>${message.time?datetime}</td>
13.          <td><a href="messages/${message.id}">查看</a></td>
14.       </tr>
15.       <#else>
16.       <tr>
17.          <td colspan="5">当前还没有留言.</td>
18.       </tr>
19.       </#list>
20.    </tbody>
21. </table>
```

messageDetail. ftl 是查看单条留言信息页面的模板页,核心在于显示一个对象的多个属性,其代码大体类似于 messageList. ftl 模板页中迭代显示留言列表中当前留言,代码在此不再给出。

(5)运行项目

和前述 Spring Boot 项目运行方式相同。浏览时有图 9 - 6 所示的动态网站界面。

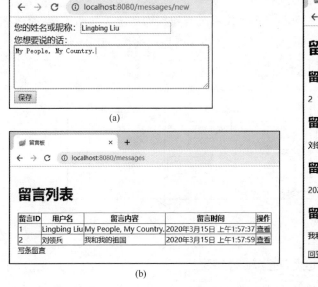

图 9 - 6 留言板动态网站的几个动态页面

9.5   后台数据库技术

动态网站一般使用数据库来实现网站数据的持久化存储。数据库技术是继文件系统管理数据后的重要的数据管理技术，也是当前大多数动态网站和信息化系统广泛采用的数据管理技术。

9.5.1   数据库技术及 JDBC 编程接口

数据库技术有结构化程度高、冗余度低、共享性高等众多优点。以主流的关系型数据库为例，结构化程度高的特点具体体现在用表来保存数据，而且这种表是有严格的结构定义的数据。结构强调表的组成以及表和表之间的关系。表是由字段构成的，字段类似于读者绘制表格的列。表中的数据以行的形式存储，在关系数据库中称之为记录。由于有成熟的理论指导，关系数据库、特别是好的数据库设计借助表和表之间的联系，可以有效地减少冗余数据，避免数据冗余带来数据管理的潜在问题。另外，数据库通常由专用的数据库管理系统加以管理，并借助计算机网络被其他应用程序所访问，并且在数据库管理系统的协调下，允许外部的多个应用系统同时访问同一数据库，有效提高共享性。

关系数据库家族成员很多，例如 Oracle、MySQL 等皆可作为动态网站的后台数据库。本章选择使用轻量级的嵌入式数据库 H2 作为后台数据库范例。虽然关系数据库之间存在一定差异，但是它们都使用相同的标准语言——SQL（结构化查询语言）。数据库通常与上层应用系统进行交互。由应用系统（客户端应用）发送 SQL 指令到指定的数据库管理系统，数据库管理系统解释执行收到的 SQL 语句，对数据库完成存取操作，向客户端返回 SQL 执行的结果。SQL 语句按照功能不同，被分为数据定义语言（DDL）、数据操纵语言（DML）等子类。例如 CREATE TABLE 语句用于创建表，属于 DDL；而 INSERT 语句用于向表中插入记录，属于 DML。关系数据库和 SQL 的内容不在此展开介绍，读者可以查阅相关资料自学。

在 Java 技术体系下，可以使用 JDBC 实现应用系统与数据库系统之间的连接，如图 9 - 7 所示。JDBC 是 Java Database Connectivity 的缩写，代表 Java 数据库连接。JDBC 提供一系列接口完成连接数据库、发起查询和访问结果等操作。

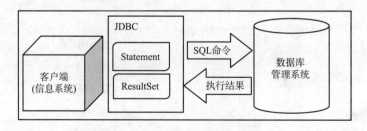

图 9 - 7   JDBC 存取数据库的原理

9.5.2   Spring Boot 和 Spring 框架中的数据库编程

Spring Boot 能够让基于 Spring 技术的项目配置和管理更容易，Spring MVC 尽量让编程中的各个组件划分更清晰,在数据库编程方面,依然如此。

1. Spring JDBC 模块简介

就像 Spring MVC 在 Servlet API 基础上提供更简便的编程模型一样,Spring 也在 JDBC 的基础上提供了 Spring JDBC 模块以简化编程,让编程人员不必手工打开或关闭众多对象,由 Spring JDBC 自动完成这些动作,编程人员只要提供希望发起的查询语句 SQL 和必要的参数,就能够得到 Java 对象或者 Java 对象的集合。

Spring JDBC 提供的编程接口最具代表性和最为实用的当属 JdbcTemplate 接口,该接口提供的众多方法中最为常用的有 3 个:query( )方法用来查询并得到对象的列表;queryForObject( )得到单个对象;update( )方法用于增加、更新和删除数据等操作。

如果是获取数据,根据查询结果是单个对象还是对象列表,可以使用 queryForObject( )或 query( )方法获取想要的数据,返回的结果是对象或者对象的集合。如果是要创建、更新或删除数据,可以使用 update( )方法。这 3 个方法的具体使用在 9.5.3 节的案例中再举例说明。

2. Spring Boot 在数据库编程方面的自动配置

Spring Boot 在这里又可以发挥它自动配置的长处。在项目中加入 com. h2database:h2 依赖项和 org. springframework. boot:spring – boot – starter – jdbc 依赖项,Spring Boot 会自动配置使用嵌入式数据库 h2,并配置使用的数据库名称为 testdb。嵌入式数据库就像前面所提到的嵌入式 Tomcat 服务器一样,在 Spring Boot 打包和运行项目时,会将 h2 数据库组件打包并作为 Spring 应用的一部分运行,类似于自带数据库。真实的系统中读者可能需要选择其他数据库管理系统或者对所选择的 h2 做更多配置,本章不做展开。

Spring Boot 除向应用嵌入 h2 数据库外,还在 Spring IoC 容器中配置和管理 DataSource 和 JdbcTemplate 等组件,便于注入到其他编程人员所实现的其他组件中,从而简化配置和编程。

Spring Boot 应用程序启动时,还会自动执行类路径下的 schema. sql 和 sql 两个 SQL 脚本文件,便于应用程序在脚本中指定数据库初始化任务。一般在 schema. sql 中包括 DDL 语句,比如说创建动态网站保存数据所需要的多张表,属于结构性质的初始化任务。一般在 data. sql 中包含 DML 语句,比如说向数据库表中插入一些初始记录,因为很多动态网站的业务逻辑实现依赖着一些表中的既有数据,比如,一个电子商务网站允许选择收货地址的省、市、区,最好在数据库相关表中预先准备好这些数据,这类数据通常称为字典数据,字典数据等数据的准备属于内容性质的初始化任务。

3. Spring 框架推荐定义 @ Repository 组件

在 Spring MVC 编程模型的介绍和示例中,@ Controller 注解用于定义一个控制器组件,Spring 框架还提供了一个 @ Repository 注解,用于定义一个 Repository 组件。Repository 是面向对象领域中类似数据库的概念,可以做如此类比:数据库中保存表中的记录,Repository 管理 Java 对象,而且被管理的对象在数据库中持久化存储,在需要的时候又从数据库中恢复为对象。Repository 对外表现出对 Java 对象的管理,隐藏数据存储、获取和检索等行为的细节。一般而言,Repository 作为数据库访问对象的角色,通常会提供创建、获取、更新和删除数据的一系列操作。

按照 Spring 推荐的风格,推荐开发者在 Controller 组件中使用 Repository 组件。这样就能够避免把数据库存取的实现细节过多地落实在控制器类中,从而提高 Controller 实现的稳定性。实际上,Spring 框架还提供一个@ Service 注解,一个更好的方案是 Controller 组件使用 Service 组件,Service 组件再使用 Repository 组件。本章不详述 Service 组件,感兴趣的读者可以自学。

另外需要简单理解注入和自动装配的概念。在引入@ Repository 组件编程后,编程的情况有所变化。Controller 组件响应 HTTP 请求,但具体要完成什么样的业务逻辑,还需要操纵数据库才能得以实现,也就是说,Controller 组件要使用 Repository 组件。Repository 想要操纵数据库,也要借助 Spring Boot 自动配置所带来的 JdbcTemplate 组件。可见组件环环相扣,Controller 组件依赖 Repository 组件,Repository 组件依赖 JdbcTemplate 组件。为了简化开发,Spring 框架还提供了更加强大的自动装配功能,能够把容器所管理的组件自动装配在一起。典型的,只要在组件类的成员变量上使用@ Autowired 注解,Spring IoC 容器就能够在管理该组件的时候为该组件的相应成员变量尝试自动注入一个组件。

9.5.3 一个使用数据库的动态网站

例 9.4 中的留言板动态网站,已经基本具备了留言板的管理功能。但留言信息是存储在内存中的,对于动态网站而言,这不是一种合理的数据管理方式。下例将就此进行优化。

视频

MOOC讲解
——@Repository组件

【**例 9.5**】改进例 9.4 的留言板动态网站,用数据库管理留言。可以按照以下步骤完成。

(1)在项目上加入数据库相关依赖项

基于例 9.4,添加 com. h2database:h2 和 org. springframework. boot:spring – boot – starter – jdbc 组件。

(2)创建一个 Repository 组件用于数据库存取

定义一个 com. abc. MessageRepository 类,用作存储数据库的组件。

```
1.   package com. abc;
2.
3.   import java. util. List;
4.   import org. springframework. beans. factory. annotation. Autowired;
5.   import org. springframework. jdbc. core. * ;
6.   import org. springframework. stereotype. Repository;
7.
8.   @ Repository public class MessageRepository{
9.     @ Autowired JdbcTemplate jdbcTemplate;
10.
11.    public Message findById(int id){
12.        return jdbcTemplate. queryForObject(
13.            "select *  from messages where id = ?",
14.            new Object[]{id},
15.            BeanPropertyRowMapper. newInstance(Message. class));
16.    }
17.
18.    public List < Message > findAll(){
```

```
19.        return jdbcTemplate. query("select *  from messages",
20.            BeanPropertyRowMapper. newInstance(Message. class));
21.    }
22.    public int insert(String username, String content){
23.        return jdbcTemplate. update("insert into messages (id, username, content"
24.            +", time)  values(nextval('seq_message_id'),  ?, ?, now())",
25.            new Object[]{ username, content});
26.    }
27. }
```

第 8 行使用@ Repository 注解说明 MessageRepository 类是组件类,Spring 容器会自动创建和管理该组件。第 9 行使用@ Autowired 注解,Spring 容器会自动装配,为 MessageRepository 的成员变量 jdbcTemplate 赋予一个 JdbcTemplate 组件的引用。而这个 JdbcTemplate 组件则是由 Spring Boot 自动配置而出现的组件。MessageRepository 类的 3 个方法分别使用了 JdbcTemplate 组件的 queryForObject、query 和 update 用于获取单条留言记录、所有留言记录以及向留言表中插入留言记录。

(3)修改控制器类,向其自动装配 Repository 组件并在方法中使用 Repository 组件

仅对代码改动做出简单解释。删除 MessageController 控制器类的 List < Message0 > 类型的 messages 成员变量,添加 MessageRepository 类型的成员变量,并为成员变量应用@ Autowired 注解。Spring 容器会自动将上述 Repository 组件装配到控制器组件中。调整代码,使用该组件存取数据。例如,可以在 MessageController. get( )方法中调用 MessageRepository. findAll( )获取全部留言记录。

(4)为项目添加初始化数据库的脚本

在项目的 src/main/resources 目录下,创建 schema. sql。该 SQL 脚本文件将在项目启动时被执行。其内容如下,用于创建数据库中的表结构以及序列。

```
1. CREATE TABLE messages (
2.     id INT primary key,
3.     username varchar(20),
4.     content varchar(255),
5.     time datetime
6. );
7. CREATE SEQUENCE seq_message_id;
```

(5)运行项目

和前述 Spring Boot 项目运行方式相同。浏览留言板动态网站的交互过程和例 9.4 完全相同,但本例中数据是存储在数据库中予以管理的。

本 章 小 结

本章从动态网站的原理和开发技术出发,介绍了基于 Spring MVC 的动态网站开发。重点讲述了以下内容。

(1)基于 Spring MVC 的动态网站开发所需要的开发环境,从开发工具软件以及组件的功能和

作用方面,阐述了一些基础概念并在示例中逐步细化这些工具软件以及组件的使用。

（2）以 HTTP 协议的"请求－响应"特点为基础,较为详细地讨论了 Servlet API 的编程模型以及 Spring MVC 的请求处理流程,从而较为细致地理清了 Spring MVC 框架各组件的协作和联系。

（3）通过不断改进和丰富的例子,逐步丰富动态网站的技术特性,递进完善动态网站项目。在例子的学习和理解中,循序渐进地掌握基于 Spring MVC 的动态网站制作知识技能。

实验9　动态站点设计

一、实验目的

（1）掌握使用 Eclipse 和 Maven 创建和管理动态网站。

（2）掌握基于 Spring MVC 和 Spring Boot 开发动态网站。

（3）掌握采用后台数据库的动态网站开发。

二、实验内容与要求

（1）创建一个 Maven 项目实现新闻管理动态网站,为项目指定父项目、插件和依赖项。

（2）在项目中创建和编辑@ SpringBootApplication 类。

（3）在项目中定义领域模型类和控制器组件类。

（4）在项目中定义详情页面和列表页面的模板页。

（5）在项目中定义 Repository 组件类和数据库初始化脚本。

（6）运行项目和浏览动态网站。

三、实验主要步骤

● 视　频

操作演示——
创建Maven
项目

（1）创建 Maven 项目:在 Eclipse 中创建 Maven 项目并为项目设置正确的父项目,为项目添加必要的插件和依赖项。本步骤创建 Maven 项目可以通过打开 Eclipse,利用"File"→"New"→"Maven Project"命令加以实现。

该项目的 Maven 坐标自拟,父项目的 Maven 坐标指定为"org. springframework. boot:spring－boot－starter－parent:1. 5. 9. RELEASE"。在项目创建后,可以为项目添加 Spring Boot Maven 插件,Maven 坐标为"org. springframework. boot:spring－boot－maven－plugin",为项目添加 4 个依赖项,分别为"org. springframework. boot:spring－boot－starter－web""org. springframework. boot:spring－boot－starter－freemarker""org. springframework. boot:spring－boot－starter－jdbc"和"com. h2database:h2",具体步骤见实验操作演示。图 9 － 8 和图 9 － 9 分别是创建 Maven 项目时配置项目的向导界面以及为项目添加依赖项的界面。

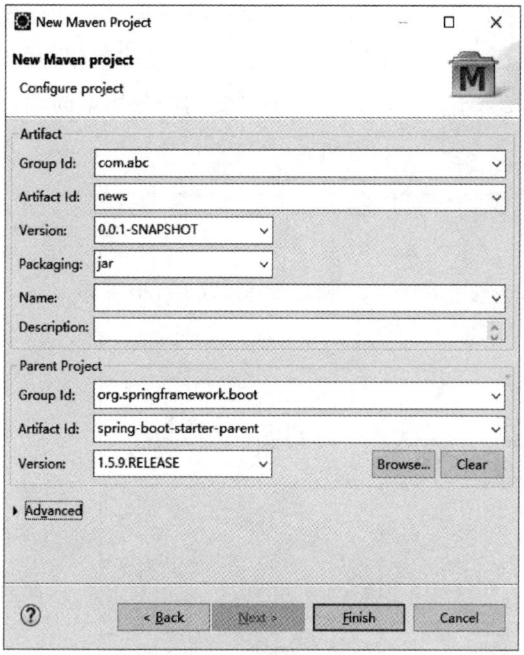

图 9 - 8　创建一个 Maven 项目　　　　　　图 9 - 9　为 Maven 项目添加依赖项

（2）在项目中添加 Java 源程序，注意包名和类名命名。项目中的@ SpringBootApplication 类、领域模型类、控制器组件类和 Repository 组件类都要书写 Java 源代码。图 9 - 10 是编写@ SpringBootApplication 类的界面。其他 Java 类的内容，可以仿照本章给出的例子完成。

```java
1 package com.abc;
2
3 import org.springframework.boot.SpringApplication;
4 import org.springframework.boot.autoconfigure.SpringBootApplication;
5
6 @SpringBootApplication
7 public class DynamicWebApp {
8     public static void main(String[] args) {
9         SpringApplication.run(DynamicWebApp.class, args);
10     }
11 }
```

图 9 - 10　在 Eclipse 的 Java 编辑器中书写源程序

■ 提示：注解的作用非常重要，如果没有给定义的类应用注解，该类不会被视作组件类。

■ 提示：Java 编程中会大量使用其他包中的类，顶部的 import 语句就导入了这些类便于在后续使用简单的类名表示。也可以不抄写 import 语句，直接在源程序中书写类名，这样 Eclipse 会提示类名所引起的错误。此时把鼠标指向类名，Eclipse 会给出修正错误的建议，只要选择"Import…"，Eclipse 便可以自动加入正确的 import 语句。Eclipse 还有代码提示和补全功能，在代码提示时按 Enter 键可以自动补全代码，有助于确保程序正确性和提高编程效率。

（3）在项目中添加视图模板页，要注意文件命名以及存放的位置。图 9 – 11 是编写新闻列表页面模板页的界面。对比例 9.4 可以看出，除了子变量命名不同外，模板页内容是非常相似的。FreeMarker 编辑器的语法高亮特性会将模板页中静态不变的内容和动态可变的部分用不同颜色显示，能够有效避免编程人员的书写错误。

```
  *newsList.ftl ⊠
12        <h1>新闻列表</h1>
13        <table>
14            <thead><tr>
15                <th>新闻ID</th><th>标题</th><th>内容</th><th>发布时间</th><th>操作</th>
16            </tr></thead>
17            <tbody>
18                <#list news as item>
19                <tr>
20                    <td>${item.id}</td>
21                    <td>${item.title}</td>
22                    <td>${item.text}</td>
23                    <td>${item.time?datetime}</td>
24                    <td><a href="news/${item.id}">查看</a></td>
25                </tr>
26                <#else>
27                <tr>
28                    <td colspan="5">当前还没有新闻。</td>
29                </tr>
30                </#list>
31            </tbody>
```

图 9 – 11 在 Eclipse 的 FreeMarker 编辑器中书写视图模板页

（4）在项目中添加数据库初始化脚本，要注意文件名以及存放的位置。图 9 – 12 是编写初始化脚本 schema. sql 的界面。

```
  schema.sql ⊠
 Connection profile
 Type:
1 CREATE TABLE news (
2     id INT primary key,
3     title varchar(20),
4     text varchar(255),
5     time datetime
6 );
7
8 CREATE SEQUENCE seq_news_id;
```

图 9 – 12 在 Eclipse 的 SQL 文件编辑器中书写 SQL 语句

▌ **提示**：项目中嵌入的 h2 数据库，不仅能够由@ Repository 组件通过编程方式访问，通过对 Spring Boot 应用程序的配置，还可以启用 h2 数据库控制台界面。要启用 h2 控制台，在项目的资源目录下创建文件 application. properties，文件的内容为"spring. h2. console. enabled = true"。这样在启动 Spring Boot 应用后，可以通过"http：//localhost：8080/h2 – console"访问 h2 控制台。在登录页面填写 JDBC URL 为"jdbc：h2：mem：testdb"。进入控制台后，可以用数据库提供的管理界面完成数据库操作，比如执行 SQL 语句、编辑结果集等。h2 控制台的使用如图 9 – 13 所示。

图 9 – 13　登录和使用 h2 控制台

四、实验总结与拓展

在 Eclipse 中创建 Maven 项目实现动态网站,不仅能够利用 Maven 的项目管理特性,也便于充分利用 Spring Boot 简化项目开发。基于 Spring Boot 和 Spring MVC 开发动态网站项目,各组件的职责分工明确,实现的 Java 类和各种资源组织清晰,易于理解和维护。

如果能够在 Java 编程语言方面和数据库方面再进一步深入学习,一定能够更好地结合功能和信息管理的需求,开发出更为实用的动态网站。

习题与思考

1. 判断题

(1)动态网站的所有网页都是动态页面。　　　　　　　　　　　　　　　　　　　(　　)

(2)HTTP 请求的 URL 中可以用查询字符串传递参数信息。　　　　　　　　　　　(　　)

(3)要开发动态网站必须使用 Java 语言和 Spring MVC 框架。　　　　　　　　　　(　　)

(4)用 Maven 管理项目能够高效管理项目依赖项。　　　　　　　　　　　　　　　(　　)

(5)Spring MVC 框架遵循关注点分离原则并实现了模型 – 视图 – 控制器模式。　　(　　)

(6)Spring MVC 框架要求编程人员的请求处理方法接受请求和响应两个参数。　　(　　)

(7)Spring MVC 框架推荐请求处理方法返回逻辑视图名称。　　　　　　　　　　(　　)

(8)如果某个类名是 XyzController,则 Spring 将其视为控制器组件类。　　　　　(　　)

(9)Spring MVC 可以根据 URL 路径映射请求处理方法,还可以限定请求方法。　　(　　)

(10)@ Repository 组件是用于存取数据库的组件。　　　　　　　　　　　　　　(　　)

2. 选择题

(1)以下选项中不作为动态网站后端编程语言的是_____。

A. PHP　　　　　　　　　B. HTML　　　　　　　　C. C#　　　　　　　　D. Java

(2) 组件 org. springframework. boot：spring – boot – starter – web：1. 5. 9. RELEASE 版本是_____。

A. org. springframework. boot B. spring – boot – starter – web

C. 1. 5. 9. RELEASE D. starter – web

（3）基于 Spring MVC 的动态网站开发中,负责管理 Spring 组件的是_____。

A.　Spring Boot B.　Spring JDBC

C.　Spring MVC D. Spring IoC 容器

（4）Spring Boot 默认在应用程序中嵌入的 Web 服务器和默认使用的网络端口是_____。

A. IIS 80 B. IIS 8080 C. Tomcat 80 D. Tomcat 8080

（5）在 Spring MVC 框架下,编程人员的开发任务是开发以下哪种组件? _____

A. DispatcherServlet B. HandlerMapping C.　Controller D.　ViewResolver

（6）以下选项中属于模板引擎技术的是_____。

A. Java B.　HTML C.　Spring MVC D.　FreeMarker

（7）使用 URI 模板和@ PathVariable 注解,能够从 URL 的哪一部分获取参数值? _____

A. 协议 B. 主机名 C. 路径 D. 查询字符串

（8）以下注解中,既可以应用于类也可以应用于方法的是? _____

A.　@ Controller B.　@ Repository

C.　@ RequestMapping D.　@ SpringBootApplication

（9）关系数据库的标准语言是_____。

A.　HTML B. XML C.　SQL D.　HQL

（10）下列哪一个选项提供 Spring 应用程序访问数据库的模块? _____

A. Spring Boot B.　Spring JDBC

C. Spring MVC D. Spring IoC 容器

3. 思考题

（1）HTTP 协议、Servlet API 规范以及 Spring MVC 之间存在什么样的联系?

（2）简述 Spring MVC 框架下 HTTP 请求的处理流程。

（3）概括基于 Spring MVC 和 Spring Boot 开发一个使用后台数据库技术的动态网站时,编程人员一般要实现哪些组件和资源?

第 10 章

Web开发综合案例

Web 技术的发展日新月异,不断地有新的框架和技术被引入进来,但核心和根本还是三大技术——HTML、CSS 和 JavaScript。时至今日,标准化的设计方法已经取代了传统的网页开发方式。在标准化的网页设计方式中,HTML 提供了网页的基本框架,CSS 负责外观展示效果,而 JavaScript 负责实现网页的动态交互效果,这也是本书在前面部分所提到的内容与样式相分离的基本设计原则。这样的标准化开发方法有利于减少页面代码,便于分工设计,从而实现网页的快速开发。本章通过一个 Web 综合开发案例来展示 HTML、CSS 和 JavaScript 在实际开发中各自的作用,希望读者能够对案例内容仔细揣摩体会,做到知识的融会贯通。

本章学习目标

➤ Web 产品设计的基本过程;

➤ HTML、CSS 和 JavaScript 在实战中的融会贯通;

➤ 使用 Bootstrap 实现响应式布局设计的方法;

➤ 移动优先特性的现实意义与作用。

10.1　Web 产品开发流程

Web 产品的开发主要包含如下的几个阶段。

1. 网站整体规划和主题

网站的主题是指一个网站在“功能”和“内容”方面的取向,是一个网站的价值追求。例如一个企业门户网站主要注重企业文化宣传、产品及服务展示等功能,而新闻门户网站则强调信息的快捷发布、分类管理及广告推广等版块的建设。因此设计和确定网站的主题是网站建设的一项重要工作,相关的设计思路需要在这个过程中完成。网站的开发者需要对网站进行整体规划和设计,写好网站建设项目设计书,通常可以从主题和视觉隐喻、信息架构、模块和功能等方面进行整体的规划。

2. 域名选择

域名的选择对网站推广和优化有着至关重要的作用。在选择域名时,切不可随意,一定要选择跟网站主题相关,且便于用户记忆的名称,这有利于提升推广效率,节省推广成本,提高宣传效果。

3. 准备网站服务器

服务器用来储存网站相关文件,服务器的质量和性能会直接影响网站的打开速度以及稳定性。如果条件允许,且具备服务器的运维能力,可直接选择独立服务器。如果资金或成本受限,则可以选择云服务器或网络空间租用的形式。

4. 网页设计和切片

网站页面设计是一项美术创意工作,需要针对网页的色彩搭配、网页内容的布局排版来进行开发前的页面仿真设计。建议由专业的网页设计师进行处理,完成切片后的效果图交由 Web 前端工程师进行开发。

5. 程序开发

针对设计模板实现网站前后端代码的开发。前端开发技术主要使用 HTML、CSS 和 JavaScript,在开发过程中适当引入前端开发框架有利于网页整体布局和代码的快速开发。网站后端开发主要负责实现网站的业务功能,常用的网站程序开发技术有 . Net、PHP、Java 等。网站的管理功能就是网站的动态模板,网站管理员利用该项功能可实现网站内容的管理、维护和更新。

6. 内容发布和上传

网站建设完成后,需要专人每天或者定期进行网站内容的更新,便于搜索引擎的抓取和收录,提升网站的权重,给用户提供更多有价值的内容和产品信息。

10.2　案 例 演 示

本节以个人简历网站开发为例说明 Web 站点开发设计的整个过程。

10.2.1　站点主题

个人简历网站是当下求职者进行个人展示的一种主流手段,网站中包含求职者的个人基本情况介绍、求学和工作经历、个人风采展示、技能等多种信息。相较于传统的纸质简历,个人简历网站更为直观,展示度更强,并且带有十足的科技感。通过对 Web 技术的灵活应用,一个优美的个人简历网站能给面试者带来强烈的视觉冲击力和良好的第一印象,对于求职者获得面试机会发挥着至关重要的作用。

● 素 材

案例代码
下载

10.2.2　设计目标

在布局方面,使用 Bootstrap 实现网站的响应式布局设计,为了保证用户的阅读流畅性,降低用户阅读成本,页面采用单页多屏设计,辅以浮动菜单导航,并为导航增加页面垂直平滑滚动效果;在页面风格方面,采用极简主义设计风格,使用美观大方的字体图标,彰显出简洁和优雅的气质;在编码规范方面,系统编码基于 HTML5 和 CSS3 规范标准。

10.2.3　网站结构

在规划网站的目录结构时,应当遵循如下原则。

(1)不要将所有文件都存放在根目录下。

(2)按栏目内容分别建立子目录。

（3）目录的层次不要太深。

（4）切忌使用中文目录。

（5）不要使用过长文件名的目录。

（6）尽量使用意义明确的目录。

依据上述原则,本示例中的网站目录结构组织如下(此处仅对根目录下包含的文件/文件夹进行说明)。

（1）css:该文件夹用于存放样式表文件。

（2）fonts:该文件夹用于存放字体文件。

（3）img:该文件夹用于存放图片文件。

（4）js:该文件夹用于存放 JavaScript 脚本文件。

（5）index. html:网站主页。

10.2.4　设计效果

1. 页面总体布局方案

页面采用 Bootstrap 框架的栅格系统来实现页面的总体响应式布局设计,布局方案如图 10 - 1 所示。

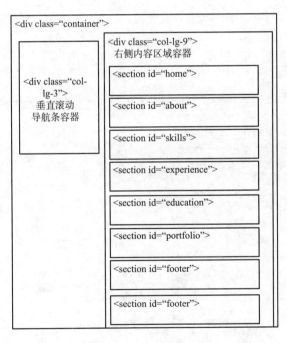

图 10 - 1　页面总体布局

2. 各版块 UI 设计

本例是单页多屏应用,因此采用分屏介绍的方式。

第一部分展示求职者的大幅照片,图片上方显示欢迎语及对求职者的简单描述,如图 10 - 2 所示。

图 10 - 2　第一部分页面设计效果

　　第二部分展示求职者的信息。如图 10 - 3 所示，页面上方显示求职者简介，下方以列表形式展示个人基本信息，底部显示电子档简历下载链接。

图 10 - 3　第二部分页面设计效果

　　第三部分展示求职者的技能。如图 10 - 4 所示，左右布局，左侧以进度条形式展示开发工具熟练度，右侧以列表形式展示所具备的技能。

　　第四部分以文字形式展示工作经历。如图 10 - 5 所示，左右布局，左侧显示时间区间，右侧显示相应时期的工作岗位及工作内容。

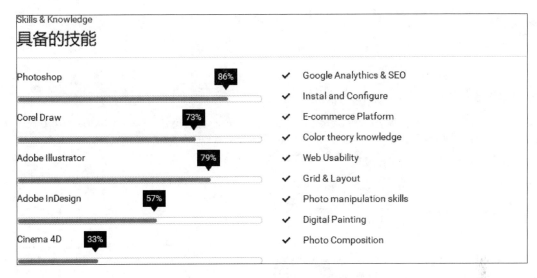

图 10 - 4　第三部分页面设计效果

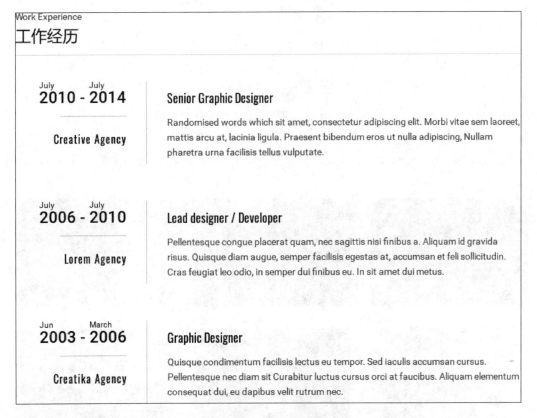

图 10 - 5　第四部分页面设计效果

第五部分与第四部分类似,采用相同的页面布局和展现方式对求职者的教育背景进行介绍,效果如图 10 - 6 所示。

My Education
教育背景

March   July
2003 - 2006

University of Design

Degree of Design

Rorem ipsum dolor sit amet, consectetur adipiscing elit. Morbi vitae laoreet, mattis Praesent bibendum eros nulla adipiscing, tempus tincidunt tellus scelerisque. Nullam pharetra urna facilisis tellus vulputate.

March   July
2001 - 2003

University of Design

Game art & design

Tuisque condimentum facilisis lectus eu tempor Sed iaculis accumsan cursus pellen diam sit Curabitur luctus cursus orci at faucibus. Aliquam elementum consequat dui dapibus velit rutrum nec.

图 10 – 6　第五部分页面设计效果

第六部分展示求职者的个人图片，以照片墙的形式呈现，如图 10 – 7 所示。图片上方设置过滤器，单击后可查看不同分类照片。

Photos
风采展示

ALL　　个人作品　　生活拾遗

图 10 – 7　第六部分页面设计效果

第七部分是一个反馈表单，如图 10 – 8 所示，用于和浏览者进行互动。

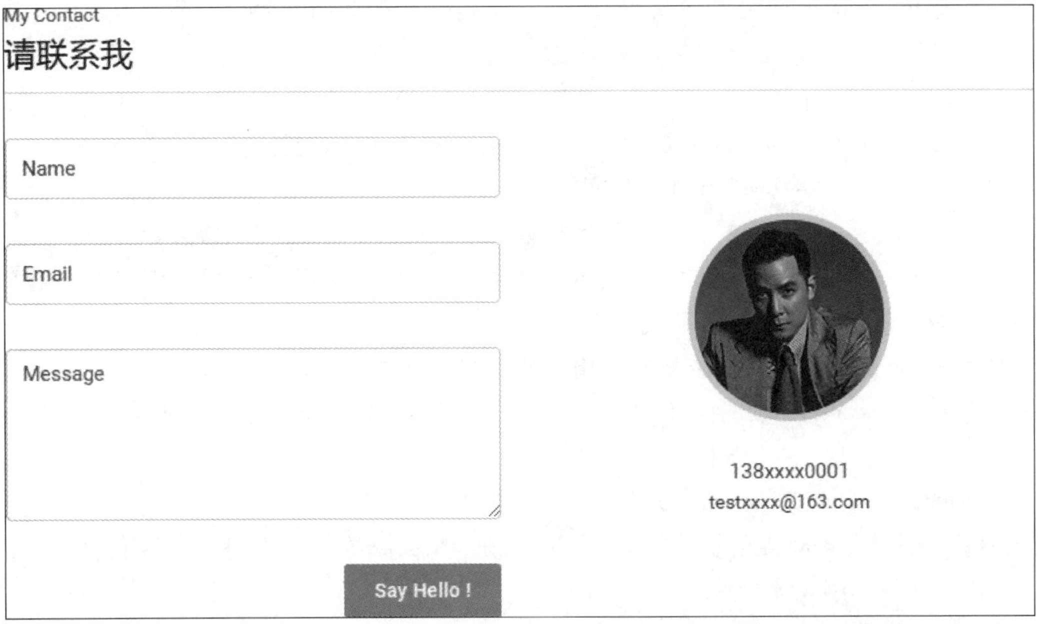

My Contact
请联系我
Name
Email
Message
138xxxx0001
testxxxx@163.com
Say Hello !

图 10－8　第七部分页面设计效果

最后，在页面左侧具有一个垂直互动的导航条，其设计效果如图 10－9 所示。

Alex
Jiang
我的信息
技能展示
工作经验
求学经历
个人风采
请联系我

图 10－9　页面左侧垂直导航条设计效果

10.2.5　准备工作

本网站的构建遵循 HTML5 标准，在开发过程中引入了 Bootstrap 框架、多个 JavaScript 第三方插件和第三方字体图标库。在进行开发前做好如下的准备工作。

（1）index. html 文件中的 HTML 框架已准备就绪。

（2）网站用到的所有图片都保存在 img 文件夹中，其中的图片已针对 Web 进行了缩放、裁剪和优化。

（3）所有 JavaScript 文件存放在 js 文件夹中，包含 jQuery 库文件、Bootstrap 库文件、第三方扩展库文件。所需的 JS 文件如下。

①jquery. min. js：jQuery 库。

②bootstrap. bundle. min. js：Bootstrap JS 库。

③jquery. easing. min. js：jQuery 动画效果扩展增强插件，用于添加过渡效果。

④jquery. magnific－popup. min. js：一个非常优秀的弹出对话框或者灯箱效果插件。

⑤isotope. js：基于 jQuery 的分类过滤插件。

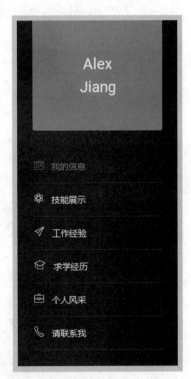

⑥portfolio – filtr. js：自定义 JS 文件，实现照片类别或者标签筛选功能。

⑦app. js：自定义 JS 文件，用于实现图片弹窗效果。

⑧floating – menu. js：自定义 JS 文件，用于实现导航条的垂直滑动。

（4）所有 CSS 文件存放在 css 文件中，需要使用到如下的 CSS 文件。

①bootstrap. min. css：Bootstrap 样式文件。

②animate. css：一款强大的预设 CSS3 动画库，用于实现页面版块的渐进效果。

③magnific – popup. css：一个非常优秀的弹出对话框或者灯箱效果插件，用于实现照片的弹出框及灯箱展示效果。

④pe – icon – 7. css：一款字体图标库，用于实现菜单项前的小图标。

⑤fontawesome. css：一套绝佳的图标字体库和 CSS 框架，用于实现文字内容和小图标的样式。

⑥style. css：自定义的 CSS 样式。

⑦default. css：自定义的网站颜色样式。

（5）打开 index. html 文件，完成库文件的引入，在头部区域导入样式表和字体文件，在主体区域底部导入 JavaScript 脚本文件。

CSS 引入代码如下：

```
1. <head>
2.     <meta charset = "utf -8"/>
3.     <title>AlexJiang 个人网站</title>
4.     <meta name = "viewport" content = "width =device - width, initial - scale =1.0">
5.     <meta name = "description" content = "AlexJiang 的个人网站"/>
6.     <meta name = "keywords" content = "简历,求职, Web 工程师"/>
7.     <!--Bootstrap 样式文件 -->
8.     <link href =http://cdn. bootstrapmb. com/bootstrap/4.2.1/css/bootstrap. min. css
9.         rel = "stylesheet" type = "text/css"/>
10.     <!--Animate. css 一款强大的预设 css3 动画库 -->
11.     < link rel = "stylesheet" type = "text/css" href = "css/animate. css" media = "
screen"/>
12.     <!--Magnific Popup 是一个非常优秀的弹出对话框或者灯箱效果插件 -->
13.     < link rel = "stylesheet" type = "text/css" href = "css/magnific - popup. css"/>
14.     <!-- pe - icon -7 字体图标库 -->
15.     < link href = "css/pe - icon -7. css" rel = "stylesheet">
16.     <!-- fontawesome: 一套绝佳的图标字体库和 CSS 框架 -->
17.     < link href = "css/fontawesome. css" rel = "stylesheet">
18.     <!-- 自定义的 CSS 样式 -->
19.     < link href = "css/style. css" rel = "stylesheet" type = "text/css"/>
20.     <!-- 自定义的颜色样式 -->
21.     < link href = "css/default. css" rel = "stylesheet" id = "color - opt">
22. </head>
```

JS 引入代码如下：

```
1. <!-- javascript -->
2. < script src = "js/jquery. min. js"> </script>
3. < script src = "js/bootstrap. bundle. min. js"> </script>
4. <!-- 以下两个 js 用于实现导航条的垂直滑动 -->
```

```
5. < script src = "js/jquery. easing. min. js" > < /script >
6. < script src = "js/floating - menu. js" > < /script >
7. < ! -- 一个非常优秀的弹出对话框或者灯箱效果插件 -- > -->
8. < script src = "js/jquery. magnific - popup. min. js" > < /script >
9. < ! -- 基于 jQuery 的分类过滤插件 filter -->
10. < script src = "js/isotope. js" > < /script >
11. < ! -- 类别或者标签筛选功能 -->
12. < script src = "js/portfolio - filtr. js" > < /script >
13. < ! -- 图片弹窗和文字滚动效果 -->
14. < script src = "js/app. js" > < /script >
```

10.2.6　系统实现

1. 欢迎版块

```
1. < section class = "bg - home fadeInLeft animated" id = "home" >
2.     < div class = "row" >
3.         < div class = "col - lg - 12" >
4.             < div class = "home - content text - center" >
5.                 < h3 > 大家好！我是 < span > Alex Jiang < /span > < /h3 >
6.             < /div >
7.         < /div >
8.     < /div >
9. < /section >
```

整个版块以 < section > 标签定义,内部包含一行一列。列内用 < div > 块包裹求职者姓名和欢迎语句, < div > 上的 home - content 样式(style. css)设置了该块元素的内边距。其中 < section > 上的自定义样式 bg - home(style. css)为版块指定了边距、高度和背景图片信息。样式 fadeInLeft 和 animated(animate. css)用于为版块添加从左侧进入的渐进效果。样式 bg - home 的代码如下:

```
1. . bg - home {
2.     background:url(../img/pattern. png), url(../img/bg - 1. jpg)center;
3.     background - position:center;
4.     margin - top:40 px;
5.     min - height:440 px;
6. }
```

注意:由于篇幅有限,后续章节中将仅对部分重要代码进行解释说明。其余代码和样式定义不再一一赘述,请读者自行下载源码查看。

2. 个人信息界面

```
1. < section class = "section about bg - white fadeInRight animated" id = "about" >
2.     < div class = "row" >
3.         < div class = "col - lg - 12" >
4.             < div class = "title - heading" >
5.                 < p class = "sub - title text - muted" > Personal Details < /p >
6.                 < h3 class = "title text - uppercase" > 我的基本信息 < /h3 >
7.                 < hr/ >
8.                 < p > 大家好! 我是 AlexJiang.... < /p >
```

```
9.                    </div>
10.                   <div>
11.                       <ul class = "list - inline">
12.                           <li class = "list - inline - item"> <span>姓名:</span> Alex
Jiang</li>
13.                           <li class = "list - inline - item"> <span>Email:</span>
14.                               <a href = "mailto:xxx@ 163. com">xxx@ 163. com </a></li>
15.                           <li class = "list - inline - item"> <span>电话:</span>
138xxxx0001 </li>
16.                           <li class = "list - inline - item"> <span>出生年月:</span>
1990.1.1 </li>
17.                           <li class = "list - inline - item"> <span>通讯地址:</span>
云南省xxx </li>
18.                           <li class = "list - inline - item"> <span>目前所在地:</span
> 云南昆明 </li>
19.                       </ul>
20.                       <div class = "clear"> </div>
21.                       <div class = "text - center mt - 4">
22.                           <a href = "#" class = "btn btn - sm btn - custom btn - round">
23.                               <i class = "fa fa - download"> </i> Download Resume </a>
24.                       </div>
25.                   </div>
26.               </div>
27.           </div>
28. </section>
```

本栏目使用一个 <section> 进行定义,内含一行一列,列中使用 <div> 将内容划分为两个部分,上方为个人简介,下方为基本信息的列表展示。在这段代码中,需要特别留意以下几点。

(1)按钮的样式定义:其中 btn – sm、btn – custom、btn – round 为自定义样式,样式定义在 style. css 中。

(2)按钮文字前的小图标使用了样式"fa fa – download"(fontawesome. css),该图标样式由 Font Awesome 样式集提供。

(3)其中 mt – 4 为 Bootstrap 中的样式简写形式,其含义为:{margin – top:1.5rem ! important}。

3. 技能展示页面

```
1. <section class = "section skills bg - white fadeInLeft animated" id = "skills">
2.     <div class = "row">
3.         <div class = "col - lg - 12">
4.             <div class = "title - heading">
5.                 <p class = "sub - title text - muted mb - 0">Skills & Knowledge </p>
6.                 <h3 class = "title m - 0 text - uppercase">具备的技能 </h3>
7.                 <hr/>
8.             </div>
9.             <div class = "row">
10.                 <div class = "col - lg - 6">
11.                     <! -- Skill - 1 -->
12.                     <div class = "fixed">
13.                         <div class = "progress - box">Photoshop
```

```
14.                        < span style = "left:86% ">86% </span >
15.                    </div >
16.                    <!-- progress - bar - description -->
17.                    < div class = "progress custom - progress" >
18.             < div class = "progress - bar custom - progress - bar bg - custom"
19.                 role = "progressbar" aria - valuenow = "86" aria - valuemin = "0"
20.                 aria - valuemax = "100" style = "width:86% ;">
21.                        </div >
22.                    </div >
23.                </div >
24.                <!--...... 以下结构相同, 省略 -->
25.                < div class = "col - lg - 6" >
26.                    < div >
27.                      < p class = "mb - 2" > < i class = "fa fa - check f - 10 mr -
3" > </i >
28.                        Google Analythics </p >
29.                        <!--...... 以下结构相同, 省略 -->
30.                    </div >
31.                </div >
32.            </div >
33.          </div >
34.        </div >
35.      </div >
36. </section >
```

本栏目使用一个 < section > 进行定义, 内含一行两列, 列宽比为 1:1, 左侧列中以进度条的形式展示开发工具熟练度, 右侧列中以列表形式展示所具备的技能。在这段代码中, 需要特别留意以下几点。

(1)进度条的实现使用了自定义样式 custom - progress、custom - progress - bar 和 bg - custom。其中 custom - progress、custom - progress - bar 用于更改进度条的外观, bg - custom 更改进度条的背景色。

custom - progress 样式代码如下:

```
1. .custom - progress{
2.   height:10 px;
3.   margin - bottom:10 px;
4.   overflow:hidden;
5.   background - color:#ffffff;
6.   border - radius:4 px;
7.   - webkit - box - shadow:none;
8.   box - shadow:none;
9.   border:1 px solid #d9dcd7;
10. }
```

custom - progress - bar 样式代码如下:

```
1. .custom - progress - bar{
2.   height:6 px;
3.   - webkit - box - shadow:none;
```

```
4.   box - shadow:none;
5.   margin:1 px;
6.   border - radius:3 px;
7. }
```

（2）技能列表项前使用了由 Font Awesome 样式集提供的图标样式"fa fa - check"，即对号图标。"f - 10"为自定义样式，作用为 font - size:10 px。

4. 工作经历及教育背景页面

这两个页面的实现方式大体相同，以工作经历版块为例说明如下。

```
1. < section class = "section experience bg - white fadeInRight animated animated" id = "experience">
2.     < div class = "row">
3.         < div class = "col - lg - 12">
4.             < div class = "title - heading">
5.                 < p class = "sub - title text - muted mb - 0">Work Experience </p>
6.                 < h3 class = "title m - 0 text - uppercase">工作经历 </h3>
7.                 < hr/>
8.             </div>
9.             < div class = "row mt - 5">
10.                < div class = "col - lg - 3 col - md - 3">
11.                    < div class = "cv - heading">
12.                        < h3>
13.                            < span>2006 < small>July </small> </span> -
14.                            < span>2019 < small>July </small> </span>
15.                        </h3>
16.                        < h4 class = "mt - 4">Creative Agency </h4>
17.                    </div>
18.                </div>
19.                < div class = "col - lg - 9 col - md - 9">
20.                    < div class = "cv - content">
21.                        < h4 class = "mb - 0 mt - 0">Senior Graphic Designer </h4>
22.                        < p>
23.                            xxxxxxxxxxxx....
24.                        </p>
25.                    </div>
26.                </div>
27.            </div>
28.        </div>
29.    </div>
30. </section>
```

本栏目使用一个 < section>进行定义，内部布局使用了 Bootstrap 栅格系统中的列嵌套。本栏目使用一行一列创建了一个外部容器，其中包含了版块的标题部分。然后在容器内部嵌套一个一行两列的布局，列宽比对 1∶3。左侧列中展示了起止时间，右侧列中包含了对这一时期工作情况的文字描述。在该版块的实现中，需要特别留意 Bootstrap 栅格系统列嵌套的实现方式。

5. 风采展示页面

该页面主要展示了照片墙、图片预览和分类过滤的用法。

```
1.  < section class = "section bg - white" id = "portfolio" >
2.    < div class = "row" >
3.        < div class = "col - lg - 12" >
4.            < div class = "title - heading" >
5.                < p class = "sub - title text - muted mb - 0" > Photos </p >
6.                < h3 class = "title m - 0 text - uppercase" >风采展示 </h3 >
7.                < hr/ >
8.            </ div >
9.        </ div >
10.   </ div >
11.   < div class = "row" >
12.       < div class = "col - lg - 12" >
13.           < div class = "portfolioFilter" >
14.               < a href = "#" data - filter = "* " class = "current" >All </a >
15.               < a href = "#" data - filter = ". branding" >个人作品 </a >
16.               < a href = "#" data - filter = ". designing" >生活拾遗 </a >
17.           </ div >
18.       </ div >
19.   </ div >
20.   <! -- Gallary -->
21.   < div class = "port portfolio - masonry m - b - 30" >
22.       < div class = "portfolioContainer row" >
23.           <! --第一张图片开始 -->
24.               < div class = "col - lg - 4 col - md - 4 designing " >
25.                   < div class = "item - box mt - 4" >
26.                       < a class = "mfp - image" href = "img/work/img - 1. jpg" title = "" >
27.                           < img class = "item - container img - fluid mx - auto rounded"
28.                               src = "img/work/img - 1. jpg" alt = ""/ >
29.                           < div class = "item - mask" >
30.                               < div class = "item - caption text - white text - center" >
31.                                   < i class = "fas fa - search" > </i >
32.                                   < h3 class = "text - uppercase mt - 4 f - 16" >View
More </h3 >
33.                               </ div >
34.                           </ div >
35.                       </ a >
36.                   </ div >
37.               </ div >
38.           <! --第一张图片结束 -->
39.           <! --其他图片结构相同,省略... -->
40.       </ div >
41.   </ div >
42. </ section >
```

整个版块由 3 行构成,第一行中包含了版块的标题,第二行中包含了分类所需的标签页,第三行中包含了图片库。该版块的实现中有两个关键点。

(1)图片的弹窗展示

图片的弹窗展示基于第三方插件 magnific - popup 实现(由 jquery. magnific - popup. min. js 和

magnific – popup. css 提供支持），代码如下（源码位于 app. js）：

```
1. $('.mfp-image').magnificPopup({
2.    type:'image',
3.    closeOnContentClick:true,
4.    mainClass:'mfp-fade',
5.    gallery:{
6.        enabled:true,
7.        navigateByImgClick:true,
8.        preload:[0,1]
9.    }
10. });
```

mainClass 用于指定要添加到根元素上的样式类。closeOnContentClick 参数用于设置单击内容区域关闭弹出层。默认为预览单张图片，gallery 参数可开启画册模式，允许进行图片的连续切换。

（2）图片的分类过滤

在照片墙中，作为网格布局中的一列并且用于容纳图片的 div 元素带有"branding"或"designing"类样式，其作用相当于为图片打上分类标签，这是分类筛选的依据。例如：

< div class = "col – lg – 4 col – md – 4 designing " >

筛选器中的每个分类标签都利用 data – filter 属性绑定了对应的分类筛选条件，代码如下：

```
1. <div class = "portfolioFilter">
2.    <a href = "#" data-filter = "* " class = "current">All</a>
3.    <a href = "#" data-filter = ".branding">个人作品</a>
4.    <a href = "#" data-filter = ".designing">生活拾遗</a>
5. </div>
```

通过 data – filter 指定的分类筛选条件的筛选效果是，∗ 表示显示全部，. branding 表示只显示带有 branding 样式的元素，整个分类器基于第三方插件 isotope(isotope. js)进行实现。分类筛选器 JS 实现代码如下（源码位于 portfolio – filtr. js）：

```
1. $(window).on('load', function(){
2.    var $container = $('.portfolioContainer');
3.    $container.isotope({        //初始化 isotope 实例
4.        filter:'* ',            //设置默认选择器
5.        animationOptions:{  //动画效果
6.            duration:750,
7.            easing:'linear',
8.            queue:false
9.        }
10.    });
11.    //分类标签单击事件
12.    $('.portfolioFilter a').click(function (){
13.        //切换选中项
14.        $('.portfolioFilter .current').removeClass('current');
15.        $(this).addClass('current');
16.        //获取当前标签页上的分类器
```

```
17.            var selector = $ (this). attr ('data - filter');
18.            $ container. isotope ({   //动画效果
19.               filter:selector,
20.               animationOptions:{
21.                   duration:750,
22.                   easing:'linear',
23.                   queue:false
24.               }
25.            });
26.            return false;
27.        });
28. });
```

6. 联系表单页面

"请联系我"版块主要体现表单的运用。该版块同样使用了列嵌套的布局方式,整个版块由两行构成,第一行中放置了版块的标题。第二行中包含了一个新的容器,该容器由一行两列构成,左侧列中放置了表单,右侧列中放置了求职者照片及联系方式信息。

版块整体布局框架代码如下:

```
1. < section class = "section bg - white wow fadeInLeft animated" id = "contact" >
2.     < div class = "row" >
3.         < div class = "col - lg - 12" >
4.             版块标题内容
5.         </div >
6.     </div >
7.     < div class = "row vertical - content" >
8.         < div class = "col - lg - 6" >
9.             表单区域
10.        </div >
11.        < div class = "col - lg - 6" >
12.            个人照片及联系方式信息
13.        </div >
14.    </div >
15. </section >
```

7. 垂直滚动导航条

```
1. < header class = "sidebar - section" >
2.     < div class = "header - logo" >
3.         < a class = "logo" href = "#" >
4.             < span > Alex < br/ > Jiang </span >
5.         </a >
6.     </div >
7.     < div class = "navbar - vertical" >
8.         < ul class = "main - menu nav navbar - nav" >
9.             < li class = "nav - item" > < a href = "#about" >
10.                < i class = "pe - 7s - id" > </i >我的信息 </a > </li >
11.            < li class = "nav - item" > < a href = "#skills" >
12.                < i class = "pe - 7s - science" > </i >技能展示 </a > </li >
13.            < li class = "nav - item" > < a href = "#experience" >
```

```
14.              < i class = "pe -7s - paper - plane" > </i > 工作经验 </a > </li >
15.          < li class = "nav - item" > < a href = "#education" >
16.              < i class = "pe -7s - study" > </i > 求学经历 </a > </li >
17.          < li class = "nav - item" > < a href = "#portfolio" >
18.              < i class = "pe -7s - portfolio" > </i > 个人风采 </a > </li >
19.          < li class = "nav - item" > < a href = "#contact" >
20.              < i class = "pe -7s - call" > </i > 请联系我 </a > </li >
21.          </ul >
22.      </div >
23. </header >
```

导航条使用 < header > 标签作为容器,容器包含两部分,一是用于显示 Logo 的区域,二是导航条部分。其中每个列表项前使用了 pe – icon –7 样式库所提供的小图标。例如, < i class = " pe – 7s – call" > </i > 将显示为"电话"图标。

导航条的垂直滚动效果使用 JavaScript 进行控制,效果实现依赖于 jQuery 动画效果扩展增强插件 jQuery Easing(jquery. easing. min. js),核心代码如下(位于 floating – menu. js):

```
1. var FloatingMenuApp = {
2.      //配置参数
3.      $ options:{
4.        float_speed:1500,
5.        float_easing:'easeOutQuint',
6.        menu_fade_speed:500,
7.        closed_menu_opacity:0.75
8.      },//默认配置
9.      //vars
10.     $ flmenu: $ (". fl_menu"),
11.     $ sidebarheader: $ (". sidebar - section"),
12.     $ sidebarsocial: $ ("#sidebar - social"),
13.     $ menuPosition:0,
14.     floatMenu:function(){
15.         //返回滚动条的垂直位置
16.         var scrollAmount = $ (document). scrollTop();
17.         //根据滚动条垂直位置计算浮动菜单的新位置
18.         var newPosition = this. $ menuPosition + scrollAmount;
19.         //如果可见区域大小小于浮动菜单高度
20.         if ( $ (window). height() < this. $ flmenu. height()){
21.           //浮动菜单置顶
22.           this. $ flmenu. css("top", this. $ menuPosition);
23.         }else{
24.           if (newPosition < =0)
25.             newPosition =40
26.         //调整浮动菜单位置,达到"跟随"滚动的效果
27.           this. $ flmenu. stop(). animate({
29.           top:newPosition
30.         }, this. $ options. float_speed, this. $ options. float_easing);
31.       }
32.     },
33. };
```

10.2.7　实现效果

图 10-10 展示了该网站在桌面浏览器中的运行效果，依据设计要求，整个页面采用了"单页多屏"的设计风格，浮动导航条将跟随浏览器滚动条进行同步垂直滚动。

图 10-10　桌面端浏览器运行效果

图 10-11 和图 10-12 展示了该网站在手机浏览器中的运行效果。很容易看出，页面版块布局根据屏幕可视区域大小进行了自动调整，这充分体现了 Bootstrap 的移动设备优先和响应式布局特性。

图 10-11　移动端浏览器页面运行效果 1

图 10-12   移动端浏览器页面运行效果 2

本 章 小 结

    本章以"个人简历网站"的构建为例,展现了 Web 产品从分析、设计到实现的完整开发流程。在本章的示例中,综合演示了 HTML、CSS、JavaScript 及 Bootstrap 框架在实际开发环境中的综合应用技巧。同时,本网站的构建过程中引入了大量的第三方样式库和插件。通过本章的学习,希望读者能够掌握 Web 开发的一般工作流程,感受到 Web 前端技术的无穷魅力。

习题与思考参考答案

第1章 习题与思考参考答案

1. 判断题

1. ×　2. √　3. √　4. √　5. ×　6. ×　7. √　8. ×　9. √　10. ×

2. 选择题

1. A　2. C　3. D　4. A　5. C　6. D　7. C　8. B　9. A　10. D

3. 思考题（答案纲要）

（1）简述用户上网浏览网页的原理。

用户在浏览器中输入网址，实质上是 Web 客户端向服务器提出请求，服务器在接到请求后，就开始依据请求执行 Web 服务，然后将执行结果通过 html 的格式发送到用户的浏览器中。

（2）Internet 与 Web 之间的区别与联系是什么？

Internet 是全球性的计算机互联网络。而 Web 是 Internet 中的一种服务，是 Internet 提供的一种信息检索服务手段。

（3）MS Office 也能够制作网页，尝试用 Word 或者 Excel 的另存功能制作网页，并分析这种方式制作的网页与专业工具制作的网页有什么不同。

Word 作为一种文档编辑的应用软件，允许将文件另存为网页，但是由 Word 转存形成的网页，其标签中含有大量的冗余标签。DW 等网页制作工具可以帮助用户去除这些标签的冗余。

第2章 习题与思考参考答案

1. 判断题

1. √　2. √　3. ×　4. ×　5. ×　6. ×　7. √　8. √

2. 选择题

1. A　2. B　3. C　4. C　5. D　6. A　7. B　8. C　9. D　10. C

11. A　12. D　13. C　14. D　15. C

3. 思考题（答案纲要）

（1）HTML 标签、元素、属性分别是什么？

HTML 标签是由尖括号（< >）包围的关键词。HTML 元素指的是从开始标签（start tag）到结束标签（end tag）的所有代码。大多数 HTML 元素可拥有属性，为 HTML 元素提供附加信息。

（2）常见的网络图像格式有哪些？在 HTML 中各适合什么场合？

常见的网络图像格式有 GIF、JPEG、PNG 等。GIF 图像支持背景透明及动画效果，在 HTML 中常用于索引和缩略图；JPEG 图像色彩丰富细腻，压缩比高但不支持透明和动画，在 HTML 中用于呈现静态图像，应用普遍；PNG 支持 24 位图像，支持透明背景，只要下载 1/64 的图像信息就可以显示出低分辨率的预览图像，但不支持动画，在 HTML 中常用于替代非动画显示的 GIF 及 JPEG。

（3）HTML 中的超链接有哪些种类？要如何创建？

超链接方式有站内的链接、外部链接、邮件链接、书签（锚点）链接等。创建方式详见本书叙述。

（4）常用的网页布局有哪些？

常见的网页布局有表格布局、框架布局、DIV 布局等。具体布局方式详见本书叙述。

第 3 章 习题与思考参考答案

1. 判断题

1. ×   2. ×   3. ×   4. √   5. ×   6. √   7. ×   8. √   9. √   10. ×

2. 选择题

1. C   2. B   3. C   4. A   5. D   6. A   7. C   8. B   9. B   10. D

3. 思考题（答案纲要）

（1）简述 HTML5 的发展历程。

HTML5 标准于 2008 年发布，2012 年产生稳定版本，2014 年 10 月 29 日标准规范完成。

（2）HTML5 离线存储包含哪 4 种方法？

应用程序缓存、本地存储、索引数据库、文件接口 4 种方法。

（3）请查阅相关资料，学习表单中 < input > 类型的 placeholder 属性的定义及使用方法，并尝试编写一个含有此属性的简易表单。

略。

第 4 章 习题与思考参考答案

1. 判断题

1. √   2. ×   3. ×   4. √   5. √   6. √   7. ×   8. √   9. √   10. ×

2. 选择题

1. B   2. D   3. C   4. C   5. B   6. C   7. D   8. C   9. D   10. C

3. 思考题（答案纲要）

（1）谈一谈你所理解的 CSS 层叠。

CSS 层叠可以简单地理解为元素可进行多次选择并设置样式,若样式冲突,则启用优先级规则予以确定最终样式。

(2)CSS 的定位(position)与浮动(float)有怎样的区别与联系?

CSS 的 float 属性是用于浮动定位的,会随着浏览器的大小和分辨率的变化而改变。position 属性可以配合 top\left 等属性实现 float 的相对定位效果,但是其相对定位特性不如 float 灵活。

(3)CSS 并非所有属性都具有继承特性,哪些属性无继承特性?

例如背景属性:background、页面样式属性:size、文本属性:text – shadow 等。

第 5 章　习题与思考参考答案

1. 判断题

1. ×　　2. ×　　3. ×　　4. ×　　5. ×　　6. ×　　7. √　　8. √　　9. √　　10. ×

2. 选择题

1. B　　2. B　　3. C　　4. B　　5. D　　6. D　　7. C　　8. A　　9. A　　10. D

3. 思考题(答案纲要)

(1)盒子模型有哪些? 简述它们的概念、宽度的计算方式,并说明通过什么属性可以改变盒模型。

内容盒子:content – box　　width = content + padding + border

边框盒子:border – box　　width = width

通过 box – sizing 可以改变盒模型。

(2)简述 CSS3 动画与过渡效果的区别。

动画:动画的定义、动画的使用。

过渡:在 CSS3 中,为了添加某种效果,可以采用从一种样式转变到另一种样式的方法,即过渡,而无须使用 Flash 动画或 JavaScript。

过渡效果使用 transition,动画使用 animation。

transition 需要触发一个事件才会随着时间改变其 CSS 属性;animation 在不需要触发任何事件的情况下,也可以显式地随时间变化来改变元素 CSS 属性,达到一种动画的效果。

①动画不需要事件触发,过渡需要。

②过渡只有一组(两个:开始 – 结束)关键帧,动画可以设置多个。

(3)如何理解响应式布局?

应用响应式布局的优点之一:使网站能够兼容多个终端——而不是为每个终端做一个特定的版本。

方法:媒体查询。

第 6 章　习题与思考参考答案

1. 判断题

1. ×　　2. √　　3. ×　　4. ×　　5. √　　6. √　　7. √　　8. √　　9. √　　10. ×

11. √　　12. √　　13. √　　14. √　　15. ×　　16. ×　　17. ×　　18. √　　19. √　　20. √

2. 选择题

1. C　　2. D　　3. A　　4. D　　5. C　　6. D　　7. D　　8. A　　9. C　　10. B

11. D　　12. D　　13. C　　14. B

3. 思考题（答案纲要）

（1）简要描述一下 JavaScript 的三种引入方式。

在 HTML 文档中引入 JavaScript 文件主要有三种，即行内式、嵌入式、外链式。

（2）简要描述事件处理的过程。

事件处理的过程通常分为三步，具体步骤如下。

①发生事件。

②启动事件处理程序。

③事件处理程序做出反应。

第7章　习题与思考参考答案

1. 判断题

1. √　　2. ×　　3. ×　　4. √　　5. √　　6. ×　　7. √　　8. √　　9. √　　10. ×

2. 选择题

1. D　　2. C　　3. C　　4. C　　5. C　　6. A　　7. B　　8. D　　9. D　　10. D

3. 思考题（答案纲要）

（1）简述 BOM 和 DOM 组件的特点和相互联系。

BOM 和 DOM 分别是浏览器对象模型和文档对象模型，两者都包括了一系列的组件。BOM 以 Window 对象为核心，DOM 以 Document 对象为核心，用于提供操纵浏览器窗口和操作浏览器窗口中所加载的文档。DOM 组件是 BOM 组件的子集。

（2）实现浏览器跳转到其他页面或刷新当前页面，如何编程？

Location 对象的 href 属性或者其他"URL 分解"属性的值，可以跳转到某一特定的 URL。也可以使用 Location 对象的 assign（）和 replace（）方法实现跳转，使用 Location 对象的 replace（）方法刷新当前页面。

如果是在浏览历记录中跳转，也可以使用 History 对象的 back（）、forward（）和 go（）方法实现跳转，History 对象的 go（）方法也可以用于刷新当前页面。

（3）如果需要让页面中的特定元素不予显示，可以使用什么样的手段，是使用 DOM 操纵样式还是使用 DOM 移除元素，可以两种办法都尝试，并对比各自的特点。

假定已经用 document 对象的 getElement＊（）方法等方法获取该元素，保存在变量 el 中。el. style. display ＝ "none" 通过操纵样式将元素隐藏，el. parentNode. removeChild（el）则直接将元素从 DOM 树中移除。

操纵样式将元素隐藏比移除元素代价更低。如果元素过后还需要被显示，则操纵样式更为可取。如果不希望在 DOM 树中保留再也不会使用和显示的元素，则移除元素更能反映实际需要。

第 8 章　习题与思考参考答案

1. 判断题

1. ×　2. √　3. ×　4. √　5. ×　6. ×　7. ×　8. √　9. ×　10. ×

2. 选择题

1. B　2. B　3. A　4. C　5. B　6. D　7. D　8. C　9. A　10. B

3. 思考题（答案纲要）

（1）什么是 Web 前端框架？它和 Web 网页模板之间有何不同？

Web 前端框架一般指用于简化网页设计的框架,这些框架封装了一些功能,比如:网页的布局系统、各种漂亮的控件、实用的插件等,可用于快速构建 Web 网站,缩短开发周期,用户对象为前端开发设计人员。而网页模板是已经做好的网页,用户使用网页编辑软件输入自己需要的内容,再发布到自己的网站,主要使用群体为非专业开发人员。

（2）nav 元素和 navbar 元素有何不同？

nav 和 navbar 很相似,区别在于 nav 类可用于页面上的任何导航结构(从页面本身的目录到整个网站的导航)。navbar 类基本专用于网站的主导航。虽然 navbar 可用在其他位置,但是它的设计适合于页面的顶部和底部。

（3）轮播指标总是出现在幻灯片的底部,如果想要将其放在顶部该如何做？

可以调整 CSS 自定义其位置。例如,如果想将其放在幻灯片顶部,可以在 CSS 文件中添加如下代码:. carousel – indicators｛ top:10 px｝。

第 9 章　习题与思考参考答案

1. 判断题

1. ×　2. √　3. ×　4. √　5. √　6. ×　7. √　8. ×　9. √　10. √

2. 选择题

1. B　2. C　3. D　4. D　5. C　6. D　7. C　8. C　9. C　10. B

3. 思考题（答案纲要）

（1）HTTP 协议、Servlet API 规范以及 Spring MVC 之间存在什么样的联系？

HTTP 协议是 Web 浏览器与 Web 服务器之间的通信协议,Servlet API 规范在 HTTP 协议基础上的一组面向服务器和程序员的编程接口约定,是一种面向 HTTP 协议的编程手段,Spring MVC 是基于 Servlet API 规范的 Java Web 编程框架。三者紧密联系,后者不是要替代前者,而是在前者的基础上提供更加面向程序员和更加方便的编程手段。

（2）简述 Spring MVC 框架下 HTTP 请求的处理流程。

来自 Web 浏览器的 HTTP 请求由框架中的 DispatcherServlet 组件处理,该组件会借助请求的 URL 等属性查询请求处理器映射并将请求转发到具体的请求处理器。请求处理器通常是编程人员实现的控制器组件的方法。请求处理器根据请求参数按业务逻辑完成相应的处理并返回模型和视图名称。框架由逻辑视图名称解析具体的视图实例，并将模型数据传递给视图。视图对象根据模型数据渲染得到 HTML 文档，DispatcherServlet 组件把该内容作为 HTTP 响应的内容，Web 服务器将 HTTP 响应内容发送给 Web 浏览器。

（3）概括基于 Spring MVC 和 Spring Boot 开发一个使用后台数据库技术的动态网站时，编程人员一般要实现哪些组件和资源？

按照 Spring MVC 框架处理 HTTP 请求的流程，编程人员一般要实现控制器组件、视图组件、Repository 组件和资源。控制器组件是用@ Controller 注解修饰的 Java 类，其中包括请求处理方法。视图组件和资源是借助模板引擎技术实现一些视图模板，动态网站也可以使用图片、样式表文件和 JS 脚本文件等静态资源。Repository 组件用于数据访问，控制器组件可以借助 Repository 组件存取数据库中的数据。

参 考 文 献

［1］周文洁. HTML5 网页前端设计［M］. 北京:清华大学出版社,2017.

［2］教育部考试中心. 全国计算机等级考试二级教程:Web 程序设计［M］. 北京:高等教育出版社,2018.

［3］戈瑟林. 全面理解 JavaScript［M］. 马雷,李宝东,李雄成,译. 北京:清华大学出版社,2002.

［4］储久良. Web 前端开发技术:HTML、CSS、JavaScript［M］. 2 版. 北京:清华大学出版社,2016.

［5］薛白,埃克达尔,等. Web 编程高级教程［M］. 吴越胜,孙岩,等译. 北京:清华大学出版社,2014.

［6］马石安,魏文平. PHP Web 程序设计与项目案例开发:微课版［M］. 北京:清华大学出版社,2019.

［7］牛力,韩小汀. Web 程序设计［M］. 北京:机械工业出版社,2016.

［8］李东博. HTML5 + CSS3 从入门到精通［M］. 北京:清华大学出版社,2013.

［9］黄玉春. CSS + DIV 网页布局技术教程［M］. 北京:清华大学出版社,2012.

［10］李雨婷,吕婕,王泽璘. JavaScript + jQuery 程序开发实用教程［M］. 北京:清华大学出版社,2016.

［11］黑马程序员. 网页设计与制作项目教程:HTML + CSS + Javascript［M］. 北京:人民邮电出版社,2016.

［12］戴克. Spring MVC 学习指南:第 2 版［M］. 林仪明,译. 北京:人民邮电出版社,2017.

［13］沃尔斯. Spring Boot 实战［M］. 丁雪丰,译. 北京:人民邮电出版社,2016.

［14］凯瑞恩. Bootstrap 入门经典［M］. 姚军,译. 北京:人民邮电出版社,2016.

［15］未来科技. Bootstrap 实战从入门到精通［M］. 北京:中国水利水电出版社,2017.